高等职业院校机电类专业"十三五"系列规划教材

单片机基础及应用

DANPIANJI JICHU JI YINGYONG

主　编　张桂红

副主编　朱一多　胡迎九

主　审　戴月

合肥工业大学出版社

内容简介

本书由浅入深、循序渐进地介绍了MCS-51单片机内部硬件资源及常用的外围电路设计、单片机汇编语言程序设计、单片机C语言程序设计和开发环境等4部分内容。以实用为宗旨,用丰富的实例来讲解单片机的原理及软硬件技术,并采用对比的方法,同一个功能分别采用汇编语言和单片机C语言来实现。书中所有的代码都有硬件支持,并免费提供源代码和电路图等资源下载。

本书适合单片机初学者使用,也可以作为高职高专、本科院校电子信息类专业的教材,还可以作为技术培训及工程技术人员自学参考用书。

图书在版编目(CIP)数据

单片机基础及应用/张桂红主编.—合肥:合肥工业大学出版社,2017.9(2022.7重印)
ISBN 978-7-5650-3390-2

Ⅰ.①单… Ⅱ.①张…Ⅲ.①单片微型计算机 Ⅳ.①TP368.1

中国版本图书馆CIP数据核字(2017)第147492号

单片机基础及应用

主 编 张桂红		责任编辑 马成勋		
出 版	合肥工业大学出版社	版 次	2017年9月第1版	
地 址	合肥市屯溪路193号	印 次	2022年7月第2次印刷	
邮 编	230009	开 本	787毫米×1092毫米 1/16	
电 话	理工图书编辑部:0551-62903200	印 张	19.5	
	市 场 营 销 部:0551-62903198	字 数	480千字	
网 址	www.hfutpress.com.cn	印 刷	安徽联众印刷有限公司	
E-mail	hfutpress@163.com	发 行	全国新华书店	

ISBN 978-7-5650-3390-2　　　　　　　　　定价: 39.00元

如果有影响阅读的印装质量问题,请与出版社市场营销部联系调换

前　　言

　　单片机课程是计算机、通信、电子、自动化等专业的一门重要的专业课程,实践性较强,能将理论和实践相结合,便于更好地培养学生利用已学的知识解决实际工程问题的能力。编者根据多年的教学及指导学生参加电子信息大赛的实践经验,同时也为了帮助学生在较短时间内掌握单片机应用系统的设计的技巧,编写了这本教材。

　　本教材强调案例化教学,每个知识点都从实际案例出发,通过对案例的分析,逐渐引出相关的知识点。以89C51型单片机为主,采用案例式教学,用众多的实例讲解了单片机原理和硬、软件开发技术。注意原理介绍和应用并重,并且从实用新型的角度介绍了单片机应用方面的内容。软件部分完成了从汇编程序到 C 程序的过渡,使读者既对汇编语言有了一定的了解,又熟练掌握了单片机的 C 程序设计技能。读者在学习完本教材后,既能掌握单片机的一般原理,又能掌握单片机的设计技巧、接口技术、应用系统的设计方法,使读者在工作岗位上能很快进入开发单片机应用系统的角色。

　　全书共分10章,第1章讲述了单片机基础知识;第2章讲述了51系列汇编语言程序设计;第3章讲述了C51程序设计;第4章讲述了中断和定时;第5章讲述了单片机的串行通信;第6章讲述了键盘和显示接口技术;第7章讲述了51单片机常用的接口技术;第8章讲述 A/D 和 D/A 转换接口技术;第9章讲述了 keil μVision4 编译环境;第10章讲述了单片机应用系统的设计。前一部分节主要介绍汇编语言,通过汇编语言的学习可以更深入掌握单片机的硬件结构;中间章节介绍C51程序设计;在后面的章节中,针对同一功能,同时采用 C 程序和汇编程序来编写,让读者很好的把握两种语言的区别。

　　本书由武汉交通职业学院张桂红老师担任主编,武汉交通职业学院朱一多、武汉交通职业学院胡迎九老师担任副主编,由武汉交通职业学院的戴月老师担任主审。

本书的第 1 章、第 7 章由戴月编写;第 2 章由武汉交通职业学院何晓鸿编写;第 3 章由朱一多编写,第 4 章、第 5 章以及附录等由张桂红编写;第 6 章由胡迎九编写;第 8 章由武汉交通职业学院商林编写;第 9 章由武汉交通职业学院钟雷编写;第 10 章由武汉交通职业学院邢晓敏编写。此外黄显信、黄书文也参与部分编写整理工作。

本书内容丰富、深入浅出,章节后附有一定的例题和习题。本书可作为应用型计算机专业、通信专业、电子信息专业、机电一体化及其他相关专业教材,也可作为技术人员的参考书。

本书在编写过程中得到了同行和专家的支持,对此书提出了宝贵的意见,在此表示感谢。

由于作者水平有限,书中错误和不妥之处在所难免,恳请读者批评指正。

编　者

目　　录

第1章　单片机基础

学习目标：

- 掌握单片机的概念；
- 了解 MCS – 51 单片机结构，掌握内部数据存储器的分配；
- 掌握 MCS – 51 单片机的外部引脚；
- 掌握单片机最小应用系统。

技能要求：

- 利用 89C51 单片机制作一个简单的实用电路；
- 了解 KeilC51 集成开发环境。

1.1　单片机的概述

1.1.1　基本概念

1. 单片机

单片机是微型机的一个主要分支，在结构上最大特点是把 CPU、存储器、定时器/计数器和多种输入/输出接口电路集成在一块超大规模集成电路芯片上。就其组成和功能而言，一块单片机芯片就是一台计算机。由于单片机的结构特点，在实际应用中常常将它完全融入应用系统中，故而有时也将单片机称为嵌入式微控制器（Embedded Microcontroller）。

单片机实质上是一个芯片，它具有结构简单、控制功能强、可靠性高、体积小、价格低等特点。单片机技术作为计算机技术的一个重要分支，广泛地应用于工业控制、智能化仪器仪表、家用电器、电子玩具等各个领域。

2. 单片机系统

按照所选择的单片机以及单片机的技术要求和嵌入对象对单片机的资源要求构成单片机系统。按照单片机要求在外部配置单片机运行所需要的时钟电路、复位电路等，构成了单片机的最小系统。当单片机中 CPU 外围电路不能满足嵌入对象功能要求时，可在单片机外部扩展 CPU 外围电路，如存储器、定时器/计数器、中断源等，形成能满足具体嵌入应用的一个计算机系统。

1.1.2　MCS-51系列单片机

本书以目前使用最为广泛的MCS-51系列8位单片机为研究对象,介绍单片机的硬件结构、工作原理及应用系统设计。

MCS-51是指由美国INTEL公司生产的一系列单片机的总称,这一系列单片机包括了许多品种,如8031,8051,8751,8032,8052,8752等。其中8051是最早最典型的产品,该系列其他单片机都是在8051的基础上进行功能的增、减、改变而来的,所以人们习惯于用8051来称呼MCS-51系列单片机。而8031是前些年在我国最流行的单片机,所以很多场合会看到8031的名称。INTEL公司将MCS-51的核心技术授权给了很多其他公司,所以有很多公司在做以8051为核心的单片机,当然,功能或多或少有些改变,以满足不同的需求,其中89C51就是这几年在我国非常流行的单片机,它是由美国ATMEL公司开发生产的。ATMEL公司MCS-51系列单片机选型表见表1-1。

表1-1-1　ATMEL公司MCS-51系列单片机选型表

型号	片内存储器		I/O接口		中断源	定时器			最大晶振频率（MHz）	引脚数	A/D	
	ROM///EPROM///Flash	RAM(B)	并行	串行	数数	看门狗	PMW			通道数	位数
AT89C51	//4KB	128	32	UART	5	2	N	N	24	40	—	—
AT89C52	//8KB	256	32	UART	6	3	Y	N	24	40	—	—
AT89C55	//20KB	256	32	UART	6	3	Y	N	24	40	—	—
AT89C1051	//1KB	64	15	UART	3	1	N	N	24	20	—	—
AT89C2051	//2KB	128	15	UART	5	2	N	N	24	20	—	—
AT89C4051	//4KB	128	15	UART	5	2	N	N	24	20	—	—

MCS-51系列单片机分为两大系列,即51子系列与52子系列。51子系列是基本型,根据片内ROM的配置,对应的芯片为8031、8051、8751、8951。52子系列是增强型,根据片内ROM的配置,对应的芯片为8032、8052、8752、8952。

1.2　MCS-51单片机的基本组成及信号引脚

1.2.1　MCS-51单片机的内部结构

单片机的结构有两种类型,一种是程序存储器和数据存储器分开的形式,即哈佛(Harvard)结构;另一种是采用通用计算机广泛使用的程序存储器和数据存储器合二为一的结构,即普林斯顿(Princeton)结构。MCS-51单片机采用的是哈佛结构形式。

　　MCS-51单片机的功能模块框图如图1-1所示。在一块芯片上,集成了一个微型计算机的各个部分。由图可知,MCS-51单片机是由8位CPU、存储器、并行I/O口、串行I/O口、定时/计数器、中断系统、振荡器和时钟电路等部分组成,各部分之间通过总线相连。如图1-2所示为MCS-51单片机的内部结构框图。

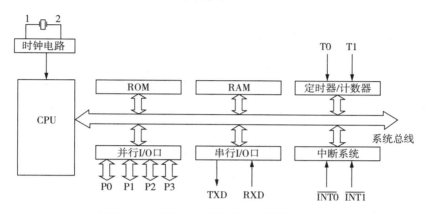

图1-1　MCS-51单片机的功能模块框图

　　1. 中央处理器CPU

　　CPU是单片机的核心,它由运算器和控制器组成。运算器以ALU为核心,用来完成算术运算、逻辑运算和进行位操作(布尔处理)。控制器是CPU的大脑中枢,它在时钟信号的同步作用下对指令进行译码,使单片机系统的各部件按时序协调有序地工作。

　　2. 片内RAM

　　89C51型单片机的芯片内部共有256个字节的RAM,高128个单元只有一部分被特殊功能寄存器(SFR)占用,其余单元用户不能使用。这些特殊功能寄存器,其功能已有专门规定,用户不得随意赋值。只有低128单元可以作为随机存取单元用户使用,这些单元主要用于存放随机存取的数据及运算结果。通常所说的内RAM就是指低128单元。

　　3. 片内ROM

　　89C51型单片机内部有4KB掩膜ROM,主要用于存放程序、原始数据和表格内容,被称为程序存储器,有时也被称为片内ROM。

　　4. 定时器/计数器

　　89C51型单片机内部有两个16位的定时器/计数器,以实现定时或计数功能,并以其定时或计数的结果对系统进行控制。

　　5. 并行I/O口

　　MCS-51型单片机内部有4个8位并行I/O口,即P0、P1、P2、P3口。这些端口可以用作一般的输入或输出。但通常P0口作为8位数据总线/低8位地址总线复用口,P2口常用作高8位地址总线,而P3口的各个管脚多以第二功能输入或输出的形式出现。因此,一般情况下,只有P1口的8个管脚作为通用的I/O口。

　　6. 串行口

　　MCS-51单片机有一个全双工的串行口,用以实现单片机和其他设备之间的串行数据传送。该串行口功能较强,既可以作为全双工异步通信收发器使用,也可以作为同步移位寄存器使用。

7. 中断控制系统

MCS-51 单片机共有 5 个中断源,即 2 个外部中断源、2 个定时器/计数器中断源和 1 个串行中断源。全部中断源可设为 2 个高低 2 个优先级,用来满足控制应用的需要。

8. 时钟电路

MCS-51 单片机内部有时钟电路,但石英晶体和微调电容需外接。时钟电路为单片机产生时钟脉冲序列,系统允许的最高晶振频率为 12MHz。

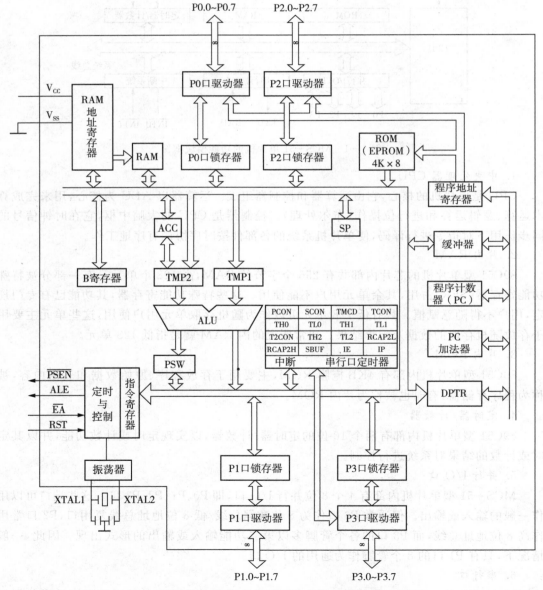

图 1-2 MCS-51 单片机的内部结构图

1.2.2　MCS-51 单片机的管脚功能

89C51 单片机采用 DIP40 封装,如图
1-3所示为采用双列直插式封装的 MCS-
51 系列单片机管脚图。

各管脚功能说明如下:

1. 电源管脚

V_{CC}(40 脚):接 + 5V; V_{SS}(20 脚):
接地。

2. 时钟信号管脚

XTAL1(19 脚)和 XTAL2(18 脚):它
们的内部是一个振荡电路。当使用内部振
荡电路时,在这两个管脚上外接石英晶体和
微调电容;当使用外部时钟时,用于接外部
时钟脉冲信号。

3. 控制线

(1)RST/V_{PD}(9 脚):RST 为复位信号
输入端。当 RST 端保持两个机器周期(24
个时钟周期)的高电平时,可对单片机实现
复位操作。

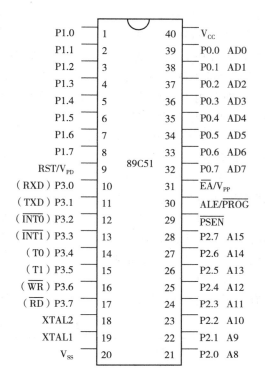

图 1-3　MCS-51 单片机的管脚图

该管脚的第二功能 V_{PD} 是作为内部备用电源的输入端。当 V_{CC} 处于掉电情况下,可通过
V_{PD} 为单片机内部 RAM 提供电源,保持信息不丢失。

(2)ALE/$\overline{PROG}$(30 脚):ALE 为地址锁存允许输出信号。在访问外部存储器时,ALE
用来锁存 P0 扩展地址低 8 位的地址信号。在不访问外部存储器时,ALE 以时钟振荡频率
的 1/6 的固定频率输出。此时可以用它作为对外输出的时钟或定时脉冲。但要注意,每当
访问外部数据存储器时,将跳过一个 ALE 脉冲,以 1/12 的振荡频率输出。ALE 能驱动 8
个 LSTTL 负载。

该管脚的第二功能$\overline{PROG}$是 8751 型单片机片内 EPROM 编程时编程脉冲输入端。

(3)$\overline{PSEN}$(29 脚):外部程序存储器读选通控制信号,低电平有效。以区别读外部数据
存储器。在读取外部程序存储器指令时,每个机器周期产生两次$\overline{PSEN}$有效信号。但执行片
内程序存储器指令时,不产生$\overline{PSEN}$信号。$\overline{PSEN}$信号同样能驱动 8 个 LSTTL 负载。

(4)$\overline{EA}$/V_{PP}(31 脚):$\overline{EA}$为访问内部或外部程序存储器的选择信号。若使用 CPU 片内
的程序存储器单元,$\overline{EA}$必须接高电平,当 PC 值小于 0FFFH 时,CPU 访问内部程序存储器。
当 PC 值大于 0FFFH 且外部有扩充的程序存储器时,CPU 将自动转向执行外部程序存储器
内的程序。若使用片内无 ROM/EPROM 的 CPU 时,$\overline{EA}$必须接地。CPU 全部访问外部程
序存储器。

当向内含 EPROM 的单片机(如 8751)固化程序时,通过该管脚的第二功能 V_{PP} 外接 12～
25V 的编程电压。

4. 输入/输出口线

（1）P0 口（P0.0～P0.7，32～39 脚）：8 位漏极开路型双向并行 I/O 口。在访问外部存储器时，P0 口作为低 8 位地址/数据总线复用口。通过分时操作，先传送低 8 位地址，利用 ALE 信号的下降沿将地址锁存，然后作为 8 位双向数据总线使用，用来传送 8 位数据。

在对片内 EPROM 编程时，P0 口接收指令代码；而在内部程序验证时，则输出指令代码，并要求外接上拉电阻。

外部不扩展而单片使用时，则作双向 I/O 口用，P0 口能以吸收电流的方式驱动 8 个 LSTTL 负载。

（2）P1 口（P1.0～P1.7，1～8 脚）：具有内部上拉电阻的 8 位准双向 I/O 口。在片内 EPROM 编程及效验时，它接收低 8 位地址。P1 口能驱动 4 个 LSTTL 负载。

（3）P2 口（P2.0～P2.7，21～28 脚）：8 位具有内部上拉电阻的准双向 I/O 口。外接存储器时，P2 口作为高 8 位地址总线。在对片内 EPROM 编程、效验时，它接收高 8 位地址。P2 口能驱动 4 个 LSTTL 负载。

（4）P3 口（P3.0～P3.7，10～17 脚）：8 位带有内部上拉电阻的准双向 I/O 口。每一位又具有如下的特殊功能（或称第二功能），见表 1-2。

表 1-2　P3 口各位的第二功能

P3 口管脚	第二功能
P3.0	RXD（串行输入端）
P3.1	TXD（串行输出端）
P3.2	$\overline{INT0}$（外部中断 0 输入端，低电平有效）
P3.3	INT1（外部中断 1 输入端，低电平有效）
P3.4	T0（定时器/计数器 0 外部事件计数输入端）
P3.5	T1（定时器/计数器 1 外部事件计数输入端）
P3.6	$\overline{WR}$（外部数据存储器写选通信号，低电平有效）
P3.7	$\overline{RD}$（外部数据存储器读选通信号，低电平有效）

1.3　存储器组织结构

MCS-51 系列单片机内集成了一定容量的程序存储器和数据存储器。其存储结构的特点之一是将程序存储器和数据存储器分开，并有各自的寻址机构和寻址方式。

89C51 型单片机在物理上有 4 个存储器空间：片内程序存储器、片外程序存储器、片内数据存储器、片外数据存储器。从逻辑上划分有 3 个存储器地址空间：片内外统一编址的 64KB 程序存储器地址空间、内部 128B 数据存储器和外部 64KB 的数据存储器地址空间、片内 128B 的特殊功能寄存器（SFR）。在访问这 3 个不同的逻辑空间的时候，应选用不同形式的指令。如图 1-4 所示为 89C51 型单片机存储器的地址空间分配图。

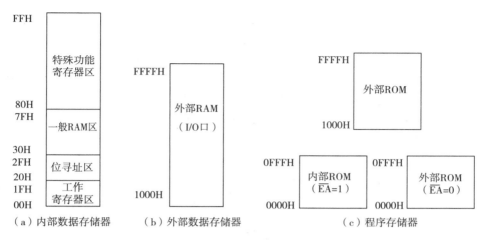

图 1-4　MCS-51 系列单片机存储器地址空间分配图

1.3.1　程序存储器地址空间

程序存储器用于存放调试好的应用程序和表格常数。89C51 型单片机有 4KB 内部程序存储器,编址为 0000H~0FFFH。当需要扩展时,外部程序存储器从 1000H 开始编址,这种内外存储器统一编址的方式,是为了便于程序的连续执行。其内外 ROM 的选择,是由 $\overline{EA}$ 信号来控制的。

当管脚 $\overline{EA}$ 接高电平时,89C51 程序计数器 PC 在 0000H~0FFFH 范围内执行片内 ROM 程序,当指令地址超过 0FFFH 后,就自动地转向片外 ROM 取指令。当 $\overline{EA}$ 接低电平时(接地),89C51 片内 ROM 失效,CPU 只能从片外 ROM 中取指令,地址从 0000H 开始。

读取程序存储器常数、表格中的数据时,通常采用"MOVC"指令。

89C51 程序存储器中某些特定单元是留给系统使用的,用户不能占用。如 0000H 单元是复位(程序)入口。当单片机上电复位时,CPU 总是从 0000H 单元开始执行程序,通常在 0000H~0002H 单元安排一条无条件转移指令,使之能够转向主程序的入口地址,0003H~002AH 单元均匀分为 5 段,存放 5 个中断源入口地址及对应的中断服务程序。而通常情况下,8 个单元难以存放一个完整的中断服务程序。因此,通常也是从中断入口地址开始存放无条件转移指令,以便中断响应后,通过中断地址区再转到中断服务程序的实际入口地址。所以,一般主程序是从 002BH 单元之后开始存放的。表 1-3 为中断向量的入口地址表。

表 1-3　中断向量的入口地址表

中断源	中断矢量地址
外部中断 0(INT0)	0003H
定时器 T0 中断	000BH
外部中断 1(INT1)	0013H
定时器 T1 中断	001BH
串行口中断	0023H

1.3.2　数据存储器的地址空间

数据存储器地址空间由内部和外部数据存储空间组成。内部数据存储器有 256B 的数据存储空间,地址为 00H~FFH。外部数据存储器地址空间为 64KB,编址为 0000H~FFFFH。两者地址存在重叠,通过不同的指令来区别,当访问内部 RAM 时,用"MOV"指令;当访问外部 RAM 时,则用"MOVX"指令,所以地址重叠不会造成操作混乱。89C51 型单片机内的低 128B 的数据存储器 RAM,按其功能的不同,可划分为 3 个区域,如图 1-5 所示。

片内RAM字节地址（高位）　　　　　　　　　　　　（低位）

7FH			通用RAM区				
30H							
2FH	7FH	7EH	7DH	7CH	7BH	7AH	79H	78H
2EH	77H	76H	75H	74H	73H	72H	71H	70H
2DH	6FH	6EH	6DH	6CH	6BH	6AH	69H	68H
2CH	67H	66H	65H	64H	63H	62H	61H	60H
2BH	5FH	5EH	5DH	5CH	5BH	5AH	59H	58H
2AH	57H	56H	55H	54H	53H	52H	51H	50H
29H	4FH	4EH	4DH	4CH	4BH	4AH	49H	48H
28H	47H	46H	45H	44H	43H	42H	41H	40H
27H	3FH	3EH	3DH	3CH	3BH	3AH	39H	38H
26H	37H	36H	35H	34H	33H	32H	31H	30H
25H	2FH	2EH	2DH	2CH	2BH	2AH	28H	28H
24H	27H	26H	25H	24H	23H	22H	21H	20H
23H	1FH	1EH	1DH	1CH	1BH	1AH	19H	18H
22H	17H	16H	15H	14H	13H	12H	11H	10H
21H	0FH	0EH	0DH	0CH	0BH	0AH	09H	08H
20H	07H	06H	05H	04H	03H	02H	01H	00H
1FH			工作寄存器组3				
18H							
17H			工作寄存器组2				
10H							
0FH			工作寄存器组1				
08H							
07H			工作寄存器组0				
00H							

图 1-5　内部数据存储器地址空间的分配

1. 工作寄存器区（00H~1FH）

工作寄存器区分为 4 组,每组包含 8 个通用工作寄存器,编号为 R0~R7。在某一时刻,只能选择一个工作寄存器组使用,选择哪个工作寄存器组是通过软件对程序状态字 PSW 的第 3、4 位（即 RS0、RS1）设置实现的。CPU 复位后,选中第 0 组工作寄存器。

工作寄存器主要用来存放操作数和运算的中间结果。由于工作寄存器在电路设计上的特殊性,使得在系统中大量使用工作寄存器可以提高程序编制的灵活性,也有利于简化程序设计、提高程序的运行速度。

2. 位寻址区（20H～2FH）

位寻址区有 16 个单元，对这 16 个单元既可以进行字节寻址，又可以进行位寻址。这 16 个单元共有 16×8 位＝128 位，其位地址为 00H～7FH，它们和 SFR 区中可位寻址的专用寄存器一起，构成了布尔（位）处理器的数据存储器空间。如图 1-5 所示为内部 RAM 中的位地址空间，表 1-4 为专用寄存器中的位地址空间。所谓位寻址就是指 CPU 能直接寻址这些位，对其进行置"1"、清"0"、求反、传送等逻辑操作。

3. 数据缓冲区（30H～7FH）

数据缓冲区又称一般 RAM 区，从 30H 开始的 80 个单元，就是供用户使用的一般数据存储区域。这些单元只能按字节寻址。该区域主要用来存放随机数据及运算的中间结果，另外也常把堆栈开辟在该区域中。

4. 外部数据存储器（0000H～FFFFH）

外部数据存储器地址空间寻址范围为 64KB，采用 R0、R1 或 DPTR 寄存器间接寻址的方式访问。当采用 R0、R1 间址只能访问低 256B，采用 DPTR 间址可访问整个 64KB 空间。

5. 特殊功能寄存器

在 89C51 单片机中，共有 22 个特殊功能寄存器 SFR，也称为专用寄存器，它们离散地分布在片内 RAM 的高 128B（地址范围为 80H～FFH）中。专用寄存器并没占满高 128B 的 RAM 地址空间，但对没有被定义的单元用户不能使用，换句话说，用户对这些空闲地址的操作是无意义的。

其中，程序计数器 PC 不占据 RAM 单元，它在物理上是独立的，因此是唯一的一个不可寻址的专用寄存器。在除 PC 外的专用寄存器 SFR 中，有 11 个专用寄存器既可字节寻址，又可位寻址，见表 1-4。其余的 SFR 则只能字节寻址。表 1-5 为特殊功能寄存器及其地址分配表。下面对其中一部分寄存器的功能进行介绍，另外一些将在后面的有关章节中介绍。

表 1-4 专用寄存器中的位地址空间

SFR 名称	字节地址	D7			位地址空间				D0
B	F0H	F7H	F6H	F5H	F4H	F3H	F2H	F1H	F0H
A	E0H	E7H	E6H	E5H	E4H	E3H	E2H	E1H	E0H
PSW	D0H	D7H	D6H	D5H	D4H	D3H	D2H	D1H	D0H
P0	80H	87H	86H	85H	84H	83H	82H	81H	80H
P1	90H	97H	96H	95H	94H	93H	92H	91H	90H
P2	A0H	A7H	A6H	A5H	A4H	A3H	A2H	A1H	A0H
P3	B0H	B7H	B6H	B5H	B4H	B3H	B2H	B1H	B0H
IP	B8H				BCH	BBH	BAH	B9H	B8H
IE	A8H	AFH			ACH	ABH	AAH	A9H	A8H
TCON	88H	8FH	8EH	8DH	8CH	8BH	8AH	89H	88H
SCON	98H	9FH	9EH	9DH	9CH	9BH	9AH	99H	98H

表 1-5　特殊功能寄存器及其地址分配表

寄存器符号	名称	地址
ACC	累加器	E0H
B	B 寄存器	F0H
PSW	程序状态字	D0H
SP	堆栈指针	81H
DPTR	数据指针(分 DPH 和 DPL)	83H、82H
P0	P0 口	80H
P1	P1 口	90H
P2	P2 口	A0H
P3	P3 口	B0H
IP	中断优先级控制寄存器	B8H
IE	中断允许控制寄存器	A8H
TMOD	定时器/计数器方式控制寄存器	89H
TCON	定时器/计数器控制寄存器	C8H
TH0	定时器/计数器0(高字节)	8CH
TL0	定时器/计数器0(低字节)	8AH
TH1	定时器/计数器1(高字节)	8DH
TL1	定时器/计数器1(低字节)	8BH
SCON	串行口控制寄存器	98H
SBUF	串行口数据缓冲器	99H
PCON	电源控制寄存器	87H

（1）累加器 ACC

在累加器操作指令中,累加器的助记符简记为 A。

MCS-51 中,8 位算术逻辑部件 ALU 的结构,从总体上说仍以累加器 A 为核心的结构。累加器在大部分的操作运算中存放着某个操作数和运算结果。在很多的逻辑运算、数据传送等操作中作为源或目的操作数,这和典型的以累加器 A 为中心的微处理器相同。但是,它在内部硬件结构上作了改进,一部分指令在执行时不经过累加器 A,以直接或间接寻址方式使数据在内部的任意地址单元和寄存器之间直接传输。逻辑操作等也可以不经过 A 而直接进行,进一步提高了操作速度。

（2）B 寄存器

B 寄存器主要用于与累加器 A 配合执行乘法和除法指令的操作,对其他指令也可作为暂存寄存器。

（3）程序状态字 PSW

程序状态字 PSW 是一个 8 位寄存器,用来存放程序状态信息。某些指令的执行结果会自动影响 PSW 的有关状态标志位,有些状态位可用指令来设置。PSW 寄存器各位的定义如下:

D$_7$	D$_6$	D$_5$	D$_4$	D$_3$	D$_2$	D$_1$	D$_0$	
CY	AC	F0	RS1	RS0	OV	—	P	字节地址 0D0H

① CY(PSW.7)进位标志。可由硬件或软件置位或复位。在进行加法(或减法)运算时,如果操作结果最高位(位 7)向上有进位(或借位),CY 置 1,否则清 0。此外,在进行位操作时 CY 又作为位累加器使用。

② AC(PSW.6)半进位标志。在进行加法(或减法)运算时,如果运算结果低半字节(位 3)向高字节有进位(或借位),AC 置 1,否则清 0。AC 也可用于 BCD 码调整时的判别位。

③ F0(PSW.5)用户标志位。用户可以根据自己的需要对 F0 位赋予一定的含义。F0可用软件置位或复位,也可以通过软件测试 F0 来控制程序的流向。

④ RS1、RS0(PSW.4、PSW.3)工作寄存器组选择控制位。用软件可对 RS1、RS0 作不同的组合,以确定工作寄存器(R0—R7)的组号,这两位与寄存器组的对应关系如下:

RS1	RS0	寄存器组	内部 RAM 地址
0	0	工作寄存器组 0	00H～07H
0	1	工作寄存器组 1	08H～0FH
1	0	工作寄存器组 2	10H～17H
1	1	工作寄存器组 3	18H～1FH

⑤ OV(PSW.2)溢出标志。当进行带符号数补码运算时,如果有溢出,即当运算结果超出 -128～+127 的范围时,OV 置 1;无溢出时,OV 清 0。

⑥ (PSW.1)为保留位,89C51 未用,89C52 作为 F1 用户标志位,同 F0。

⑦ P(PSW.0)奇偶标志。每个指令周期均由硬件来置位或清零,以指出累加器 A 中 1的个数的奇偶性。若 1 的个数为奇数,则 P 置位,否则清零。在串行通信中常用此标志位来校验数据传输的可靠性。

（4）堆栈指针寄存器 SP

堆栈指针寄存器 SP 是一个 8 位的特殊功能寄存器,用来存放堆栈的栈顶地址。

为了更深入地理解堆栈指针寄存器 SP,有必要从根本上了解堆栈。

① 堆栈的概念

堆栈是一种数据结构。所谓堆栈,就是数据只允许在其一端进出的一段存储空间。数据写入堆栈称为入栈或压栈,对应指令的助记符为 PUSH。数据从堆栈中读出则称为出栈或弹出,对应指令的助记符为 POP。

② 堆栈区域设定

MCS - 51 型系列单片机复位后,SP 初值自动设为 07H。但由于内 RAM07H 单元的后继区域分别为工作寄存器和位寻址区。通常这两个区域在程序中有重要用途,所以在用户程序设计的开始,一般都将堆栈设在内部 RAM 的 30H～7FH 的地址空间的高端,而不设在工作寄存器区和位寻址区。

③ 堆栈的功能

堆栈是为程序调用和中断操作而设立的。具体功能是保护现场和断点地址。

④ 堆栈的类型及原则

堆栈有两种类型:向上生长型和向下生长型。

所谓向上生长型是指随着数据的不断入栈,栈顶地址不断增大。反之,随着数据的不断出栈,栈顶地址不断缩小。

所谓向下生长型式指随着数据的不断入栈,栈顶地址不断减小。反之,随着数据的不断出栈,栈顶地址不断增大,如图 1-6 所示。

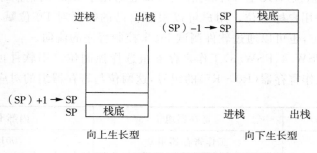

图 1-6 堆栈类型示意图

MCS-51 系列单片机属于向上生长型堆栈,其栈底在低地址单元。随着数据进栈,地址递增,SP 的内容逐渐增大,指针上移;相反,随着数据的出栈,地址递减,SP 的内容逐渐减小,指针下移。堆栈操作遵守先进后出的原则。即:先压入堆栈的数据,最后才能弹出。

进栈操作:首先(SP)+1,然后写入数据。

出栈操作:首先读出数据,然后(SP)-1,如图 1-7 所示。

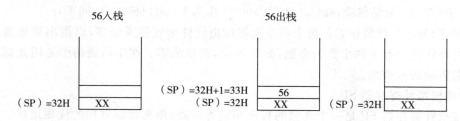

图 1-7 堆栈操作示意图

(5)数据指针寄存器 DPTR

数据指针寄存器 DPTR 是一个 16 位特殊功能寄存器,它由 DPH 和 DPL 两个 8 位的特殊功能寄存器组成,是一个对片外 RAM 及扩展 I/O 口进行存取用的地址指针。也可分成两个 8 位寄存器进行操作。

(6)程序寄存器 PC

PC 是一个 16 位的寄存器,用于存放将要执行的指令地址。CPU 每读取指令的一个字节 PC 值便自动加一,指向本指令的下一个字节或下一条指令。PC 可寻址 64KB 范围 ROM,在物理结构上是独立的,它不属于内部 RAM 中 SFR 范围。

PC 没有地址,因此是不可寻址的。用户无法对其进行读写,但可以通过转移、调用、返回等指令改变其内容,以实现程序的转移。

1.4　并行 I/O 口电路结构

MCS-51 型单片机的 32 条 I/O 线隶属于 4 个 8 位双向端口。每个端口均是由锁存器、输出驱动电路和输入缓冲器组成,对外呈现为一组管脚,对内则对应一个 8 位的特殊功能寄存器。可以字节寻址也可以位寻址。但这 4 个端口的功能不完全相同。

在无片外扩展存储器的系统中,这 4 个端口的每一位都可作为准双向通用 I/O 端口使用。在具有片外扩展存储器系统中,P2 口送出高 8 位地址,P0 口为双向总线,分时送出低 8 位地址和数据的输入/输出。

1.4.1　P0 口

P0 口的一个管脚的内部结构如图 1-8 所示。由图可见,电路中包含一个数据输出锁存器和两个三态数据输入缓冲器。另外,还有数据输出驱动和控制电路。

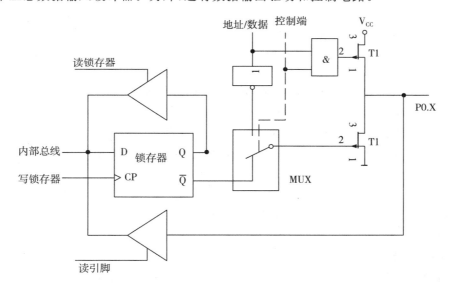

图 1-8　P0 口位结构图

考虑到 P0 口不仅可以作为通用的 I/O 口使用,而且也可以作为单片机系统的地址/数据总线使用,为此在 P0 口的内部电路中有一个多路转接电子开关 MUX。在控制信号的作用下,MUX 可以分别接通锁存器输出或地址/数据线。

1. P0 口作为一般的 I/O 口使用

(1)P0 口作为通用输出口

在这种方式下,内部的控制信号为低电平,封锁与门,将输出驱动电路的上面的场效应管 FET(T1)截止,同时使多路转接开关 MUX 接通锁存器 $\overline{Q}$ 端的输出通路。输出锁存器在 CP 脉冲的配合下,将内部总线传来的信息反映到输出端并锁存。

从图不难看出,若向管脚写入"1"时,$\overline{Q}$ 为"0",下面的场效应管 FET(T2)也截止,此时输出脚呈现高阻状态,并不能向外部输出高电平。显然,若要使管脚能输出正确的电平必须外接上拉电阻,即在输出管脚与+5V 电源之间外接一个适当的电阻(比如 $10k\Omega$).

(2)P0 口作为通用输入口

当 P0 口作为一般输入口使用时,应区分读引脚和读锁存器两种情况。所谓读引脚就是直接读取 P0.X 引脚的状态,这时在"读引脚"信号的控制下把缓冲器打开,将端口引脚上的数据经缓冲器通过内部总线读进来。

但在有些情况下,如果仍然采用读引脚方式,就会读到错误数据。如图 1-9 所示的电路,如果先向 P0.X 管脚输出一个高电平,然后立即读取该管脚的状态,得到的却是一个低电平。这时由于外接的晶体管导通,其 BE 结把 P0.X 引脚钳位到低电平上。显然在这个情况下就不能再来读取管脚状态,为了能够适应"读-修改-写"操作的需要,在 P0 口的口电路中另外设置可读取锁存器的输入通道,在"读锁存器"信号的控制下可以直接读取锁存器的 Q 端的状态,从而避免了这类错误。

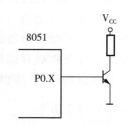

图 1-9　外设把输出高
电平拉成低电平

用户在使用时,并不需要关心应该选择哪一条输入支路,MCS-51 型单片机的控制器会根据执行指令的不同而自动选择相应的输入方式。

还应指出,P0 口在作为一般输入口使用时,在读取管脚之前还应向锁存器写入"1",使上下两个场效应管均处于截止状态,使外接的状态不受内部信号的影响,然后再来读取。

2. P0 口作为地址/数据总线使用

当在 89C51 外扩展存储器系统中,CPU 对片外存储器读写时,此时内部的控制信号为高电平,使得 MUX 接到了上档位置,这时 P0 口可作地址/数据总线分时使用,并且分为两种情况。

(1)P0 口作为输出地址/控制总线

在扩展系统中,一种是从 P0 口管脚输出低 8 位地址或数据信息。MUX 开关把 CPU 内部地址/数据线经反相器与场效应管 FET(T2)栅极接通,从图 1-8 可以看到,上下两个场效应管处于反相,形成推挽式结构,带负载能力大大提高。

(2)由 P0 口输入数据

这种情况是在"读管脚"信号有效时打开输入缓冲器使数据进入内部总线。

P0 口作为地址/数据总线使用时,无须外接上拉电阻。

1.4.2　P1 口

P1 口的管脚的内部结构如图 1-10 所示。P1 口是一个准双向 I/O 口。它只能作为通用 I/O 口使用,没有第二功能,因此在其内部无须多路转接开关 MUX。

在输出级内部有作阻性元件使用的场效应晶体管组成的上拉电阻,因此 P1 口在作为通用输出口使用时,不需要再外接上拉电阻。

当 P1 口作为输入口使用时,仍需要向锁存器写入"1",使场效应管截止,然后再读取输入信号。其输入也分为"读引脚"方式和"读锁存器"方式两种。

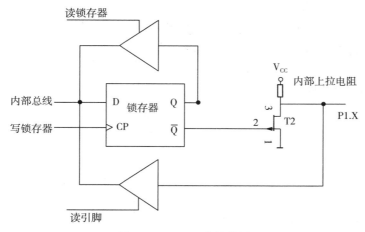

图 1-10　P1 口位结构图

1.4.3　P2 口

P2 口的管脚的内部结构如图 1-11 所示。P2 口也是一个准双向 I/O 口。在 P2 口电路中也有一个多路转接开关 MUX,这与 P0 口类似。当 P2 口作为高 8 位地址总线使用时,MUX 应打到地址线端;当 P2 口作为一般 I/O 口使用时,MUX 应倒向锁存器的 Q 端。

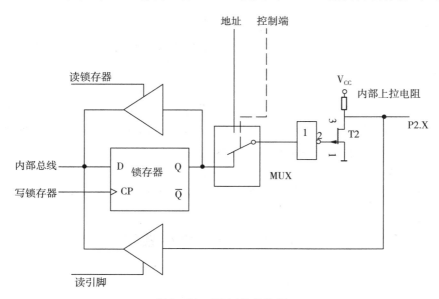

图 1-11　P2 口位结构图

在 P2 口作为一般 I/O 口使用时,与 P1 口类似,用于输出时不需要外接上拉电阻;当用于输入时,仍需要向锁存器先写入"1",然后再读取。其输入也分为"读引脚"方式和"读锁存器"方式两种。

当系统扩展外部 EPROM 和 RAM 时,由 P2 口输出高 8 位地址(低 8 位地址由 P0 输出)。因为访问片外 EPROM 和 RAM 的操作往往接连不断,P2 口要不断送出 高 8 位地址,此时 P2 口无法再作通用的 I/O 口。

在不需要外接 EPROM 而只需扩展 256B 片外 RAM 的系统中,P2 口仍可用作通用的 I/O 口。

1.4.4 P3 口

P3 口的一个管脚内部结构如图 1-12 所示。在 P3 口上增加了第二功能控制逻辑。

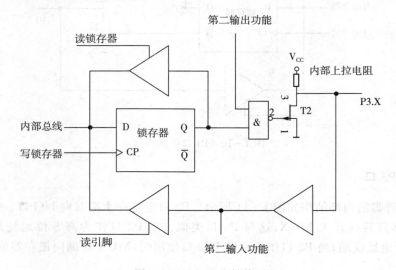

图 1-12 P3 口位结构图

当 P3 口作为一般输出口使用时,其第二功能输出应保持高电平,以维持从锁存器到输出端的数据通路通畅。

P3 口作为一般输入口使用时,为了正确读取输入信号,在读取管脚之前,应先向锁存器写入"1",同时令第二功能输出维持高电平。对于有第二功能输入功能的引脚,在其输入通路上增加了一个缓冲器,其第二功能输入信号就取自三态缓冲器的输出端。在读取管脚之前,应先向锁存器写入"1"以使场效应管处于截止状态。

必须指出的是,MCS-51 型单片机的 P3 口并非所有 8 个管脚同时具有第二功能输入和第二功能输出,而是,要么具有第二功能输出,要么具有第二功能输入。

1.5 单片机的最小系统

案例1 一个 LED 发光二极管的闪烁控制

知识点:

● 了解单片机 I/O 口的基本功能;

● 掌握单片机的最小系统构成；

● 掌握 P1 口的控制方式及基本控制电路设计；

● 了解 P1 口基本的程序设计。

1. 案例介绍

利用 89C51 组装一个单片机的最小系统。在 P1.0 口接一只发光二极管（LED），要求 LED 的闪光闪烁时间为 1s，LED 亮 1 s，然后灭 1s。依此规律循环。

2. 硬件电路

单片机控制发光二极管闪烁系统的硬件电路如图 1 - 13 所示，包括单片机、时钟电路、复位电路和一个发光二极管作为信号灯的显示电路。这是单片机最简单的一种电路。其中，单片机选用 89C51 芯片；时钟电路由一个 12MHz 的晶振和两个 30pF 的瓷片电容 C1、C2 组成；复位电路由一个 22μF 电容 C3 和一个 10KΩ 的电阻 R2 组成。由于内部使用程序存储器，89C51 的 $\overline{EA}$ 端接电源正端。选用驱动能力较强的 P1 口中的第一个端口 P1.0 控制一个发光二极管。当 P1.0 输出为"1"时，LED 无电流不发光。当 P1.0 输出为"0"时，流过 LED 的电流为：

$$I = \frac{V_{CC} - U_{LED} - V_{OL}}{R1} = \frac{5 - 2 - 0}{510} \approx 0.0058A = 5.8mA$$

LED 控制方法：当 P1.0＝1 时，LED 灭；当 P1.0＝0 时，LED 亮。

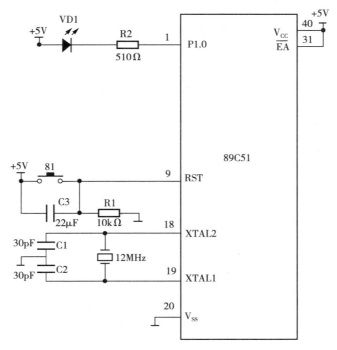

图 1 - 13　发光二极管闪烁控制电路

3. 程序设计

单片机控制系统与传统的模拟和数字控制系统的最大区别在于，单片机除了硬件以外还必须有程序支持,即软件程序设计。

汇编程序:

```
        ORG 0000H
        AJMP  MAIN
        ORG 0030H
MAIN：  MOV P1,＃0FEH   ;P1.0 为 0
        ACALL   DELAY    ;延时 1s
        MOV P1,＃0FFH   ; P1.0 为 1
        ACALL   DELAY    ;延时 1s
        AJMP MAIN        ;重复
DELAY： MOV   R5,＃20    ;1T   延时 1s 的子程序
DE1：   MOV   R6,＃200   ;1T
DE2：   MOV   R7,＃123   ;1T
DE3：   DJNZ  R7,DE3     ;2T
        DJNZ  R6,DE2     ;2T
        DJNZ  R5,DE1     ;2T
        RET              ;2T
```

C 程序:

```
# include ＜reg51. h＞
void delay(unsigned int i);     //延时函数声明
void main()                     //主函数
{
while(1)
  {
  P1 = 0xfe;                    // P1.0 为 0
  delay(10);                    // 延时 1s
  P1 = 0xff;                    // P1.0 为 1
  delay(10);                    // 延时 1s
    }
}

void   delay(unsigned int i)
{
  unsigned int j,k;
  for(k = 0;k＜i;k + +)
    for(j = 0;j＜25000;j + +);
}
```

1.5.1 单片机时钟电路

所有 MCS-51 型单片机均有片内振荡器和时钟电路,并以此作为 CPU 的时钟源。这

种时钟源是用来产生单片机工作所需要的时钟信号。振荡器和时钟电路一旦确定,CPU 的时钟频率也就确定了。CPU 的时序是指令执行中各控制信号在时间上的相互关系。单片机本身就如同一个复杂的同步时序电路,为了确保同步工作方式的实现,电路应在唯一的时钟信号控制下严格地按时序进行工作。

MCS-51 单片机内部有一个用于构成振荡器的高增益反相放大器,管脚 XTAL1 和 XTAL2 分别是反相放大器的输入端和输出端,由于这个放大器与作为反馈元件的片外晶体或陶瓷谐振器一起构成了一个自激振荡器,其振荡频率由片外晶体或陶瓷谐振器的频率决定,这种方式形成的时钟信号称为内部时钟方式,如图 1-14 所示。

电容 C1、C2 对频率有微调作用,其容量的选择通常为 30pF±10pF,振荡频率的选择范围为 1.2~12MHz,一般常用 6MHz 或 12MHz。

在使用外部时钟时,89C51 型单片机的 XTAL2 用来输入外部时钟信号,而 XTAL1 则接地,如图 1-15 所示。

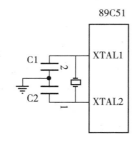

图 1-14　内部时钟方式

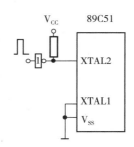

图 1-15　外部时钟方式

外部时钟方式常用于多块 89C51 同时工作,以便同步工作,对外部脉冲信号要求高低电平的持续时间大于 20ns,一般为低于 12MH 的方波。

晶体振荡信号从 XTAL2 端输出到片内的时钟发生器上。外接晶体振荡信号如图 1-16 所示。

图 1-16　外接晶体振荡信号

时钟发生器是一个二分频触发器电路,它将振荡器的信号频率(f_{osc})除以 2,向 CPU 提供了两相时钟信号 P1 和 P2。时钟信号的周期称为机器状态时间 S,它是振荡周期的 2 倍。在每个时钟周期(即机器状态时间 S)的前半周期,相位 1(P1)信号有效,在每个时钟周期的后半周期,相位 2(P2)信号有效。

每个时钟周期(状态 S)有两个节拍(相)P1 和 P2,CPU 就以两相时钟 P1 和 P2 为基本节拍指挥 89C51 单片机各个部件协调地工作。

单片机在执行指令时,一条指令经译码后产生若干个基本的微操作,这些微操作所对应的脉冲信号在时间上的先后次序称单片机的时序。描述 MCS - 51 单片机时序的有关单位有 4 个,分别是振荡周期、状态周期、机器周期、指令周期。

1. 振荡周期 P

振荡周期又称为拍,是为单片机提供定时信号的振荡源的周期。若为内部产生方式,为石英晶体的振荡周期。

2. 时钟周期 S

也称为状态周期,用 S 表示。是单片机中最基本的时间单位,在一个时钟周期内,CPU 完成一个最基本的动作。MCS - 51 单片机中一个时钟周期为振荡周期的 2 倍。通常把一个状态的前后两个振荡脉冲用 $P1$、$P2$ 来表示。

3. 机器周期

为了便于管理,常把与一条指令的执行过程划分为若干个阶段,每一个阶段完成一个基本的操作,例如取指令、存储器读、存储器写等。完成一个基本操作所需要的时间称为机器周期。MCS - 51 有固定的机器周期,规定一个机器周期有 6 个状态(12 个振荡脉冲),分别用 $S1 \sim S6$ 来表示。这样,一个机器周期的 12 个振荡周期就可以表示为 $S1P1$、$S1P2$、$S2P1$、$S2P2$,…,$S6P2$。

当单片机系统的振荡频率 $f_{osc} = 12\text{MHz}$,它的一个机器周期就等于 $1/12 f_{osc}$,也就是 $1\mu s$。

4. 指令周期

完成一条指令所需的时间称为指令周期。MCS - 51 的指令周期含 1~4 个机器周期,其中多数为单机器周期指令、双机器周期指令和四机器周期指令。而四机器周期指令只有乘法和除法两条指令。指令的运算速度和它的机器周期数直接相关,机器周期数较少则执行速度快。在编程时要注意选用具有同样功能而机器周期数少的指令。

MCS - 51 单片机的各种周期的相互关系如图 1 - 17 所示。

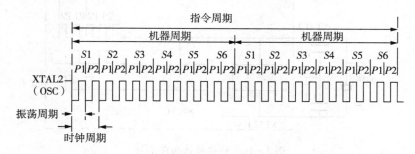

图 1 - 17　MCS - 51 单片机各种周期的相互关系

1.5.2　单片机复位电路

任何单片机上电时必须复位。对于 MCS - 51 系列单片机,只要在 RST 管脚出现 10ms

以上时间的高电平,单片机就实现复位状态。

1. 复位信号和复位状态

89C51 的复位结构如图 1-18 所示。复位信号 RST 通过片内一个施密特触发器与片内复位电路相连。施密特触发器用于脉冲整形及抑制噪声,其输出在每个机器周期的 $S5P2$ 时被复位电路采样一次,如果输出一定宽度的正脉冲,89C51 便执行内部复位。

89C51 的单片机系统的复位管脚一般接成上电复位方式,系统上电后,单片机就复位,振荡器及时钟发生器也同时开始工作,CPU 的工作时序从此开始了。复位后各片内特殊功能寄存器状态见表 1-6。

图 1-18　89C51 复位结构

表 1-6　复位后各片内特殊功能寄存器状态

寄存器	内容	寄存器	内容
PC	0000 H	TMOD	00H
A	00H	TCON	00H
B	00H	TH_0	00H
PSW	00H	TL_0	00H
SP	07H	TH_1	00H
DPTR	0000H	TL_1	00H
P0~P3	FFH	SCON	00H
IP	(XXX00000)B	SBUF	不变
IE	(0XX00000)B	PCON	(0XXXXXXX)B

复位后,PC 内容为 0000H,使单片机从起始地址 0000H 单元开始执行程序。所以单片机运行出错或进入死循环,可以按复位键重新启动。

单片机的复位,是靠外部电路复位。单片机的复位方式有上电复位和按键手动复位两种。复位电路中的电阻、电容数值的设置,是为了保证在 RST 管脚处至少保持两个机器周期(24 个振荡周期)的高电平而完成复位过程的,也就是在施密特触发器的输入端维持在最低阈值电压已上足够长时间,使施密特触发器产生一个正脉冲。

2. 常用的复位电路

常用的两种复位电路是上电复位和按键手动复位。

上电复位电路如图 1-19 所示。上电瞬间,RST 端的电位与 V_{cc} 相同,随着充电电流的减小,RST 端的电位逐渐下降,只要在 RST 处有足够长时间的阈值以上的电压就能可靠复位。图中的参数适用于 6MHz 晶振。

按键手动复位电路如图 1-20 所示。该电路是上电复位电路另加一个 200Ω 电阻和手动开关组成。实际该电路是上电复位兼按键手动复位电路。当开关常开时,为上电复位;当常开按键闭合时,相当于 RST 端通过电阻与 V_{CC} 电源接通,提供足够宽度的阈值电压完成复位。

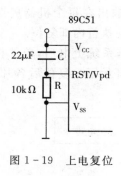

图 1-19　上电复位

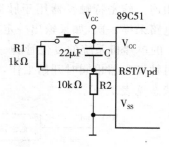

图 1-20　手动按键复位

习　题

1. MCS-51 单片机内部包含哪些主要逻辑功能部件? 各部件有何作用?

2. 89C51 型单片机存储器组织结构怎样? 片内数据存储器分为哪几个区域?

3. 单片机是如何确定和改变当前工作寄存器组的?

4. 什么是堆栈? 举例说明堆栈的工作过程。

5. 堆栈有哪些功能? 堆栈指示器的作用是什么? 在程序设计时,为什么还要对 SP 重新赋初值?

6. 89C51 型单片机有哪几个并行接口? 各 I/O 口有什么特点?

7. 程序计数器(PC)作为不可寻址寄存器,它有哪些特点?

8. 89C51 单片机的时钟周期、机器周期和指令周期是如何分配的? 当系统振荡频率为 12MHz 时,一个机器周期为多少微秒?

9. 单片机复位后将自动指向工作寄存器取的哪一个组? 为什么?

10. 单片机复位方法有哪几种? 复位后各寄存器的状态如何?

11. MCS-51 单片机运行出错或程序进入死循环,如何摆脱困境?

第 2 章　51 单片机汇编语言程序设计

学习目标：

● 掌握 51 单片机的寻址方式和指令系统；
● 能编写简单的完整程序；
● 掌握单片机集成开发环境 KeilC51，在线下载软件的使用方法。

技能目标：

● 能够对工作任务进行分析，找出相应算法，绘制流程图；
● 能够根据流程图编写程序；
● 会使用 Keil51 集成开发环境，观察和修改存储器；
● 会仿真、下载和调试汇编语言程序。

任意一个单片机应用系统都是由硬件和软件组成的，软件就是单片机可以识别的语言，编制用于控制单片机工作的程序，它是单片机应用系统的灵魂。对于 MCS-51 单片机来说，通常用来进行软件开发的语言是汇编语言和 C 语言。汇编语言是一种简单易掌握、效率较高的开发语言。汇编语言可读性差、移植性也不好，在处理计算问题上非常复杂，要求的编程技巧较高，所以现代单片机系统上更多地使用 C 语言等高级语言。但汇编语言对于理解单片机应用系统的编程原理、优化程序结构，都有着非常重要的作用，所以汇编语言的学习一直以来都是单片机应用系统学习的重点。本章主要介绍 MCS-51 单片机的指令系统和 7 种寻址方式，通过实例来说明程序设计的方法和技巧。单片机集成开发环境 KeilC51 的应用参照第九章的内容。

2.1　指令系统概述

计算机在工作中要执行各种操作和运算，这些操作和运算是通过二进制代码表示的操作命令来实现的，这些操作命令被称为指令。

一台计算机所能执行指令的集合称为该计算机的指令系统。指令系统与机器密切相关，不同系列机器的指令系统是不同的。

计算机能直接识别、执行的指令是机器语言指令，所谓机器语言就是用二进制编码表示的语言。但机器语言具有难学、难记、不易书写、难于阅读和调试、容易出错且不易查找、程序可维护性很差等缺点，MCS-51 单片机提供了用助记符表示的汇编语言，其克服了机器语言编程的缺点。汇编语言与机器语言一一对应。

2.1.1 指令的格式

指令的表示方法称为指令格式,它规定了指令的长度和内部信息的安排等。一个完整的 MCS-51 汇编语言指令格式如下:

[标号:]＜操作码＞ [操作数 1][,操作数 2][,操作数 3][;注释]

其中,"标号"实际上为符号地址,表示这条指令在程序存储器中存放的首地址,以字母开始,后可跟 1~8 个字母或数字,但标号不能用操作码或专用符号;"操作码"即指令的助记符,它规定了指令的具体操作,它是指令中唯一不能缺少的部分;"操作数"为指令的具体操作对象,有些指令中有 3 个操作数,有些有 2 或 1 个操作数,还有些是无操作数,仅有操作码;"注释"用作解释和备忘。

例 1 MOV A,♯00H ;00H→ A

在该指令中,MOV 是操作码,它表示该指令可以完成数据传送操作。A 与 ♯00H 是操作数。该指令实现了把数 00H 传送到累加器 A,其结果为(A)＝00H。";"后面是对指令的解释说明。

例 2 INC R7

在该指令中,INC 是操作码,R7 是操作数。指令执行后寄存器 R7 的内容加 1。

例 3 NOP

这是一条空操作数指令,没有操作数,只有操作码。

2.1.2 指令常用的符号

在 MCS-51 系列单片机的指令中,常用的符号有:

♯data8、♯data16:分别表示 8 位、16 位立即数。

direct:片内 RAM 单元地址(8 位),也可以指特殊功能寄存器的地址或符号名称。

addr11、addr16:分别表示 11 位、16 位目的地址。

rel:相对转移指令中偏移量,为 8 位带符号数(补码形式)。

bit:片内 RAM 中(可位寻址)的位地址。

A:累加器 A,ACC 则表示累加器 A 的地址。

Rn:当前寄存器组的 8 个工作寄存器 R0~R7。

Ri:可用作间接寻址的工作寄存器,只能是 R0、R1。

@:间接寻址的前缀标志。

/: 位操作指令中,表示对该位求反再参与操作,但不影响该位的值。

(×):表示由×所指定的某寄存器或单元中的内容。

((×)):表示由×间接寻址的单元的内容。

∧:逻辑与

∨:逻辑或

⊕:逻辑异或

2.2　51 单片机的寻址方式

所谓寻址方式就是通过确定操作数的位置（地址），把操作数提取出来的方法。一个处理器寻址方式的多少，说明了其寻址操作数的灵活程度。MCS-51 指令系统有 7 种寻址方式：立即寻址、直接寻址、寄存器寻址、寄存器间接寻址、位寻址、变址寻址和相对寻址。

1. 立即寻址

立即寻址是指在指令中直接给出其操作的数据，该操作数称为立即数。为了与直接寻址指令中的直接地址相区别，在立即数前面加上前缀"#"。例如：

```
MOV  A,#48H
```

其中的 48H 就是立即数，指令的功能是把立即数 48H 传送（复制）到累加器 A，如图 2-1 所示。

在 MCS-51 单片机中，除了 8 位立即数外，还有一条 16 位立即数的数据传送指令，即为：

```
MOV DPTR,# data16
```

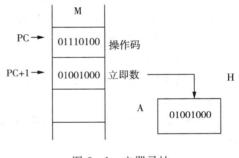

图 2-1　立即寻址

其功能是把 16 位立即数传送到数据指针 DPTR 中。例如：MOV DPTR,#5678H，它表示把立即数 5678H 传送到 DPTR，其中 56H 传送到 DPH，78H 传送到 DPL。

2. 直接寻址

直接寻址就是在指令中直接给出存放数据的地址。例如：

```
MOV  A,3CH
```

其中 3CH 就是要操作的数据所在的单元地址，如果内部 RAM(3CH)=55H，执行指令后(A)=55H，如图 2-2 所示。

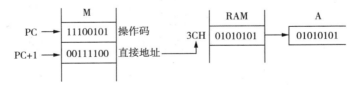

图 2-2　直接寻址

直接寻址方式的寻址范围包括：

(1)内部数据存储器(RAM)低 128 单元；

(2)特殊功能寄存器(SFR)。这些特殊功能寄存器可以以单元地址形式出现，也可以以寄存器符号的形式出现。如：

```
MOV A,50H
MOV 50H,P1
MOV 50H,90H
MOV SP,#60H
```

上面指令中的 50H、P1、90H、SP 均是直接寻址方式。

3. 寄存器寻址

寄存器寻址就是操作的数据在寄存器中,例如:

```
MOV A,R1
```

指令中的 R1 就是存放操作数据的寄存器,如果(R1)=F0H,则指令执行后(A)=F0H,如图 2-3 所示。

采用寄存器寻址方式的指令都是 1 字节的指令,指令中以符号名称来表示寄存器。寄存器寻址方式的寻址范围包括:

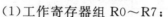

图 2-3 寄存器寻址

(1)工作寄存器组 R0~R7;

(2)部分特殊功能寄存器 A、B、DPTR。

4. 寄存器间接寻址

寄存器间接寻址就是指指令中的操作数据在寄存器的内容所指的地址单元中。也就是说,寄存器内存放的是操作数据的地址。寄存器间接寻址需要以寄存器符号的形式表示,并在寄存器前面加前缀"@"。例如:

```
MOV 60H,#50H   ;把立即数 50H 送到直接地址单元 60H
MOV R1, #60H   ;把立即数 60H 送到寄存器 R1
MOV A,@R1      ;把 60H 单元的内容(50H)送到累加器 A
```

执行完上述三条指令后累加器(A)=50H,如图 2-4 所示。

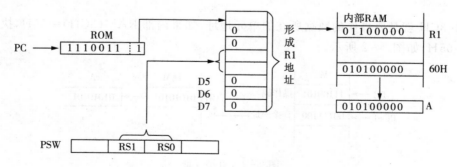

图 2-4 寄存器间接寻址

使用寄存器间接寻址时,要注意以下几点:

(1)寄存器间接寻址方式允许的操作数的类型是@Ri 与@DPTR。其中@Ri 用于对内 RAM 的低 128 单元进行访问,也可用于对外 RAM 的低 256 个字节进行访问。@DPTR 用于对全部的 64KB 外 RAM 空间进行访问。

(2)寄存器间接寻址不能用于访问内部 RAM 的高 128 单元。例如,下面的指令是错误的。

```
MOV R0,#90H
MOV A,@R0
```

(3)PUSH、POP 指令中隐含的 SP 可看成是寄存器间接寻址方式。例如:

```
MOV SP,#60H
MOV A, #30H
PUSH  ACC  ;(SP)+1 → SP, (A) → (SP) 或(SP)=61H,(61H)=30H
POP  B   ;((SP)) → B,(SP)-1 → (SP) 或(B)=30H,(SP)=60H
```

5. 位寻址

位寻址是指对片内 RAM 的位寻址区、可以位寻址的专用寄存器的各位进行位操作的寻址方式。例如:

```
MOV C,00H  ;  00H(内部 RAM20H 单元的第 0 位)送 C
MOV P1.0,C  ;  C 的值送 P1.0( P1 口的第 0 位)
SETB  RS1  ;  把 RS1 置 1。RS1 是位符号,是 PSW 中的第 4 位
```

位寻址在指令中 .. 用表示。位寻址方式的寻址范围是:

(1)内部 RAM 低 128 单元中位寻址区(20H~2FH)的 128 位,位地址为 00H~7FH。

(2)内部 RAM 高 128 单元中字节地址可以被 8 整除的 11 个 SFR 中的各个有定义位。

6. 变址寻址

变址寻址用于访问程序存储器中的一个字节,该字节的地址是:基址寄存器(DPTR 或 PC)的内容与变址寄存器 A 中的内容之和,如图 2-5 所示。例如:

```
MOV DPTR ,#8800H  ;把立即数 8800H 送 DPTR
MOV A,#88H  ;把立即数 88H 送 A
MOVC A,@A + DPTR  ;取 ROM 中 8888H 单元的数送 A
```

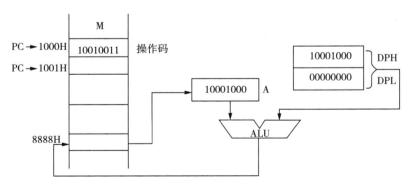

图 2-5　变址寻址

对于 MCS-51 型单片机的变址寻址方式,要注意以下几点:

(1)变址寻址方式是针对 ROM 的一种寻址方式。

(2)使用变址寻址方式的指令只有三条,如下:

```
MOVC  A,@A + DPTR
MOVC  A,  @A + PC
JMP   @ A + DPTR
```

7. 相对寻址

相对寻址方式是为实现程序的相对转移而设计的,由相对转移指令所采用。在这种寻址方式下,将程序计数器 PC 的当前值加上由指令中给出的偏移量(rel),从而构成了程序转移的目的地址。转移的目的地址为:

目的地址 = 转移指令所在的地址 + 转移指令字节数 + rel

一般实际使用时,rel 常写成符号地址形式,编程者一般不去标偏移值,但要注意它的 范围为－128～＋127。例如,

```
1000H:JC  80H
```

这是一条转移指令,该指令为 2 字节 ,存放在 1000H 和 1001H 单元中,则执行该指令后 CPU 将转去执行 0F82H(1000H－80H＋2)单元的指令,如图 2－6 所示。

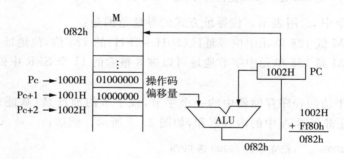

图 2－6 相对寻址

2.3 51单片机的指令系统

案例2 八个 LED 发光二极管的闪烁控制

知识点:

● 掌握单片机输出端口的控制方法;
● 掌握循环延时程序的分析和设计方法。

1. 案例介绍

用单片机控制 8 个并排的发光二极管,使 8 个发光二极管同时闪烁,延时时间为 1s,即亮 1s,灭 1s,依此规律重复。

2. 硬件电路

采用单片机 P1 口控制 8 个发光二极管闪烁的硬件电路如图 2-7 所示。单片机 P1 口的 P1.0～P1.7 分别连接了 8 个发光二极管的阴极。当 P1 口各位全部输出低电平"0"时,8 个发光二极管全部点亮;当 P1 口各位全部输出高电平"1"时,8 个发光二极管全部熄灭。

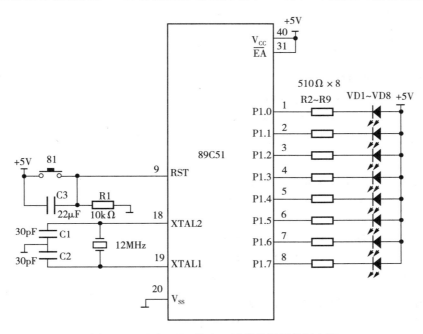

图 2-7　八个 LED 发光二极管的闪烁控制电路

3. 程序设计

```
        ORG 0000H
        AJMP  MAIN
        ORG 0030H
MAIN:   MOV P1,#00H
        ACALL  DELAY    ;延时 1s
        MOV P1,#0FFH
        ACALL  DELAY    ;延时 1s
        AJMP MAIN       ;重复
DELAY:  MOV  R5,#20     ;1T  延时 1s 的子程序
DE1:    MOV  R6,#200
DE2:    MOV  R7,#123
DE3:    DJNZ  R7,DE3
        DJNZ  R6,DE2
        DJNZ  R5,DE1
        RET
```

2.3.1　数据传送指令及其应用

数据传送指令一共有 29 条,8 种助记符。这类指令的一般操作是把源操作数的内容传

送到目的操作数中,指令执行后,源操作数的内容不变,目的操作数的内容修改为源操作数的内容。

1. 以累加器 A 为目的操作数的指令

```
MOV A , #data        ; data → A
MOV A , ×ΩXRn         ;(Rn) → A
MOV A, direct         ;(direct) → A
MOV A, @Ri            ; ((Ri)) → A
```

以上指令影响奇偶标志 P。

2. 以寄存器 Rn 为目的操作数的指令

```
MOV Rn , #data        ; data → Rn
MOV Rn, direct        ;(direct) → Rn
MOV Rn, A             ; (A) → Rn
```

3. 以直接地址为目的操作数的指令

```
MOV  direct1 ,  #data    ; data → direct
MOV  direct2 ,  direct1  ; (direct1) → direct2
MOV  direct  ,  Rn       ; ( Rn ) → direct
MOV  direct  ,  A        ; ( A ) → direct
MOV  direct  ,  @Ri      ; ( (Ri) ) → direct
```

4. 以间接地址为目的操作数的指令

```
MOV  @Ri ,#data          ; data →  (Ri)
MOV  @Ri ,direct         ; (direct) →  (Ri)
MOV  @Ri ,A              ;(A) →  (Ri)
```

5. 16 位数据传送指令

```
MOV  DPTR , #data16 ; data16 → DPTR
```

【例 1】 设内部 RAM(30H)=40H,(40H)=50H,(50H)=10H,试分析下列指令,指出指令中各源操作数的寻址方式,及各条指令执行的结果。

```
MOV R0,#30H      ;源操作数 #30H 为立即寻址方式,(R0) = 30H
MOV A,@R0        ;源操作数 @R0 为寄存器间接寻址方式,(A) = (30H) = 40H
MOV R1,A         ; 源操作数 A 为寄存器寻址方式,(R1) = (A) = 40H
MOV P1,@R1       ; 源操作数 @R1 为寄存器间接寻址方式,(P1) = ((R1)) = 50H,
MOV P2,P1        ;源操作数 P1 为直接寻址方式,(P2) = 50H
MOV 50H,#00H     ;源操作数 #00H 为立即寻址方式,(50) = 00H
```

【例 2】 请编程将 R1 的数据传送到 R2 中

```
解法 1：  MOV  50H , R1
          MOV  R2 ,50H
解法 2：  MOV  A ,R1
          MOV  R2 , A
```

6. 累加器 A 与片外 RAM 数据传送指令

```
MOVX  A，@DPTR    ;((DPTR)) → A
MOVX  @DPTR，A    ;(A) → (DPTR)
MOVX  A，@Ri      ;((Ri)) → A
MOVX  @Ri，A      ;(A) → (Ri)
```

这组指令的功能是在累加器和外部 RAM、I/O 接口之间进行数据传输。采用 16 位的 DPTR 作间接寻址时,可寻址整个 64KB 片外数据存储器空间,高 8 位地址(DPH)由 P2 口输出,低 8 位地址(DPL)由 P0 口输出,并由 ALE 信号将 P0 端口信号(低 8 位地址)锁存在地址锁存器中。由 R0、R1 进行间接寻址时,高 8 位地址在 P2 口中,由 P2 口输出;低 8 位地址在 R0 或 R1 中,由 P0 口输出组成 16 位地址,并由 ALE 信号锁存在地址锁存器中。向累加器传送数据时,80C51 单片机 P3.7 产生读信号选通片外 RAM 或 I/O;累加器向片外 RAM 或 I/O 端口传送数据时,80C51 单片机 P3.6 产生写信号选通片外 RAM 或 I/O 口。

【例 3】 已知外部 RAM(2000H)=56H,分析下列程序执行的结果

```
MOV  DPTR，#2000H    ;(DPTR) = 2000H
MOVX  A，@DPTR       ;(A) = 56H
```

【例 4】 要求把外部 RAM 40H 单元中的数据传送到内部 RAM 55H 中,(P2)=20H,试编程。

```
解法 1：MOV  DPTR，#2040H
        MOVX  A，@DPTR
        MOV  55H，A
解法 2：
        MOV  R0，#40H
        MOVX  A，@R0
        MOV  55H，A
```

7. 查表指令

```
MOVC  A，@A+DPTR   ;((A)+(DPTR)) → A
MOVC  A，@A+PC     ;((A)+(PC)) → A
```

此类指令是以 DPTR(或 PC)作基址寄存器,指令执行时将 DPTR(或 PC)的内容与 A 中的数据相加形成新的地址,将该地址所指向的 ROM 中的数据取出并传送到累加器 A 中。其功能是对存放于程序存储器中的数据表格进行查找传送。由于 PC 的内容不能通过数据传送指令来改变,因此第二条指令在使用时不够灵活。

【例 5】 已知 ROM 中以 TAB 为起点地址的空间存放着 0~9 的 ASCII 码,累加器 A 中存放着一个 0~9 之间的 BCD 码数。要求用查表的方法获得 A 中数据的 ASCII 码。

解法 1：

```
MOV DPTR，#TAB
MOVC  A，@A+DPTR
RET
TAB：DB 30H,31H,32H,33H,34H,35H,36H,37H,38H,39H
```

解法 2：

```
INC   A
MOV   A,@A + PC
RET
TAB：DB 30H,31H,32H,33H,34H,35H,36H,37H,38H,39H
```

8. 交换指令

```
XCH  A,  Rn    ; (A) ←→ (Rn)
XCH  A,  direct ; (A) ←→ (direct)
XCH  A,  @Ri   ;(A) ←→ ((Ri))
XCHD A,  @Ri   ;(A)₃~₀ ←→ ((Ri))₃~₀
SWAP A         ;(A)₇~₄ ←→ (A)₃~₀
```

前三条指令是实现两个操作数的数据相互交换。XCHD A, @Ri 指令仅把累加器 A 与 Ri 间址的内部 RAM 单元中的数据的低 4 位相互交换,而高 4 位保持不变。SWAP A 指令是把累加器 A 中数据的高 4 位与低 4 位相互交换。

【例 6】 已知(A)＝12H,(R1)＝30H,内部 RAM(30H)＝34H,试分析指令执行的结果。

```
XCH  A,  30H  ;(A) = 34H,(30H) = 12H
XCH  A,  @R1  ;(A) = 12H,(30H) = 34H
XCHD A,  @R1  ;(A) = 14H ,(30H) = 32H
SWAP A        ;(A) = 41H
```

【例 7】 编写程序将外部 RAM 3000H 单元中的数据与内部 RAM 30H 单元中的数据相互交换。

解法 1：

```
MOV  DPTR ,#3000H
MOVX A  ,@DPTR
XCH  A  , 30H
MOVX @DPTR , A
```

解法 2：

```
MOV  DPTR ,#3000H
MOVX A  ,@DPTR
MOV  R7, 30H
MOV  30H , A
MOV  A , R7
MOVX @DPTR , A
```

8. 堆栈操作指令

```
PUSH  direct     ;(SP) + 1 → SP ,(direct) → (SP)
POP   direct     ;(SP) → direct , (SP) - 1 → SP
```

　　PUSH(进栈)指令是先将 SP 的内容加 1,使 SP 指向新单元,然后把所 direct 的单元中的数据传入其中,POP(出栈)指令是先将 SP 所指向的单元中的数据取出并传送到 direct 单元中,然后把堆栈指针 SP 的内容减 1。

【例 8】　试分析一下程序段的执行结果

```
MOV  SP , #50H   ;(SP) = 50H
MOV  A , #12H    ;(A) = 12H
MOV  B , #34H    ;(B) = 34H
PUSH ACC         ;(SP) = 51H, (51H) = 12H
PUSH B           ;(SP) = 52H, (52H) = 34H
POP  ACC         ;(A) = 34H, (SP) = 51H
POP  B           ;(B) = 12H,(SP) = 50H
```

　　由分析的结果可知,这段程序的功能是将累加器 A 和 B 的数据进行了交换,因此堆栈也可实现交换功能。

2.3.2　算术运算指令及应用

　　MCS-51 的算术运算指令共有 24 条,8 种助记符,包括加、减、乘、除等各种运算。

1. 不带进位的加法指令

```
ADD  A, #data    ;(A) + data → A
ADD  A, Rn       ;(A) + (Rn) → A
ADD  A, direct;  ;(A) + (direct) → A
ADD  A, @Ri      ;(A) + ((Ri)) → A
```

　　这 4 条加法指令,其被加数总是累加器 A,并且结果也放在 A 中。加法操作影响 PSW 中的 Cy、AC、OV 和 P。

【例 9】　分析下面程序段的功能。

```
MOV  A, #85H
ADD  A, #97H
MOV  R3 ,A
```

解:

$$
\begin{array}{r}
1000\ 0101 \\
+\quad 1001\ 0111 \\
\hline
1\ 0001\ 1100
\end{array}
$$

　　指令的功能是将 85H 与 97H 相加,并把相加的结果传送到 R3 中,相加后(A)=1CH,且进位标志位 C 为 1。

　　无论是哪一条加法指令,参与运算的都是两个 8 位二进制数。对于指令的使用者来说,这些 8 位二进制数可以当作无符号数(0~255),也可以当作有符号数,即补码(-128~+127)。例如,上述指令中的操作数 97H(二进制形式为 10010111),如果当作无符号数,就是十进制 151;如果当作有符号数,则是十进制-105,但计算机在作加法运算时,总按以下规则进行:

(1)在求和时,总是把操作数直接相加,而不需变换。

(2)在确定相加后进位 Cy 的值时,总是把两个操作数作为无符号数直接相加而得出进位 Cy 值。如上例中,相加后 Cy 为 1。但若是两个带符号数相加,相加后的进位值应该丢弃,当 PSW 中的 Cy 位仍为 1。

(3)在确定相加后溢出标志 OV 的值时,计算机总是把操作数当作有符号数看待。在作加法运算时,一个正数和一个负数相加,是不可能产生溢出的,只有两个同符号数相加时,才可能溢出,并按以下方法判断是否有溢出:

● 两个正数相加(符号位都为 0),若和为负数(符号位为 1),则一定溢出;

● 两个负数相加(符号位都为 1),若和为正数(符号位为 0),则一定溢出。

产生溢出时,OV=1,否则 OV=0,上例中两个负数相加后,和为正数,有溢出,则 OV=1。

(4)加法指令还会影响辅助进位标志位 AC 和奇偶标志 P。在上述例子中,由于低 4 位相加没有产生对高 4 位的进位,故 AC=0。又因为相加后 A 中 1 的数目为奇数,所以 P=1。

2. 带进位的加法指令

```
ADDC  A,#data   ;  (A) + data + (Cy)→A
ADDC  A,Rn      ;  (A) + (Rn) + (Cy)→A
ADDC  A,direct  ;  (A) + (direct) + (Cy)→A
ADDC  A,@Ri     ;  (A) + (Ri) + (Cy)→A
```

这 4 条指令的操作,除了指令中所规定的两个操作数相加之外,还要加上进位标志 Cy 的值,需注意,这里所指的 Cy 是指令开始执行时的进位标志值,而不是相加过程中产生的进位标志值,只要指令执行时 Cy=0,则这 4 条指令的执行结果就和不带进位的加法指令的执行结果一样,带进位加法指令主要用于多字节二进制数的加法运算。

带进位的加法指令执行后,同样影响 Cy、AC、OV 和 P 标志,并把相加的结果存放到累加器 A 中。

【例 10】 已知当前 Cy=1,分析下面指令执行后,A 与 PSW 相关标志位的结果如何?

```
MOV A, #85H
ADDC A, #97H
```

解:

```
      1000 0101
      1001 0111
  +           1
  1 0001 1101
```

结果为:(A)=1DH、Cy=1、AC=0、OV=1、P=0,即相加时最高位有进位,运算结果产生溢出,累加器 A 中和值 1 的数目为偶数。

【例 11】 编写程序,将内 RAM 40H 与 50H 为起始地址单元的 2 个无符号数相加,并将结果存放到 40H 为起始地址的区域中。设 40H、50H 是操作数的低字节。

解:

```
MOV  A,  40H
ADD  A,  50H
```

```
MOV  40H,  A
MOV  A,  41H
ADDC  A,  51H
MOV  41H,  A
MOV  A,  #00H
ADDC  A,  #00H
MOV  42H,  A
```

3. 加 1 指令

```
INC A           ;(A)+1→A
INC Rn          ;(Rn)+1→Rn
INC direct      ;(direct)+1→direct
INC @Ri         ;((Ri))+1→Ri
INC DPTR        ;(DPTR)+1→DPTR
```

加 1 指令有 5 条,是对指定单元的内容加 1 的操作。加 1 指令不影响程序状态字 PSW。这 5 条指令中,唯一的例外是 INC A 指令可以影响奇偶标志 P,前 4 条指令是对 1 字节单元的内容加 1,最后 1 条指令是给 16 位的寄存器内容加 1。

4. 减法指令

```
SUBB  A,#data    ;  (A)-data-(Cy)→A
SUBB  A,Rn       ;  (A)-(Rn)-(Cy)→A
SUBB  A,direct   ;  (A)-(direct)-(Cy)→A
SUBB  A,@Ri      ;  (A)-(Ri)-(Cy)→A
```

带借位减法指令有 4 条,与带进位加法指令类似,其被减数和结果都在累加器 A 中。

减法指令只有一组带借位减法指令,而没有不带借位的减法指令。若要进行不带借位的减法操作,则在减法之前要先用指令使 Cy 清 0,然后再相减。对于减法操作,计算机也是对两个操作数直接求差,并取得借位 Cy 的值。在判断是否溢出时,则按有符号数处理,判断的规则为:

- 正数减正数或负数减负数都不可能溢出,OV 一定为 0;
- 若一个正数减负数,差为负数,则一定溢出,OV=1;
- 若一个负数减正数,差为正数,则一定溢出,OV=1。

减法指令也要影响 Cy,AC,OV 和 P 标志。

【例 12】 已知 Cy=0,分析下面指令的结果。

```
MOV  R0,#B4H
MOV  A,#52H
SUBB  A,R0
```

解:

$$
\begin{array}{r}
01010010 \\
-\ 10110100 \\
\hline
10011110
\end{array}
$$

结果为(A)=9EH,Cy=1,AC=1,OV=1,P=1。即相减时最高位有借位,运算结果产生溢出,累加器 A 中差值 1 的数目为奇数。

5. 减 1 指令

```
DEC A            ;(A)-1→A
DEC Rn           ;(Rn)-1→Rn
DEC direct       ;(direct)-1→direct
DEC @Ri          ;((Ri))-1→Ri
```

6. 乘除指令

乘除指令各有 1 条,完成 2 个 8 位无符号整数的乘法或除法。乘法指令和除法指令都是 1 字节指令,执行时需 4 个机器周期。

```
MUL AB           ;(A)×(B)→BA
DIV AB           ;(A)÷(B)→A(商)、B(余数)
```

参加乘法运算的两个操作数是无符号数,两个 8 位无符号数相乘结果为 16 位无符号数,它的高 8 位存放于 B 中,低 8 位存放于累加器 A 中。乘法指令执行后会影响 3 个标志:Cy、OV 和 P。执行乘法指令后,进位标志一定被清除,即 Cy 一定为 0;若相乘后有效积为 8 位,即(B) =0,则 OV=0;若相乘后 B 不等于 0,则 OV=1。奇偶标志仍按 A 中 1 的奇偶性来确定。

参加除法运算的两个操作数也是无符号数,被除数置于累加器 A 中,除数置于寄存器 B 中。相除之后,商存于累加器 A 中,余数存于寄存器 B 中。除法指令也影响 Cy、OV 和 P 标志。相除之后,Cy 也一定为 0,溢出标志也只在除数 B=0 时才被置 1,其他情况下 OV 都清 0。奇偶标志 P 仍按一般规则确定。

【例 13】 分析下面指令的执行结果

```
MOV  A,#87H
MOV  B,#03H
MUL  AB
MOV  B,#05H
DIV  AB
```

解: MUL AB 指令执行的过程如下:

$$
\begin{array}{r}
1 0 0 0 0 1 1 1 \\
\times 0 0 0 0 0 0 1 1 \\
\hline
1 0 0 0 0 1 1 1 \\
1 0 0 0 0 1 1 1 \\
\hline
1 1 0 0 1 0 1 0 1
\end{array}
$$

本条指令执行的结果为(A)=95H、(B)=01H、Cy=0、OV=1、P=0。之后又执行 MOV B,#05H 指令,使得(B)=05H,最后执行 DIV AB 指令。

结果为:(A)=1DH、(B)=04H、Cy=0、OV=0、P=0。

7. 十进制调整指令

十进制调整指令的功能是对 BCD 数加法运算结果进行调整。在 MCS-51 指令系统中,所有的加法运算结果都放在累加器 A 中,因此这条指令是对 A 的内容进行调整。两个压缩 BCD 数执行二进制加法后,必须由 DA 指令调整后才能得到正确的 BCD 和。

DA A

这条指令对加法结果的调整规则是：

● 若累加器 A 低 4 位大于 9 或辅助进位标志 AC＝1，则低 4 位加 6；

● 若累加器 A 高 4 位大于 9 或 Cy＝1，则高 4 位加 6；

● 若累加器 A 高 4 位等于 9 且低 4 位大于 9，则高 4 位加 6；

● 若累加器 A 的最高位因调整而产生进位时，将 Cy 置 1，若不产生进位，保留 Cy 在调整前的状态而并不清 0。

DA 指令只影响进位标志 Cy。由于本指令只能对 BCD 加法结果进行调整，因此不能直接使用本指令对 BCD 数的减法进行调整。对 BCD 数减法进行调整的方法是，将 BCD 数减法化为 BCD 数加法运算，再进行调整。具体地说，就是将减数化为十进制数的补码，再进行加法运算，BCD 码无符号数的减法运算可按下述步骤进行：

① 求减数的补数（9AH－减数）；

② 被减数与减数的补数相加；

③ 运行十进制加法调整指令。

【例 14】 试编写程序，实现 95＋57 的 BCD 加法，并分析执行过程。

解：BCD 码加法程序

```
MOV  A, ＃95H
ADD  A, ＃57H
DA   A
```

程序执行的过程分析：

```
    10010101
  + 01010111
    11101100    ;低 4 位大于 9,加 6 调整
        0110
    11101100
  + 0110
   101010010    ;高 4 位大于 9,加 6 调整
```

最终结果为 101010010(154)，是正确的 BCD 码。

【例 15】 将内部 RAM 以 BUF 为起点地址的 2 个单元的数据转换为 BCD 码送到内 RAM 50H 开始的区域中（高位在前），然后将两个 BCD 码相加，结果放到内 RAM 60H 开始的单元中（高位在前）。分析下列程序段，看是否能完成此功能？

```
MOV R0,＃BUF
MOV R1,＃50H
MOV A,@R0          ;读第一个数
MOV B, ＃64H
DIV AB
MOV @R1, A         ;存百位
MOV A, B
MOV B, ＃0AH
```

```
        DIV AB
        INC R1
        SWAP A
        ADD A, B
        MOV @R1, A           ;存十位、个位
        INC R0
        MOV A, @R0           ;读第二个数
        MOV B, ＃64H
        DIV AB
        INC R1
        MOV @R1, A           ;存百位
        MOV A, B
        MOV B, ＃0AH
        DIV AB
        INC R1
        SWAP A
        ADD A, B
        MOV @R1, A           ;存十位、个位
        MOV R0, ＃50H
        MOV A, @R0
        ADD A, 53H
        DA A
        MOV 61H, A
        MOV A, 50H
        ADDC A, 52H
        DA A
        MOV 60H, A
```

2.3.3　逻辑运算指令及应用

MCS-51共有24条逻辑操作指令,9种助记符,完成与、或、异或、取反、移位等操作,逻辑运算都是按位进行的。

1. 逻辑"与"指令

```
ANL A, ＃data          ;(A)∧data →A
ANL A, Rn              ;(A)∧(Rn) →A
ANL A, direct          ;(A)∧(direct) →A
ANL A, @Ri             ;(A)∧((Ri)) →A
ANL direct, A          ;(direct)∧(A) →direct
ANL direct, ＃data     ;(direct)∧data →direct
```

前4条指令以累加器A为目的操作数,后2条以直接地址单元为目的操作数,这样便于对各个特殊功能寄存器的内容按需进行变换,如将一个字节中的某几位变为0,而其余位不变。

【例16】　已知(A)=86H,试分析下面指令执行的结果。

```
(1)ANL  A, ♯OFFH
(2)ANL  A, ♯OF0H
(3)ANL  A, ♯OFH
(4)ANL  A, ♯1AH
```

解：

(1)A＝86H　(2)A＝80H (1)A＝06H (1)A＝02H

由上例可知,逻辑"与"运算可用于将某些位屏蔽(即使之为 0),方法是:将要屏蔽的位和"0"相与,把要保留的位同"1"相与。

2. 逻辑"或"指令

```
ORL A, ♯data      ;(A) ∨ data →A
ORL  A, Rn        ;(A) ∨ (Rn) →A
ORL A, direct     ;(A) ∨ (direct) →A
ORL A, @Ri        ;(A) ∨ ((Ri)) →A
ORL direct, A     ;(direct) ∨ (A) →direct
ORL direct, ♯data ;(direct) ∨ data →direct
```

逻辑"或"运算可用于将累加器 A 或 direct 单元中的某些位置位(即使之为 1),方法是:将要置位的位和"1"相或,把要保留的位同"0"相或。

【例 17】　已知(A)＝86H,试分析下面指令执行的结果。

```
(1)ORL  A, ♯OFFH
(2)ORL  A, ♯OF0H
(3)ORL  A, ♯OFH
(4)ORL  A, ♯1AH
```

解:(1)A＝FFH　(2)A＝F6H (1)A＝8FH (1)A＝9EH

【例 18】　已知内部 RAM 40H 单元存放着一个 0~9 之间的 BCD 码,试编写程序求其 ASCII 码。

```
解法 1:  ORL  40H, ♯30H
解法 2:  MOV  A, 40H
         ADD  A, ♯30H
         MOV  40H, A
```

3. 逻辑"异或"指令

```
XRL A, ♯data      ;(A) ⊕ data →A
XRL A, Rn         ;(A) ⊕ (Rn) →A
XRL A, direct     ;(A) ⊕ (direct) →A
XRL A, @Ri        ;(A) ⊕ ((Ri)) →A
XRL direct, A     ;(direct) ⊕ (A) →direct
XRL direct, ♯data ;(direct) ⊕ data →direct
```

逻辑"异或"运算可用于将累加器 A 或 direct 单元中的某些位求反(即 1 变 0,0 变 1),方法是:将要求反的位和"1"相异或,把要保留的位同"0"相异或。

【例 19】 已知(A)=86H,试分析下面指令执行的结果。

(1)XRL A, #0FFH

(2)XRL A, #0F0H

(3)XRL A, #0FH

(4)XRL A, #1AH

解:(1)A=79H (2)A=76H (1)A=89H (1)A=9CH

【例 20】 将内部 RAM40H 的内容拆开,高位送 41H 的低位,低位送 42H 的低位,40H、41H 的高 4 位清 0,一般本程序用于把数据送显示缓冲区时用。

```
ORG 0000H
    AJMP MAIN
    ORG 0030H
MAIN:MOV 40H, #56H
    MOV A,40H
    ANL A, #0F0H
    SWAP A
    MOV 41H,A
    MOV A,40H
    ANL A, #0FH
    MOV 42H,A
    SJMP $
    END
```

【例 21】 将内部 RAM40H、41H 的低位分别送 42H 的高低位,一般本程序用于把显示缓冲区的数据取出拼装成一个字节。

```
ORG 0000H
    AJMP MAIN
    ORG 0030H
MAIN:MOV 40H, #56H
    MOV 41H, #12H
    ANL 40H, #0FH
    MOV A,40H
    SWAP A
    ANL 41H, #0FH
    ORL A,41H
    MOV 42H,A
    SJMP $
    END
```

4. 累加器清零、取反指令

CLR A ;0→A

CPL A ;$(\overline{A}) \rightarrow A$

这里的清 0 指令可以进一步节省存储空间,提高程序执行效率。对 PSW 中奇偶标志位 P 有影响。取反指令用于对累加器 A 的 8 位按位取反,不影响 PSW。

5. 移位指令

(1)循环左移

RL　A　　;$(An) \rightarrow (An+1)$,$(A7) \rightarrow (A0)$

(2)循环右移

RR　A　　;$(An+1) \rightarrow (An)$,$(A0) \rightarrow (A7)$

(3)带进位的循环左移

RLC　A　　;$(An) \rightarrow (An+1)$,$(A7) \rightarrow Cy$,$(Cy) \rightarrow (A0)$

(4)带进位的循环右移

RRC　A ;$(An+1) \rightarrow (An)$,$(Cy) \rightarrow A7$,$(A0) \rightarrow Cy$

2.3.4　控制转移指令及应用

MCS-51 指令系统的控制转移指令共有 17 条。

1. 无条件转移指令

(1)长转移指令

LJMP　addr16　;addr16 → PC

这条指令完成把 16 位地址传送给 PC,实现程序的转移。因为指令中提供的是 16 位地址,所以可以在 64KB 程序存储器空间内转移。

长转移指令是三字节双机器周期指令。其机器码为:02addr16H

【例 22】　对于 8051 单片机系统,用户自己编写的程序存放在程序存储器的 1000H 开始的一段空间中,试编写程序使之在开机后能自动转到 1000H 处执行程序。

解:

开机后 PC 被复位为 0000H。因此要使单片机在开机后能自动执行用户的程序,应在程序存储器空间的 0000H 处存放一条无条件转移指令。即:

0000H:LJMP 1000H

　　……

……

1000H:……

(2)绝对转移指令

AJMP　addr11　;$(PC)+2 \rightarrow (PC)$,addr11 → PC0~10

绝对转移指令是一条双字节双机器周期指令,该指令中提供了 11 位地址,转移的范围是该指令的下一条指令地址所在的 2KB 范围内。其机器码为:

a10a9a800001a7a6a5a4a3a2a1a0,这条指令的功能是:先将 PC 的内容加 2,使 PC 指向下一条指令的起点地址(也称当前 PC 值),然后将 addr11 送入 PC 的低 11 位,PC 的高 5 位保持不变,形成新的 PC 值,实现程序的转移。

【例 23】 分析下面绝对转移指令的执行情况。

```
1354H:AJMP 0789H
```

解:在指令执行前(PC)=1354H,取出该指令后(PC)+2 形成 PC 当前值为 1356H,指令执行的过程是将指令中的 11 位地址 11110001001B 送入 PC 的低 11 位。即:新的 PC 值为 00010 11110001001B=1789H,所以指令执行的结果就是转移到 1789H 处执行程序。

(3)短转移指令

```
SJMP rel   ;(PC)+2+rel→PC
```

短转移指令是一条双字节双周期指令,rel 是相对转移的偏移量,指令的功能是:先将 PC 的内容加 2,然后将 PC 当前值与偏移量 rel 相加形成转移的目的地址,即为(PC)+2+rel,由于该指令的 rel 是一个以补码形式表示的 8 位二进制有符号数,因此转移的地址有可能在 PC 当前值的前面也可能在后面,转移的范围是指令的下一条指令地址所在的 256B 范围内。

例如,在 1354H 处存放着一条短转移指令 SJMP E7H,即 rel=E7H。由于 E7 是−18H 的补码,经计算可知,其转移的目的地址为(1354)+2+(−18H)=133EH 处。

(4)变址寻址转移指令

```
JMP  @A+DPTR  ;(A)+(DPTR)→PC
```

这是一条单字节双机器周期指令,由于基址寄存器 DPTR 和偏移量寄存器 A 的内容均可改变,因此使用起来很灵活。

变址寻址转移指令将 DPTR 与寄存器 A 中的数据均当作无符号数处理,多用于多分支情况,如键处理的散转等。

【例 24】 设最小系统的 4 个按键(键值设为 0～3)键处理程序分别存放在 KPRG1、KPRG2、KPRG3、KPRG4 处,试编写程序使系统能够自动识别按键,并执行相应的键处理程序。

```
解:   MOV A,P1
       ANL A,#0F0H
       SWAP A
       MOV B,#03H
       MUL AB
       MOV DPTR,#KEY
       JMP @A+DPTR
KEY:   LJMP KPRG1
       LJMP KPRG2
       LJMP KPRG3
       LJMP KPRG4
KPRG1:......
KPRG2:......
```

```
KPRG3:......
KPRG4:......
```

2. 条件转移指令

条件转移指令是指当某种条件满足时,转移才进行,否则程序将顺序执行。MCS - 51
中的所有条件转移指令都只采用相对寻址方式指示转移的目的地址。

(1)累加器判零条件转移指令

```
JZ rel              ;(A) = 0,(PC) + 2 + rel→PC
                    ;(A)≠0,(PC) + 2→PC
JNZ rel             ;(A)≠0,(PC) + 2 + rel→PC
                    ;(A) = 0,(PC) + 2→PC
```

【例 25】　编写程序将内部 RAM 以 40H 为起始地址的数据传送到 BUF 为起始地址的
内 RAM 区域,遇 0 终止。

```
解: MOV R0, ♯40H
    MOV R1, ♯BUF
LOOP:MOV A, @R0
    JZ  LOOP1
    MOV @R1, A
    INC R0
    INC R1
    SJMP LOOP
LOOP1:SJMP $
```

本例中的"$"为当前 PC 的值,指令"LOOP1:SJMP $ "等同于"LOOP1:SJMP
LOOP1"指令,在这里表示程序的结束。

(2)比较条件转移指令

比较条件转移指令共有 4 条,它们的功能是把两个操作数作比较,若两者不相等则转
移,否则顺序执行。

```
CJNE  A,♯data,rel       ;(A)≠date 则转移
CJNE  A,direct,rel      ;(A)≠(direct)则转移
CJNE  Rn,♯data ,rel     ;(Rn)≠date 则转移
CJNE  @Ri,direct,rel    ;((Ri))≠date 则转移
```

以上 4 条指令都执行以下操作:
● 若目的操作数=源操作数,则 Cy=0,(PC)+3→PC;
● 若目的操作数>源操作数,则 Cy=0,(PC)+3+rel→PC;
● 若目的操作数<源操作数,则 Cy=1,(PC)+3+rel→PC。

MCS - 51 指令系统中没有单独的比较指令,但可以用比较条件转移指令来弥补这一不
足。比较操作实际就是减法操作,只是不保存差,而将结果反映在标志位,再判断是否转移。
若两个比较的操作数都是无符号数,则可以根据比较后产生的 Cy 值来判别大小:若 Cy=0
则若目的操作数(A)>源操作数(B),若 Cy=1 则若目的操作数<源操作数。

若是两个有符号数进行比较,则仅依据 Cy 是无法判断大小的,例如,一个负数与一个正数相比使 Cy＝0,就不能说明负数大于正数。在这种情况下若要正确判断,可以有若干种方法。一种方法是先判断操作数是的正负,然后再使用比较条件转移指令产生的 Cy 信息。

● 当 A 为正数,B 为负数时,A＞B;
● 当 A 为负数,当 B 为正数时,A＜B;
● 当 A、B 都为负数或正数时,比较后,若 Cy＝0 则 A＞B;若 Cy＝1,则 A＜B。

使用 CJNE 指令也可实现例 25 要求的功能,程序如下:

```
        MOV  R0,＃40H
        MOV  R1,＃BUF
LOOP:   MOV  A,@R0
        CJNE A,＃00H,LOOP1
        SJMP $
LOOP1:  MOV  @R1, A
        INC  R0
        INC  R1
        SJMP LOOP
```

(3)减 1 条件转移指令

```
DJNZ   Rn , rel     ;(Rn) - 1→Rn
                    ;若(Rn) = 0,则(PC) + 2→PC
                    ;若(Rn)≠0,则(PC) + 2 + rel→PC
DJNZ   direct , rel ;(direct) - 1→direct
                    ;若(direct) = 0,则(PC) + 2→PC
                    ;若(direct)≠0,则(PC) + 2 + rel→PC
```

这是一组把减 1 与条件转移两种功能结合在一起的指令。指令的操作是先将操作数减 1,并保存结果,若减 1 以后操作数不为 0,则转移到指定的地址单元;若减 1 以后操作数为 0,则程序顺序执行。

这组程序对构成循环很有用,可以指定一个工作寄存器或内部 RAM 单元为计数器,对计数器赋以初值后,就可利用上述指令,若对计数器减 1 后不为 0 就进行循环操作,从而构成循环程序。

【例 26】 把外 RAM 以 1000H 为起始地址的 10 个单元的数传送到内部 RAM 以 DATA 为起始的区域中,试编程。

```
        MOV  DPTR,＃1000H
        MOV  R0,＃DATA
        MOV  R7,＃10
LOOP:   MOVX A, @DPTR
        MOV  @R0, A
        INC  R0
        INC  DPTR
        DJNZ R7,LOOP
```

```
SJMP $
```

3. 子程序调用及返回指令

为了使程序的结构清楚并减小重复指令所占的内存空间,在汇编语言程序中可以使用子程序,故需要有子程序调用和返回指令。子程序调用要中断原有的指令执行顺序,转移到子程序的入口地址去执行子程序。但和转移指令不同之处在于,子程序执行完毕后,要返回到原有程序中断的位置,继续往下执行。因此子程序调用指令还必须能将程序中断位置的地址保存起来,一般放在堆栈中保存,堆栈的先入后出的存取方式比较适合存放断点地址的要求,特别适合于子程序嵌套时断点地址存放。子程序调用指令可以完成以下两个功能。

① 将断点地址压入堆栈保护。断点地址是子程序调用指令的下一条指令的地址,取决于调用指令的字节数,它可以是 PC+2 或 PC+3,这里的 PC 指调用指令所在的地址。

② 将所调用子程序的入口地址送到程序计数器 PC,以便实现子程序调用。

(1)子程序调用指令

```
LCALL addr16      ;(PC) + 3→PC
                  ;(SP) + 1→SP ,(PC)7~0→(SP)
                  ;(SP) + 1→SP ,(PC)15~8→(SP)
```

这是一条三字节指令,长调用子程序调用范围是 64KB。

(2) 绝对调用指令

```
ACALL   addr11   ;(PC) + 2→PC ;
                 ;(SP) + 1→SP (PC)7~0→(SP)
                 ;(SP) + 1→SP (PC)15~8→(SP)
```

绝对调用指令为双字节指令,其机器码为 $a_{10}a_9a_8 10001 a_7a_6a_5a_4a_3a_2a_1$,调用范围是 2KB。

(3)返回指令

```
RET  ;((SP))→(PC)15~8,(SP) - 1→SP
     ;((SP))→(PC)7~0,(SP) - 1→SP
```

RET 指令是一条子程序返回指令。用于实现子程序的返回,其功能是通过从堆栈中自动恢复断点地址送入 PC。指令执行后,从主程序断点处继续向下执行。

```
RETI  ;((SP))→(PC)15~8,(SP) - 1→SP
      ;((SP))→(PC)7~0,(SP) - 1→SP
```

RETI 指令是一条中断返回指令,与 RET 类似。用于实现中断程序的返回,其功能是通过从堆栈中自动恢复断点地址送入 PC。在恢复断点地址的同时还清除中断响应时被置位的优先级状态、开放较低级中断并恢复中断逻辑,以允许单片机响应低优先级中断请求。

无论是 RET 还是 RETI 指令,都应是子程序或中断服务程序的最后一条指令。

【例 27】　在片外数据存储器 2000H 单元开始的有 5 个 0~9 之间的数,请求出相应数的平方并存入片内 RAM 30H 开始的存储单元。

解:主程序如下:

```
MAIN: MOV DPTR, # 2000H
```

```
        MOV R0,#30H
        MOV R7,#05H    ;循环 5 次
LOOP:   MOVX A,@DPTR
        ACALL BAS          ;调用转换子程序
        MOV @R0,A
        INC R0
        INC DPTR
        DJNZ R7,LOOP
        SJMP $
```

子程序如下：

```
BAS:MOV B,A
    MUL AB
    RET
```

4. 空操作指令

```
NOP   ;(PC)+1→PC
```

空操作指令是单字节指令,它控制 CPU 不作任何操作,只消耗这条指令执行所需要的机器周期。这条指令常用于等待或延迟。

2.3.5　位操作指令及应用

位操作指令的操作数不是字节,而是字节中的某个位。由于这些位只能取 0 或 1,因此又被称为布尔变量操作指令。允许进行位操作的位空间是:内 RAM 位寻址区(20H~2FH)的 128 位和 SFR 中可以位操作的 11 个特殊功能寄存器中的 83 位。

1. 位传送指令

```
MOV C, bit   ;(bit)→Cy
MOV bit, C   ;(Cy)→bit
```

在指令中 Cy 直接用 C 表示,以便于书写。位传送指令完成可位寻址各位与位累加器 Cy 之间互相传送内容。两个可寻址位之间的传送必须借助于 Cy 来实现。

【例 28】　把 20H 位与 21H 位的内容交换,试编程。

```
MOV  C,20H
MOV F,C
MOV C,21H
MOV  20H,C
MOV C,F
MOV 21H,C
```

2. 位置位与清零指令

```
SETB C     ; 1→Cy
SETB bit   ; 1→bit
CLR  C     ; 0→Cy
```

```
CLR  bit  ; 0→bit
```

3. 位运算指令

```
ANL C,bit      ;(Cy)∧(bit)→Cy
ANL C,/bit     ;(Cy)∧(bit)→Cy
ORL C,bit      ;(Cy)∨(bit)→Cy
ORL C,/bit     ;(Cy)∨(bit)→Cy
CPL C          ;(Cy)→ Cy
CPL bit        ;(bit)→ bit
```

与字节逻辑运算指令相比,位运算指令只有位与、位或指令,没有位异或指令。

【例 29】 试编程将位 B 和 D 的内容相异或,并把结果送到 F 中。

```
解:MOV C,B
   ANL C,/D
   MOV F,C
   MOV C,D
   ANL C,/B
   ORL C,F
   MOV F,C
```

4. 位控制转移指令

(1)以 Cy 为条件的转移指令

```
JC rel     ;Cy = 1,(PC) + 2 + rel→PC
           ;Cy = 0,(PC) + 2→PC
JNC rel    ;Cy = 0,(PC) + 2 + rel→PC
           ;Cy = 1,(PC) + 2→PC
```

(2)以位地址内容为条件的转移指令

```
JB bit,rel     ;(bit) = 1,(PC) + 3 + rel→PC
               ;(bit) = 0,(PC) + 3→PC
JNB bit, rel   ;(bit) = 0,(PC) + 3 + rel→PC
               ;(bit) = 1,(PC) + 3→PC
JBC bit, rel   ;(bit) = 1,(PC) + 3 + rel→PC ,0→bit
               ;(bit) = 0,(PC) + 3→PC
```

JB 指令和 JBC 指令功能类似,不同的是,若满足条件,JB 指令实现转移,而 JBC 指令在转移时还将比特位地址的内容清 0。

【例 30】 从 P1 口输入一个数,若为正数则存入内 RAM40H 中,若为负数则将其取反后存入 40H 中,试编程。

解:

```
MOV  A,P1        ;取数送到累加器 A
JNB  ACC.7,LOOP  ;判断正、负数
CPL A            ;为负数,则取反
```

```
LOOP: MOV 40H,A        ;存入内存
      SJMP $           ;结束
```

2.4 51 单片机程序设计方法及应用举例

案例 3 流水灯控制

知识点:

● 掌握单片机输出端口的控制方法;
● 掌握循环延时程序的分析和设计方法;
● 掌握 RL 和 RR 指令的使用方法。

1. 案例介绍

用单片机控制 8 个并排的发光二极管,使各发光二极管从 VD1 开始,依次轮流点亮。然后再从 VD8 开始依次轮流点亮,再从头循环,各个灯亮的时间为 1s。这种显示方式下的发光二极管通俗称为流水灯。

2. 硬件电路

采用单片机 P1 口控制 8 个发光二极管闪烁的硬件电路如图 2-7 所示。单片机 P1 口的 P1.0~P1.7 分别连接了 8 个发光二极管的阴极。当 P1 口各位全部输出低电平"0"时,8 个发光二极管全部点亮;当 P1 口各位全部输出高电平"1"时,8 个发光二极管全部熄灭。硬件电路如图 2-8 所示。

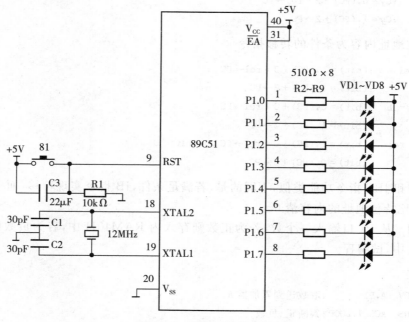

图 2-8 流水灯控制电路

3. 程序设计

汇编程序：

```
              ORG 0000H
              AJMPMAIN
              ORG 0030H
MAIN:         MOV SP,#60H
              MOV R1,#08H
              MOV A,#0FEH
LOOP：        MOV P1,A
              ACALL   DELAY      ;延时 1s
              RL A
              DJNZ R1,LOOP
              MOV R1,#08H
              MOV A,#07FH
LOOP1：       MOV P1,A
              ACALL   DELAY      ;延时 1s
              RR A
              DJNZ R1,LOOP1
              AJMP MAIN          ;重复
DELAY:        MOV  R5,#20        ;1T  延时 1s 的子程序
DE1：         MOV  R6,#200
DE2：         MOV  R7,#123
DE3：         DJNZ  R7,DE3
              DJNZ  R6,DE2
              DJNZ  R5,DE1
              RET
```

2.4.1　伪指令

所谓伪指令，就是通知汇编程序如何完成汇编操作的指示性命令。这些指令不属于指令系统中的指令，汇编时也不产生机器代码，因此称为"伪指令"。合理使用伪指令可以给用户编写源程序时带来方便，并且大大提高源程序的可读性。

下面介绍几个常用的伪指令。

（1）ORG（汇编起始地址伪指令）

指令格式：[<标号>:]　ORG　<16 位地址或符号>

其中"标号"一般省略，"16 位地址或符号"规定了下面的程序或数表应从 ROM 的这个 16 位地址处开始存放。一个汇编语言源程序中，可以多次使用 ORG 指令，以规定不同程序段放在哪个存储空间，地址一般应从小到大，且不能使各程序段出现重叠现象。

例如：

```
ORG 0000H
```

```
        LJMP MAIN              ;本条指令从 0000H 开始存放
          …
          …
        ORG 0030H
MAIN:   MOV DPTR, ♯2000H ;本条指令从 0030H 开始存放
          …
```

（2）END（汇编结束伪指令）

指令格式:[＜标号＞:] END ＜表达式＞

其中"标号"通常省略,END 后面的"表达式"通常就是该程序模块的起始地址。用 END 表示汇编语言源程序的全部结束,整个源程序只有一个 END。

（3）EQU（赋值伪指令）

指令格式:＜标号＞ EQU ＜赋值项＞

其中"赋值项"可以是标号、地址、常数或表达式,EQU 相当于"等价于",一旦标号被赋值,则在程序中就可以作为一个数据或地址使用。被赋值的标号可以作地址,也可以作立即数使用,一般要先定义后使用。

例如:

```
MAX  EQU  40H
AA   EQU  R1
MOV  A, @AA    ;  R1 间接寻址单元的内容送累加器 A
MOV  MAX, A    ;  A 的数据送 40H 单元
```

（4）DATA （数据地址赋值伪指令）

指令格式: ＜标号＞ DATA ＜表达式＞

其中"表达式"可以是标号、地址、常数等,用 DATA 伪指令定义的标号在程序中也可以作为一个数据或地址使用。

例如:

```
MAX  DATA  40H
AA   DATA  R1
MOV  A, @AA
MOV  MAX, A
```

DATA 伪指令与 EQU 伪指令的主要区别在于:EQU 伪指令定义的标号必须在使用前先定义,而 DATA 伪指令则没有这种限制。

（5）DB（定义字节伪指令）

指令格式:[＜标号＞:] DB ＜项或项表＞

表明从标号地址单元开始,存放一个或若干个字节的数。例如:

```
    ORG  1000H
TAB:  DB  30H,31H,32H,33H,34H  ;从 1000H 单元开始存放数
```

```
    DB  35H,36H,37H,38H,39H    ;换行,仍要先写 DB
```

(6)DW(定义字伪指令)

指令格式:[<标号>:] DW <项或项表>

表明从标号地址单元开始,存放一个或若干个字的数。例如:

```
    ORG  0100H
TAB1: DW  1234H,31H,20    ;从 0100H 单元开始存放数
```

伪指令 DW 定义 0100H～0105H 单元的内容依次为 12H、34H、00H、31H、00H、14H。

(7)DS(预留空间伪指令)

指令格式:[<标号>:] DS <表达式>

指令中的"表达式"通常是一个常数。该指令用于从标号指定的存储单元开始定义一个存储区,存储区的长度由 DS 后面的表达式的内容来决定。例如:

```
ABB:DS  10
```

表示从标号 ABB 开始预留 10 个连续单元。

(8)BIT(位地址符号伪指令)

指令格式:[<标号>:] BIT <位地址>

其中,"位地址"可用位符号地址或绝对地址来表示。例如:

```
MO  BIT  P1.1
F   BIT  30H
    MOV  C, MO
    CPL  F
```

2.4.2 程序设计应用举例

要用计算机解决某一问题或完成某一功能,首先应按照实际问题的要求或功能,同时结合使用计算机的特点进行分析,确定相应的算法和步骤,然后选择合适的指令,按照尽可能节省数据存放单元、缩短程序长度和运算时间的 3 个原则编写程序。一般把这一编制程序的过程称为程序设计。

用汇编语言编写程序,一般可分为以下几个步骤:

(1)分析题意,确定算法。对要解决的问题进行具体的分析,找出合理的计算方法,对复杂的问题可反复研究并抽象出数字模型,初步确定出解题步骤。

(2)设计程序流程图。按已确定的算法和步骤,把解决问题的思想、算法和步骤具体画为程序流程图。

(3)确定数据结构。合理地选择和分配内存单元以及工作寄存器。

(4)编写源程序。根据程序的流程图,选用适当的指令和寻址方式来编制源程序。

(5)上机调试程序。先把源程序进行汇编,修改程序中的语法错误,然后执行目标程序,检查和修改设计中的错误,对程序运行结果进行分析,直至正确为止。

1. 顺序程序设计

【例1】 将8位二进制数转换为压缩式BCD码。设该数已在A中,转换后存放在片内RAM的30H、31H单元中。

程序如下:

```
        ORG 0000H
        AJMPMAIN
        ORG 0030H
MAIN:   MOV R0,＃31H
        MOV B,＃100
        DIV AB              ;除以100
        MOV @R0,A           ;存百位
        DEC R0
        MOV A,B
        MOV B,＃10
        DIV AB              ;除以10
        SWAP  A
        ADD A,B             ;压缩为一个字节
        MOV @R0,A           ;存十、个位
        SJMP $
```

2. 分支程序设计

分支程序主要是根据条件的成立与否执行不同程序段,根据判断做出不同的处理,以产生一个或多个分支,从而决定程序的新流向。

【例2】 在片外RAM 2000H、2001H中存放着两个单字节无符号数,比较这两数的大小,并按顺序存放(较小的数存放在低地址中)。

解:先把片外RAM中的数取到内RAM中,再比较大小判断,然后送到片外RAM中。

程序如下:

```
        MOV  DPTR ,＃2000H
        MOVX A,@DPTR        ;取第一个数
        MOV R2,A            ;暂存于R2
        INC  DPTR           ;地址指针加1
        MOVX A,@DPTR        ;取第二个数
        CLR  C
        SUBB A,R2           ;比较
        JNC LOOP            ;第二个数大,不必交换
        MOVX A, @DPTR
        XCH A,R2            ;两数交换
        MOVX @DPTR,A        ;存较大数
        MOV DPTR, ＃2000H
        MOV A,R2
        MOVX @DPTR,A        ;存较小数
```

```
LOOP: SJMP $
```

3. 循环程序设计

在程序设计中,某一结构的程序重复出现,这时可有两种方法,一种是用最简单的顺序结构反复编写该程序段,但次数很多时,程序冗长,并且会浪费存储空间;另一种是用循环程序结构,使得整段程序结构短巧。

循环控制常有两种结构:一种为计数器控制循环结构;另一种为条件控制循环结构。循环结构的一般结构如图 2-9 和 2-10 所示。循环结构一般有以下几个部分:

● 循环前初始化。主要完成地址指针的起始值设置、循环次数初值设定、给变量预置初值、辅助计数单元清 0,有些情况下还要进行现场保护。

● 循环主体。这是需要重复执行的程序段,这段程序可长可短,短的甚至只有一条指令,长的可能是某一整体结构的程序段。

● 循环/结束控制。该部分常由两部分组成,一般先修改一些指针和变量,然后循环次数修改并判断选择再循环/结束。

● 循环结束后处理。对循环程序执行的结果进行分析、处理等,有时还要恢复现场。

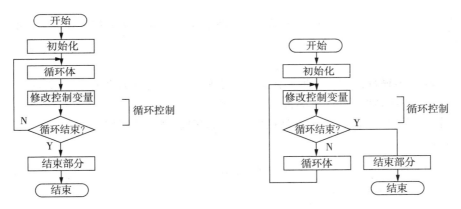

图 2-9　计数循环程序流程图　　　　图 2-10　条件循环结构程序流程图

(1)单循环程序

【例 3】　在片内 RAM 40H 开始存放了一串字节数,串长度为 8,编程求出最大值并送入 MAX 中。

解:对数据块中的数逐一两两进行比较,较大者暂存于 A 中,直到整串比较完,A 中的值就是最大值。程序流程图如图 2-4-6 所示,程序如下:

```
        MOV R0,#40H      ;数据块首地址送地址指针 R0
        MOV R7,#07H      ;循环次数送 R7
        MOV A,@R0        ;取第一个数
LOOP:   INC R0           ;取下一个数
        MOV 30H,@R0      ;暂存于 30H
        CJNE A,30H,LOOP1 ;比较后产生标志 C
LOOP1:  JNC LOOP2
```

```
        MOV A,@R0          ;较大数送 A
LOOP2:DJNZ R7,LOOP         ;循环次数结束？
        MOV MAX,A          ;存最大值
        SJMP $
```

本例中的循环次数是已知的，故采用计数器来控制循环。

【例 4】 设在片外 RAM 的 TAB 处开始有一个 ASCII 字符串，该字符以 0DH 结尾，编程把它们从 80C51 的 P1 口输出去。

解：程序如下：

```
        MOV DPTR,＃TAB     ;字符串首地址指针
LOP:    MOVX A,@DPTR       ;取字符
        CJNE  A,＃0DH,LOP1 ;比较相等则结束，不等则转移
        SJMP $
LOP1:   MOV P1,A
        INC DPTR
        AJMP LOP           ;循环
```

本例的循环终止控制是根据某种条件来判断的，没有用循环次数来控制，因为循环次数是未知的。

（2）多重循环

多重循环就是循环的嵌套，即一个循环程序包含了其他循环程序。一般内层循环完成后，外层才执行一次，然后再逐次类推，层次分明。

【例 5】 编写 1s 延时程序。设晶振频率为 12MHz，则机器周期为 $1\mu s$。

解：程序如下：

```
DELAY:MOV  R5,＃20    ;1T 延时 1s 的子程序
DE1:  MOV  R6,＃200   ;1T
DE2:  MOV  R7,＃123   ;1T
DE3:  DJNZ R7,DE3     ;2T
      DJNZ R6,DE2     ;2T
      DJNZ R5,DE1     ;2T
      RET             ;2T
```

该段程序耗时为：$((((2T\times123+1T)+2T)\times200+2T)\times20+1T)=1000000\mu s=1s$。

如果需要延时时间短可修改寄存器 R5、R6、R7 的内容，让其变小些。也可以减少循环次数。对于延时更长的时间，可采用更多重循环，但长时间的延时完全采用软件的话，很浪费 CPU 的资源，在这段时间里 CPU 不能做其他的事了。

4. 子程序设计

在实际的程序设计中，经常会出现某段程序或某种结构的程序多次出现的现象，如果编程中每遇到这样的操作都编写一段该程序，会使程序很繁琐，可读性也不强。常常把这些基本操作功能编制成独立的程序段，并尽量使其标准化，需要时通过指令进行调用。这样的程序段称为子程序。调用子程序的程序称为主程序或调用程序。使用子程序的过程称为子程

序调用。

在主程序中需要执行该程序段时,可用一条子程序调用指令,当程序执行到该条指令,就转到子程序中完成整个子程序的操作,然后由子程序的最后一条返回指令 RET,返回到原来的程序继续执行下去。

子程序使用时需要注意以下几点:

① 子程序的第一条指令的地址称为子程序的首地址或入口地址,必须用标号标明。

② 现场保护。一般子程序的第一部分把主程序(或调用程序)的关键空间、中间结果保留起来,常用堆栈保护,以免子程序执行过程中改变了这些关键值。但在子程序返回前要将它们恢复,同时注意出栈恢复的顺序。

③ 子程序的末尾用 RET 返回,以便能返回到调用程序继续执行下去。

④ 参数传递。在调用子程序之前,主程序应先把有关的参数(即入口参数)放到某些约定的位置,子程序在运行时可以从约定的位置/单元得到有关的参数。同样,在子程序运行结束返回前,也应该把运算结果(出口参数)送到约定的位置/单元。在返回主程序后,主程序可以很方便从这些地方得到需要的结果。

实际编程时,可以采用多种参数传递的方法,可以用累加器 A、寄存器或堆栈等进行参数的传递。

(1)用累加器 A 或工作寄存器 Rn 传递参数

在调用子程序之前,将入口参数送到 A 或 Rn。子程序结束前仍将结果(出口参数)存入 A 或 Rn。这种方法主要用在参数较少的情况或 Rn 比较空余的情况。

【例 6】 分别把内部 RAM 40H,41H 的二个十六进制数的 ASCII 转换为相应的十六进制数。

解:由 ASCII 码附录表可知,数字 0～9 的 ASCII 码分别是 30H～39H,英文字母 A～F 的 ASCII 码分别是 41H～46H。由此可见,若十六进制数的 ASCII 码属于 30H～39H 范围内,只需将其内容减 30H 即可,若属于 41H～46H 范围内,则要将其内容减去 37H。程序如下:

```
主程序
MOV A,40H
ACALL ASCH
MOV 40H,A
MOV A,41H
ACALL ASCH
MOV 41H,A
SJMP  $
子程序:入口参数 A
       出口参数 A
ASCH:CLR C
     SUBB A,#30H
     CJNE A,#10,$ +3
     JC DONE
```

```
        SUBB   A,#07H
        DONE: RET
```

（2）用寄存器作指针来传递参数

一般片内 RAM 由 R0、R1 作地址指针，片外 RAM 由 DPTR 作地址指针。

【例7】 在片内 RAM 40H、50H 开始的空间中，分别存有单字节的无符号数据块，长度分别为 10 和 20。编程求这两个数据块的最大数，存入 MAX 单元。

解：用子程序求某数据块的最大值。入口参数：数据块的首地址存入 R0，长度存入 R2，出口参数在 A 中，即最大值。

程序如下：

```
        MAX EQU  30H
        MOV R0,#40H      ;设置入口参数 R0、R2
        MOV R2,#9
        ACALL  MAXD
        MOV   MAX,A      ;出口参数暂存于 MAX
        MOV R0,#50H      ;设置入口参数 R0、R2
        MOV R2,#19
        ACALL MAXD
        CJNE A,MAX,$+3   ;比较两个数大小
        JNC NEXT
        MOV   MAX,A      ;最大数放于 A
    NEXT: SJMP $
    MAXD: MOV A,@R0       ;取第一个数
    MAXD1:INC R0
        MOV B,@R0        ;取下一个数
        CJNE A,B,$+3     ;比较
        JNC MAXD2
        MOV A,B          ;较大数存入 A
    MAXD2:DJNZ R2,MAXD1
        RET              ;出口参数在 A 中
```

（3）用堆栈来传递参数

在调用子程序之前，先把参与运算的操作数压入堆栈，在执行子程序过程中，通过堆栈指针 SP 间接访问到堆栈中的操作数，取出参加运算，最后把运算的结果压入堆栈，由主程序再从堆栈中弹出结果。

由于调用子程序时，主程序的断点地址被自动压入堆栈，占用了堆栈的两个字节，所以在子程序中弹出参数时一定要用两条 DEC SP 指令，使 SP 指向该参数。同时，在子程序返回之前一定要相应地增加两条 INC SP 指令，以便 SP 指向断点地址，确保能正确地返回主程序。

【例8】 把内 RAM 30H、31H 中的十六进制数（数值在 00H～0FH 之间）都转换为 ASCII 码，存入 40H 开始的空间。

解：根据十六进制数与它的 ASCII 码字符编码之间的关系，编程如下：

```
        MOV SP,#60H
        PUSH 30H            ;把数入栈
        MOV R0,#40H         ;结果单元地址指针
        ACALL ASCH
        POP A               ;取结果
        MOV @R0,A
        INC R0
        PUSH 31H            ;把数入栈
        ACALL ASCH
        POP A
        MOV @R0,A           ;取结果
        SJMP $
ASCH:   MOV  R1,SP          ;借用 R1 做参考指针
        DEC R1
        DEC R1              ;指向参数单元地址
        XCH A,@R1           ;取出该数,同时保护 A 中的内容
        CLR C
        ADD A,#30H
        CJNE A,#3AH,ASCH1
ASCH1:JC  ASCH2
        ADD A,#07H
        XCH  A,@R1
ASCH2:RET
```

【例 9】 P2 口接 8 个发光二极管 VD1～VD8,编程实现使各个发光二极管依次点亮,全部点亮后全灭,再循环。

程序如下：

```
        ORG 0000H
        AJMP MAIN
        ORG 0030H
MAIN:   MOV SP,#60H         ;设置堆栈
        MOV P2,#0FFH        ;全灭
        LCALL DELAY
        CLR P2.0            ;点亮第 1 个发光二极管
        LCALL DELAY
        CLR P2.1            ;点亮第 2 个发光二极管
        LCALL DELAY
        CLR P2.2            ;点亮第 3 个发光二极管
        LCALL DELAY
        CLR P2.3            ;点亮第 4 个发光二极管
```

```
        LCALL DELAY
        CLR P2.4          ;点亮第 5 个发光二极管
        LCALL DELAY
        CLR P2.5          ;点亮第 6 个发光二极管
        LCALL DELAY
        CLR P2.6          ;点亮第 7 个发光二极管
        LCALL DELAY
        CLR P2.7          ;点亮第 8 个发光二极管
        LCALL DELAY
        AJMP MAIN
DELAY: MOV  R5,#20        ;1s 的延时子程序
DE1:   MOV  R6,#200
DE2:   MOV  R7,#123
DE3:   DJNZ R7,DE3
       DJNZ R6,DE2
       DJNZ R5,DE1
       RET
       END
```

习　题

1. 简述 MCS - 51 型单片机的指令格式及每部分的作用。

2. MCS - 51 型单片机广泛使用何种语言？它能直接执行吗？为什么？

3. MCS - 51 型单片机有哪几种寻址方式？各有什么特点？每种寻址方式的寻址范围是什么？

4. 指出下列指令源操作数的寻址方式。

(1) MOV A,#45H   (2) MOV A,60H

(3) MOV A,@R1   (4) MOV A,R4

(5) MOVC A,@A+DPTR   (6) SJMP 60H

(7) CLR C

5. 如果 PSW 的 RS1、RS0 都等于 0,那么指令 MOV A,R0 与 MOV A,00H 有何不同？

6. 可以用 MOV R1,R4 的形式把 R4 中的数据传送到 R1 中吗？

7. 已知(A)=7AH,(R0)=30H,(30H)=A5H,(PSW)=80H,(SP)=65H,试分析下面每条指令的执行结果及对标志位的影响。

(1) ADD A,@R0   (2) ADD A,#30   (3) ADD A,3OH

(4) ADDC A,30H   (5) SUBB A,@R0   (6) DA A

(7) RLC A   (8) RR A   (9) PUSH 30H

(10) XCH A,30H   (11) ANL A,R0

8. 已知片内 RAM（30H）=64H,（50H）=05H,片外 RAM（1000H）=FFH,片外 RAM（2005H）=00H 并且 TAB=2000H,试分析下面程序段的结果。

```
MOV R0,#30H
MOV A,@R0
MOV DPTR,#1000H
MOVX @DPTR,A
MOV A,50H
MOV DPTR,#TAB
MOVC A,@A+DPTR
MOV P1,A
```

9. 已知（SP）=62H,（62H）=44H,（61H）=32H,问执行指令 RET 后,PC 和 SP 的值分别为多少?

10. 已知 ROM 以 TAB 为起始地址的区域存放着 0~9 这 10 个数的平方值,试编写程序查找寄存器 R7 中数据（0~9 之间的数）的平方。

已知外 RAM 的 1000H 和 2000H 单元分别存放着一个 8 位无符号数 X 和 Y。试编程计算 3X+4Y,并把结果存入内 RAM 的 41H、40H 单元（40H 单元存放低字节）。

11. 试编程将内 RAM 的 30H 与 40H 内容相乘,并把积存放到外 RAM 的 2000H、2001H 单元中（2000H 单元存放低字节）。

12. 已知（A）=83H,（R0）=17H,（17H）=34H,试分析下面程序执行的结果。

```
ANL A,#17H
ORL 17H,A
XRL A,@R0
CPL A
SWAP A
```

13. 编程将 50H 单元中的两个 BCD 数拆开,并变成相应的 ASCII 码存入 51H 和 52H 单元。

14. 试编写程序将片内 RAM30H 单元中 8 位无符号数转换成 3 位 BCD 码,并存入内 RAM 40H（百位）和 41H（十位、个位）两个单元中。

15. 编写程序完成下列操作
(1)使内 RAM 30H 单元的高 2 位变反,第 2 位清 0,其余位置 1。
(2)使外 RAM 30H 单元的高 2 位变反,第 2 位清 0,其余位置 1。
(3)将外 RAM 3000H 单元所有位取反。

16. 设在内 RAM 30H 和 31H 单元中各有一个 8 位二进制数,试编写程序从 30H 单元中取出高 5 位,从 31H 单元中取出低 3 位拼接成一个完整字节,并存入内 RAM 的 32H 单元。

17. 试编写程序将内 RAM 从 INBUF 开始存放的 10 个数据传送到外 RAM 以 OUTBUF 开始的区域。

18. 在外部数据存储器首地址为 TABLE 的数据表中存有 10B 的数据,编程将每个字节的最高位置 1,并送回原来的单元。

19. 已知内 RAM 以 ADDR 为起始地址的区域中存放着 24 个无符号数,试编程找出最小值,并送入 MIN 单元。

20. 有一只按键 S 和 8 只 LED 发光管,用户每按 S 键一次,则亮点向邻近位置移动一下,请绘出电路示意图,并编程(移动方向自定)。

21. 设计带有两个按键和 2 个 LED 显示器的系统,每当按一下 S1 键,则使 LED1 点亮、LED2 暗,若按一下 S2 键,则使 LED1 暗、LED2 亮。绘出相应的电路示意图,并编写程序。

第 3 章 51 单片机 C 语言程序设计

学习目标：

- 理解 C51 的结构和数据类型；
- 掌握 C51 的语句；
- 掌握 C51 函数的应用；
- 掌握 51 单片机的程序设计方法；
- 能编写简单的完整 C51 程序。

技能目标：

- 能够对工作任务进行分析，找出相应算法，绘制流程图；
- 能够根据流程图编写相应的 C51 程序；
- 会使用 Keil51 集成开发环境，观察变量窗口；
- 会仿真、下载和调试 C51 程序。

C 语言是一种编译型语言，兼顾了许多高级语言的特点，并且具备了汇编语言的功能，书写格式比较自由，具有较高的移植性，有丰富的运算符和数据类型，丰富的功能函数，它已经成为单片机及嵌入式系统设计的主流设计语言。本章主要介绍单片机 C 语言的语法和编程技巧。

3.1 C51 的概述

C 语言是近年来国内外普遍使用的一种程序设计语言，其功能丰富，表达能力强，使用灵活方便，应用面广，目标效率高，可移植性好，而且也能直接对计算机硬件进行操作；既有高级语言的特点，也有汇编语言的特点。

以前计算机的系统软件主要采用的汇编语言程序的可读性和可移植性都较差，采用汇编语言编写单片机应用系统程序的周期长，而且调试和排错也比较困难。为了提高编制计算机系统和应用程序的效率，改善程序的可读性和可移植性，最好采用高级语言程序编程。一般的高级语言难以实现汇编语言对于计算机硬件直接进行操作（如对内存地址的操作，移位操作等）功能。

对于 51 单片机，目前支持的高级语言有 BASIC、PL/M 和 C 语言。其中 BASIC 语言采用的是逐行解释执行，每一行代码都必须转化成机器代码才能执行，因此速度很慢；

PL/M 语言是由 INTEL 公司开发的,其通用性不强,只能在 INTEL 的部分处理器上使用。而采用 C 语言既具有一般高级语言的特点,又能直接对计算机的硬件进行操作,因而现在在计算机硬件系统设计中,特别是在单片机应用系统开发中,往往用 C 语言来进行开发和设计。

3.1.1　C 语言与 51 单片机

前面介绍了 51 汇编语言程序设计,汇编语言有执行效率高、速度快、与硬件结合紧密等特点。尤其在进行 I/O 管理时,使用汇编语言非常快捷、直观。但用汇编语言编程比高级语言难度大,可读性差,不便于移植,开发时间长。而 C 语言作为一种高级程序设计语言,在进行程序设计时相对来说比较容易,支持多种数据类型,可移植性强,而且也能对硬件直接访问,能够按地址方式访问存储器或 I/O 端口。现在很多 51 单片机系统都用 C 语言来编写程序。用 C 语言编写的应用程序必须由单片机的 C 语言编译器(简称 C51)转换生成单片机可执行的代码程序。

用 C 语言编写 51 单片机程序与用汇编语言编写的程序不一样,用汇编语言编写 51 单片机程序必须考虑其存储器结构,尤其必须考虑其片内数据存储器与特殊功能寄存器的使用以及按实际地址处理端口数据。用 C 语言编写的 51 单片机应用程序则不用像汇编语言那样需要具体组织、分配存储器资源和处理端口数据。但在 C 语言编程中,对数据类型与变量的定义,必须要与单片机的存储器结构相关联,否则编译器不能正确地映射定位。

用 C 语言编写的单片机应用程序与标准的 C 语言程序也有相应的区别:用 C 语言编写单片机应用程序时,需根据单片机存储器结构及内部资源定义相应的数据类型和变量,而标准的 C 语言程序不需要考虑这些问题;C51 包含的数据类型、变量的存储模式、输入/输出的处理、函数等方面与标准的 C 语言程序设计有一定的区别,而其他的语法规则、程序结构及程序设计方法等与标准的 C 语言程序设计相同。

3.1.2　C51 程序结构

C 语言程序采用函数结构,每个 C 语言程序由一个或多个函数组成,在这些函数中至少应包含一个主函数 main(),也可以包含一个 main() 函数和若干个其他的功能函数。不管 main() 函数放于何处,程序总是从 main() 函数开始执行,执行到 main() 函数结束则结束。在 main() 函数中调用其他函数,其他函数也可以相互调用,但 main() 函数只能调用其他的功能函数,而不能被其他的函数所调用。功能函数可以是 C 语言编译器提供的库函数,也可以是由用户定义的自定义函数。在编制 C 程序时,程序的开始部分一般是预处理命令、函数说明和变量定义等。

C51 程序结构一般如下:

```
预处理命令    include<>
函数说明     long  fun1();
char  fun2();
int  x,y;
```

```
char  z;
功能函数 1 fun1()
{
函数体…                    功能函数
}
主函数 main()
{
主函数体…                  主函数
}
功能函数 2 fun2()
{
函数体…                    功能函数
}
```

其中,函数往往由"函数定义"和"函数体"两个部分组成。函数定义部分包括有函数类型、函数名、形式参数说明等,函数名后面必须跟一个圆括号(),形式参数在()内定义。函数体由一对花括号"{}"组成,在"{}"的内容就是函数体。如果一个函数内有多个花括号,则最外层的一对"{}"为函数体的内容。函数体内包含若干语句,一般由两部分组成:声明语句和执行语句。声明语句用于对函数中用到的变量进行定义,也可能对函数体中调用的函数进行声明。执行语句由若干语句组成,用来完成一定功能。当然也有的函数体仅有一对"{}",其中内部既没有声明语句,也没有执行语句,这种函数称为空函数。

C 语言程序在书写时格式十分自由,一条语句可以写成一行,也可以写成几行,还可以一行内写多条语句,但每条语句后面必须以分号";"作为结束符。C 语言程序对大小写字母比较敏感,在程序中,同一个字母的大小写系统是作不同的处理。在程序中可以用"/ * ………… * /"或"//"对 C 程序中的任何部分作注释,以增加程序的可读性。

C51 的语法规定、程序结构及程序设计方法都与标准的 C 语言程序设计相同,但 C51 程序与标准的 C 程序在以下几个方面不一样:

(1)C51 中定义的库函数和标准 C 语言定义的库函数不同。标准的 C 语言定义的库函数是按通用微型计算机来定义的,而 C51 中的库函数是按 MCS-51 单片机相应情况来定义的;

(2)C51 中的数据类型与标准 C 的数据类型也有一定的区别,在 C51 中还增加了几种针对 MCS-51 单片机特有的数据类型;

(3)C51 变量的存储模式与标准 C 中变量的存储模式不一样,C51 中变量的存储模式是与 MCS-51 单片机的存储器紧密相关;

(4)C51 与标准 C 的输入输出处理不一样,C51 中的输入输出是通过 MCS-51 串行口来完成的,输入输出指令执行前必须要对串行口进行初始化;

(5)C51 与标准 C 在函数使用方面也有一定的区别,C51 中有专门的中断函数。

3.1.3　C51 的标识符和关键字

标识符是用来标识源程序某个对象名字的。这些对象可以是函数、变量、常量、数组、数据类型、存储方式和语句等。一个标识符由字符串、数字和下划线等组成,第一个字符必须是字母或下划线。

在使用标识符时要注意以下几点:

(1)在标识符中,大小写是有区别的。例如"TOP"与"top"是两个完全不同的标识符。

(2)标识符一般默认 32 个字符。

(3)标识符不能使用 C51 的关键字。

(4)标识符虽然可由程序员随意定义,但标识符是用于标识某个量的符号。因此,命名尽量有相应的意义,以便阅读理解。比如"MIN"表示最小值,"INT01"表示外部 0 中断。

关键字是一类具有固定名称和特定含义的特殊标识符(也称保留字),在编写 C 语言源程序时一般不允许将关键字作为它用。

3.1.4　C51 的分隔符

C51 的分隔符有:

〔　〕( ) { } , : ; … 　*　 =　 #

用"〔　〕"对数组说明。例如：char a〔　〕="I am a teacher";

用"( )"进行隔离。例如： return(p);

用","进行隔离变量。例如:int x,y,z;

用"{ }"隔离复合语句。例如:for { ; ; }

用";"结束符。例如:int a=5;

用":"分隔标识符。例如:pt: max

用" * "做指针。例如:char * p1;

用"#"做预处理伪指令。 #include<reg51. h>

用"^"标识特殊寄存器的位。例如:sbit p1.0=p1^0;

用"…"说明函数的参数表中可能出现参数。例如:int ab(int,char…)。

还有空格也是分隔符,在关键字、标识符之间必须有一个以上的空格作为间隔,否则将会出现错误,例如把"char　b;"写成"charb",C 编译器会把 charb 当成一个标识符处理,其结果必然出错。

3.2　数据类型

数据类型是按被说明量的性质、表示形式、占据存储空间的多少和构造点来划分的,在 C 语言中,数据类型可分为:基本数据类型、构造数据类型、指针类型和空类型。

基本数据类型。特点是其值不可以再分解为其他类型。

构造数据类型。是根据已定义的一个或多个数据类型用构造的方法来定义的。构造数据类型包含数组类型、结构类型和联合类型等。

指针类型。指针是一种很特殊的,同时又是具有重要作用的数据类型,其值用来表示某个量在内存储器中的地址。

空类型:无值型字节长度为 0,主要有两个用途。一是明确地表示一个函数不返回任何值;二是产生一个同一类型指针(可根据需要动态分配给其内存)。

3.2.1　基本的数据类型

C 语言中的基本数据类型有 char、int、short 、long、float 和 double。对于 C51 编译器来说,short 型和 int 型相同,double 型和 float 型相同。

1. char 字符类型

有 signed char 和 unsigned char 之分,默认值为 signed char。它们的长度均为一个字节,用于存放一个单字节的数据。signed char 是有符号字符型,其字节中的最高位表示该数据的符号,"0"表示正数,"1"表示负数。其能表示的数值范围为 —128～+127;unsigned int 型数据是无符号字符型数据,其字节中的所有位均用来表示数据的数值,其能表示的数值范围为 0～255。

2. int 整型

有 signed int 和 unsigned int 之分,默认值为 signed int。它们的长度均为二个字节,用于存放一个双字节的数据。对于 signed char 型数据,其字节中的最高位表示该数据的符号,"0"表示正数,"1"表示负数。其能表示的数值范围为 —32768～+32767;unsigned int 型数据是无符号整型数据,其能表示的数值范围为 0～65535。

3. long 长整型

有 signed long 和 unsigned long 之分,默认值为 signed long。它们的长度均为四个字节。对于 signed long 是有符号整型数,其字节中的最高位表示该数据的符号,"0"表示正数,"1"表示负数。其能表示的数值范围为 —2147483648～+2147483647;unsigned long 型数据是无符号整型数据,其能表示的数值范围为 0～4294967295。

4. float 浮点型

它是符合 IEEE—754 标准的单精度浮点型数据,在十进制中具有 7 位有效数字。float 型数据占用 4 个字节,在内存的存放格式如下:

字节地址	+3	+2	+1	+0
浮点数内容	S EEEEEEE	E MMMMMMM	MMMMMMMM	MMMMMMMM

其中,S 为符号位,存放在最高字节的最高位。"0"表示正数,"1"表示负数。E 为阶码,占用 8 位二进制数,存放在高两个字节中。其中,阶码 E 的值是以 2 为底的指数再加上偏移量 127,这样处理的目的是为了避免出现负的阶码值,而指数是可正可负的。阶码 E 的正常取值范围是 1～254,而实际指数的取值范围是—126～+127。M 为尾数的小数部分,用 23 位二进制数表示,存放在低三个字节中。尾数的整数部分总是 1,因此不保留,但它是隐含存在的。小数点位于隐含的整数位"1"的后面。一个浮点数的数值范围是 $(-1)^S \times 2^{E+127} \times (1. M)$。

例如,浮点数 124.75=42F98000H,在内存中的格式为

字节地址	+3	+2	+1	+0
浮点数内容	01000010	11111001	10000000	00000000

需要指出的是,对于浮点型数据除了有正常数值外,还可能出现非正常数值。根据IEEE 标准,当浮点型数据取以下数值时即为非正常值:

FFFFFFFFH 非数(NaN)

7F800000H 正溢出(+INF)

FF800000H 负溢出(-INF)

另外,由于 C51 单片机不包括捕获浮点运算错误的中断向量,因此必须由用户自己根据可能出现的错误条件用软件来进行适当的处理。

3.2.2 C51 的数据类型

C51 常用的数据类型有:无符号字符型(unsigned char)、有符号字符型(signed char)、无符号整型(unsigned int)、有符号整型 signed int)、无符号长整型(unsigned long)、有符号长整型(signed long)、浮点型(float)和双精度浮点型(double)。除了上述基本的数据类型外,C51 还支持指针和构造数据类型。还有和 ANSI C 不兼容的特殊的数据类型。

1. * 指针型

指针型数据本身是一个变量,但在这个变量中存放的不是普通的数据而是指向另一个数据的地址。指针变量也要占据一定的内存单元,在 C51 中,指针变量的长度一般为 3~5个字节。指针变量也具有类型,其表示方法是在指针符号"*"的前面冠以数据类型符号。如 char * point1,表示 point1 是一个字符型的指针变量;float * point2,表示 point2 是一个浮点型的指针变量。指针变量的类型表示该指针所指向地址中的数据的类型。使用指针型变量可以方便地对 89C51 单片机的各部分物理地址直接进行操作。

2. bit 位标量

这是 C51 编译器的一种扩充数据类型,利用它可定义一个位标量,但不能定义位指针,也不能定义位数组。

3. sfr 特殊功能寄存器

这也是 C51 编译器的一种扩充数据类型,利用它可以访问 89C51 单片机的所有内部特殊功能寄存器。sfr 型数据占用一个内存单元,其取值范围是 0~255。

4. sfr16 16 位特殊功能寄存器

它占用两个内存单元,取值范围是 0~65535。

5. sbit 可寻址位

这也是 C51 编译器的一种扩充数据类型,利用它可以访问 89C51 单片机内部 RAM 中的可寻址位或特殊功能寄存器中的可寻址位。例如采用:

sfr PSW = D0H

sbitP1_1 = P1^1

可以将 C51 单片机的 PSW 地址定义为 D0H,将 P1.1 位定义为 P1_1 等。

表 3-1 列出了 C51 的数据类型。

表 3-1　C51 的数据类型

数据类型	长度	值域
unsigned char	单字节	0～255
signed char	单字节	−128～+127
unsigned int	双字节	0～65536
signed int	双字节	−32768～+32767
unsigned long	四字节	0～4294967295
signed long	四字节	−2147483648～+2147483647
float	四字节	±1.175494E−38～±3.402823E+38
*	1～3 字节	对象的地址
bit	位	0 或 1
sfr	单字节	0～255
sfr16	双字节	0～65536
sbit	位	0 或 1

在 C 语言程序中的表达式或变量赋值运算中,有时会出现运算对象的数据不一致的情况,C 语言允许任何标准数据类型之间的隐式转换。隐式转换按以下优先级别自动进行:

bit→char→int→long→float

signed→unsigned

其中箭头方向仅表示数据类型级别的高低,转换时由低向高进行,而不是数据转换时的顺序。例如,将一个 bit 型变量赋给 int 型变量时,不需要先将 bit 型变量转换成 char 型变量之后再转换成 int 型变量,而是将 bit 型变量值直接转换成 int 型变量值并完成赋值运算的。一般来说,如果有几个不同类型的数据同时参加运算,先将低级别类型的数据转换成高级别类型,再作运算处理,并且运算结果为高级别类型数据。C 语言除了能对数据类型作自动的隐式转换之外,还可以采用强制类型转换符"( )"对数据类型作显式的人为转换,不过,强制类型现在使用的不是很多。

C51 编译器除了能支持以上这些基本的数据类型外,还能支持一些复杂的构造型数据,如结构类型、联合类型等。这些复杂的数据类型将在后面的节次中讨论。

3.3　C51 的运算量

3.3.1　常量

1. 整型常量

整型常量就是整型常数,可以表示为以下几种形式:

　　十进制整常数。没有前缀,其数码为 0~9。如 456、-79、0 等。

　　八进制整常数。必须以 0 开头,即以 0 作为八进制的前缀,数码取值为 0~7。如 056、01234、073。八进制数通常为无符号数。

　　十六进制整常数。以 0x 开头的数,其数码为 0~9,A~F 或 a~f。如 0x24、-0x78A。

2. 浮点型常量

　　浮点型常量有十进制表示形式和指数表示形式。

　　十进制表示形式又称定点表示形式,由数字和小数点组成。如 0.314159、314.159、314159、0.0 等。如果整数或小数部分为 0,可以省略不写,但必须有小数点。

　　指数表示形式的表示形式为:[±]数字[. 数字]e[±]数字

　　其中[ ]中的内容为可选项,其余的部分必须有。如 1256 e3、-7.0 e-8 等。

3. 字符型常量

　　字符型常量是用单引号括起来的一个字符。如'a''b''='+'和'!'等。对于不可显示的控制字符,可以在该字符前面加一个反斜扛"\"组成专用的转义字符。转义字符可以完成一些特殊功能和输出时的格式控制。常用转义字符及其含义见表 3-2。

表 3-2　转义字符及其含义

转义字符	含义
\n	回车换行
\t	横向跳到下一制表位置
\v	竖向跳格
\r	回车
\f	走纸换页
\b	退格
\\	反斜线符"\"
\'	单引号符
\a	鸣铃
\ddd	1~3 位八进制所代表的字符
\xhh	1、2 位十六进制所代表的字符

4. 字符串常量

　　字符串常量是由双引号括起来的字符,如 "abc"" $78.9" 等都是字符串常量。当双引号内的字符个数为 0 时,称为空串常量。字符串常量首尾的双引号是界限符,当需要表示双引号字符串时,可用转义来表示为\"。另外,C 语言将字符串常量作为一个字符类型数组来处理,在存储字符串常量时要在字符串的尾部加一个转义字符\0,作为该字符串常量的结束符。因此不要将字符常量与字符串常量混淆,字符常量'a'和字符串常量"a"虽然都只是一个字符,但在内存中的情况是不同的。'a'在内存中占一个字节,可表示为"";"a"在内存中占两个字节,可表示为 a\0 符号常量。

3.3.2 变量

变量是一种在程序执行过程中其值能不断变化的量。C 语言程序中的每一个变量都必须有一个标识符作为它的变量名。在使用变量前,必须先对该变量进行定义,指出它的数据类型和存储模式,以便编译系统为它分配相应的存储单元。在 C51 中对变量进行定义的格式如下:

〔存储类型〕 数据类型 〔存储器类型〕 变量名表

在定义格式中除了数据类型和变量名是必要的,其他都是可选项。存储类型有 4 种:自动(auto)、外部(extern)、静态(static)和寄存器(register),默认类型为自动(auto)。

说明了一个变量的数据类型后,还可选择说明该变量的存储器类型。存储器类型的说明就是该变量在 C51 硬件系统中所使用的存储区域,并在编译时准确地定位。KELL C51 所能识别的存储器类型见表 3 - 3。

表 3 - 3 KELL C51 所能识别的存储器类型

存储器类型	说明
data	直接访问内部数据存储器(128B),访问速度最快
bdata	可位寻址内部数据寄存器(16B),允许位与字节混合访问
idata	间接访问内部数据存储器(256B),允许访问全部内部地址
pdata	分页访问外部数据存储器(256B),用 MOVX@Ri
xdata	外部数据存储器(64KB),用 MOVX@DPTR
code	程序存储器(64KB),MOVC@A+DPTR 指令访问

定义变量时,如果省略"存储器类型"选项,则按编译模式 SMALL、COMPACT 和 LARGE 所规定的默认存储器类型确定变量的存储区域,不能位于寄存器中的参数传递变量和过程变量也保存在默认的存储器区域内。C51 编译器的 3 种存储器模式对变量的影响如下:

(1)SMALL 变量被定义在 89C51 单片机的内部数据存储器中,因此对这种变量的访问速度最快。另外,所有的对象,包括堆栈,都必须嵌入内部数据存储器,而堆栈的长度是很重要的,实际栈长度取决于不同函数的嵌套深度。

(2)COMPACT 变量被定义在分页外部数据存储器中,外部数据段长度可达 256 字节。这对变量的访问是通过寄存器间接寻址进行的,堆栈位于 89C51 单片机内部数据存储器中。采用这种编译模式时,变量的高 8 位地址由 P2 口确定。在采用这种模式的同时,必须适当改变启动程序 STARTUP. A51 中的参数:PDATASTART 和 PDATALEN;在进行连接时还必须采用连接控制命令来对 P2 口地址进行定位,这样才能确保 P2 口为所需要的高 8 位地址。

(3)LARGE 变量被定义在外部数据存储器中(最大可达 64K 字节),使用数据指针 DPTR 来间接访问变量。这种访问数据的方法效率是不高的,尤其是对于 2 个或多个字节的变量,用这种数据访问方法对程序的代码影响非常大。并且这种数据指针不能对称操作。

需要特别指出的是,变量的存储种类与存储器类型是完全无关的。在程序设计时,经常需要给一些变量赋初值,C51 允许在定义变量的同时给变量赋初值。

下面是一些变量定义的例子:

```
int data var1;              /* 在 data 区定义整型变量 var1 */
int a = 3;                  /* 定义变量,同时赋以初值,变量位于由编译模式确定的默认存储区 */
extern float idata a,b,c;   /* 在 idata 区定义外部浮点型变量 a,b,c */
char xdata * px             /* 在 xdata 区定义一个指向对象类型为 char 的指针 px */
sfr P0 = 0x80;              /* 定义特殊功能寄存器 P0,其地址为 80H */
```

由于 MCS - 51 系列单片机是 8 位单片机,所以在编写程序时应尽量使用这类的 8 位数据类型,若使用浮点型需调用相应的库或是自己编写。

3.3.3 绝对地址访问

在 C51 中,可以通过变量的形式访问 51 单片机的存储器,也可以通过绝对地址来访问存储器。对于绝对地址,访问形式有 3 种。

1. 使用 C51 运行库中预定义宏

C51 编译器提供了一组宏定义来对 51 系列单片机的 code、data、pdata 和 xdata 空间进行绝对寻址。规定只能以无符号数方式访问,定义了 8 个宏定义,其函数原型如下:

```
#define   CBYTE((unsigned char volatile * )0x50000L)
#define   DBYTE((unsigned char volatile * )0x40000L)
#define   PBYTE((unsigned char volatile * )0x30000L)
#define   XBYTE((unsigned char volatile * )0x20000L)
#define   CWORD((unsigned int volatile * )0x50000L)
#define   DWORD((unsigned int volatile * )0x40000L)
#define   PWORD((unsigned int volatile * )0x30000L)
#define   XWORD((unsigned int volatile * )0x20000L)
```

这些函数原型放在 absacc. h 文件中。使用时须用预处理命令把该头文件包含到文件中,形式为:#include <absacc. h>。

其中:CBYTE 以字节形式对 code 区寻址,DBYTE 以字节形式对 data 区寻址,PBYTE 以字节形式对 pdata 区寻址,XBYTE 以字节形式对 xdata 区寻址,CWORD 以字形式对 code 区寻址,DWORD 以字形式对 data 区寻址,PWORD 以字形式对 pdata 区寻址,XWORD 以字形式对 xdata 区寻址。访问形式如下:宏名[地址]

宏名为 CBYTE、DBYTE、PBYTE、XBYTE、CWORD、DWORD、PWORD 或 XWORD。地址为存储单元的绝对地址,一般用十六进制形式表示。

绝对地址对存储单元的访问如下:

```
#include  <absacc. h>          //将绝对地址头文件包含在文件中
#include  <reg52. h>           //将寄存器头文件包含在文件中
#define  uchar  unsigned  char  //定义符号 uchar 为数据类型符 unsigned char
```

```
#define  uint  unsigned  int      //定义符号 uint 为数据类型符 unsigned int
void  main(void)
{
uchar   var1;
uint   var2;
var1 = XBYTE[0x0005];            //XBYTE[0x0005]访问片外 RAM 的 0005 字节单元
var2 = XWORD[0x0002];            //XWORD[0x0002]访问片外 RAM 的 000 字单元
......
while(1);
}
```

在上面程序中,其中 XBYTE[0x0005]就是以绝对地址方式访问的片外 RAM 0005 字节单元;XWORD[0x0002]就是以绝对地址方式访问的片外 RAM 0002 字单元。

2. 通过指针访问

采用指针的方法,可以实现在 C51 程序中对任意指定的存储器单元进行访问。

通过指针实现绝对地址的访问如下:

```
#define  uchar   unsigned char   //定义符号 uchar 为数据类型符 unsigned char
#define  uint   unsigned int     //定义符号 uint 为数据类型符 unsigned int
void  func(void)
{
uchar  data  var1;
uchar  pdata   * dp1;            //定义一个指向 pdata 区的指针 dp1
uint  xdata   * dp2;             //定义一个指向 xdata 区的指针 dp2
uchar  data   * dp3;            //定义一个指向 data 区的指针 dp3
dp1 = 0x30;                      //dp1 指针赋值,指向 pdata 区的 30H 单元
dp2 = 0x1000;                    //dp2 指针赋值,指向 xdata 区的 1000H 单元
* dp1 = 0xff;                    //将数据 0xff 送到片外 RAM30H 单元
* dp2 = 0x1234;                  //将数据 0x1234 送到片外 RAM1000H 单元
dp3 = &var1;                     //dp3 指针指向 data 区的 var1 变量
* dp3 = 0x20;                    //给变量 var1 赋值 0x20
}
```

3. 使用 C51 扩展关键字 _at_

使用_at_对指定的存储器空间的绝对地址进行访问,一般格式如下:

[存储器类型]　数据类型说明符　变量名　_at_　地址常数;

其中,存储器类型为 data、bdata、idata、pdata 等 C51 能识别的数据类型,如省略则按存储模式规定的默认存储器类型确定变量的存储器区域;数据类型为 C51 支持的数据类型。地址常数用于指定变量的绝对地址,必须位于有效的存储器空间之内;使用_at_定义的变量必须为全局变量。

通过_at_实现绝对地址的访问如下:

```
#define  uchar  unsigned char   //定义符号 uchar 为数据类型符 unsigned char
```

```
#define  uint  unsigned int     //定义符号 uint 为数据类型符 unsigned int
data  uchar  x1 _at_ 0x40;        //在 data 区中定义字节变量 x1，它的地址为 40H
xdata  uint  x2 _at_ 0x2000；//在 xdata 区中定义字变量 x2，它的地址为 2000H
void  main(void)
{
x1 = 0xff;
x2 = 0x1234;
......
while(1);
}
```

3.4　C51 的运算符与表达式

3.4.1　赋值运算符

赋值运算符用于赋值运算，其作用是将一个数据的值赋给一个变量，利用赋值运算符将一个变量与一个表达式连接起来的式子称为赋值表达式，在赋值表达式的后面加上一个分号";"便构成了赋值语句。一个赋值语句的格式为：

变量＝表达式；

例如：

```
main ( )
{
unsigned char a,b,c;
a = 8；
b = 6；
c = 9；
while(1);
}
```

赋值表达式的功能是计算表达式的值再赋予左边的变量，运行结果如图 3-1 所示。

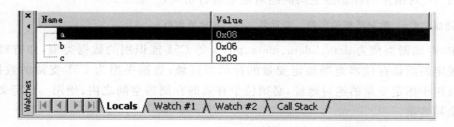

图 3-1　运算结果

3.4.2　算术运算符

算术运算符用于各类数值运算，包括加（＋）、减（－）、乘（＊）、除（/）和求余（%）。这 5 种运算符都是双目运算符。它们要求有两个运算对象。

用算术运算符将运算对象连接起来的式子即为算术表达式的一般形式为：

表达式 1　算术运算符　表达式 2

例如，$a+b*(c-d)$，　$x+y/(z+y)$ 都是合法的算术表达式。

C 语言规定了运算符的优先级和结合性。算术运算符中取负值（－）的优先级最高，其次是乘（＊）、除（/）和求余（%）运算符，加（＋）和减（－）运算符的优先级最低。如果在一个表达式中各个运算符的优先级相同，计算时按规定的结合方向进行。C 语言中各运算符的结合性分为两种，即左结合性（从左到右）和右结合性（从右到左）。例如，计算表达式 $x+y-z$ 的值，由于＋和－优先级相同，计算时按"左结合性"方向，先 $x+y$ 计算，再计算 $(x+y)-z$。在后面的表 3-4 中列出了 C51 所有运算符以及它们的优先级和结合性。

例如：

```
main ( )
{
unsigned char a,b,c,d;
a = 8;
b = 6;
c = a/b;
d = a%b;
while(1);
}
```

程序运行结果如图 3-2 所示。

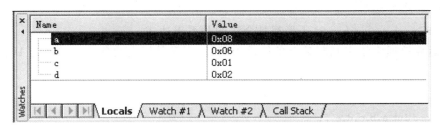

图 3-2　运行结果

3.4.3　增量和减量运算符

增量和减量运算符是 C51 语言中很特殊的一种运算符。增量运算符为"＋＋"；减量运算符为"－－"，它们的作用分别是对运算对象作加 1 和减 1 运算。可有以下几种形式：＋＋i（－－i）是 i 自增 1（自减 1）后再参与运算；i＋＋（i－－）是 i 参与运算后，再自增 1（自减 1）。

增量运算符和减量运算符只能用于变量，不能用于常数或表达式。

例如：

```
main ()
{ unsigned int i,a,b,c,d;
i = 5;a = + + i;
i = 5;b = - - i;
i = 5;c = i+ + ;
i = 5;d = i- - ;
while(1);
}
```

程序运行的结果为如图 3-3 所示。

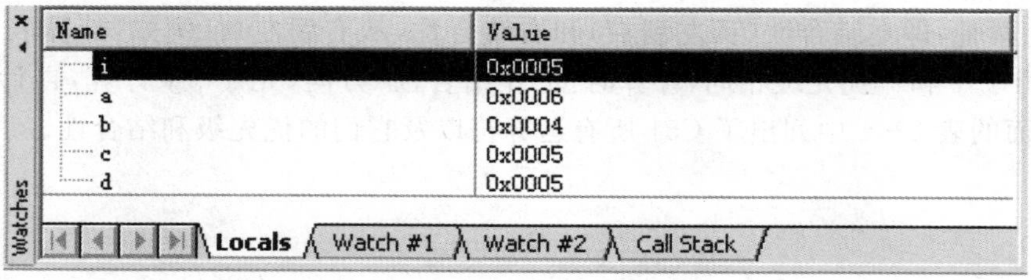

Name	Value
i	0x0005
a	0x0006
b	0x0004
c	0x0005
d	0x0005

Locals ╲ Watch #1 ╲ Watch #2 ╲ Call Stack ╱

图 3-3　运行结果

3.4.4　关系运算符

关系运算符用于比较运算,包括大于(＞)、小于(＜)、大于等于(＞＝)、小于等于(＜＝)、等于(＝＝)和不等于(！＝)6 种。前 4 种关系运算符具有相同的优先级,后两种具有相同的优先级;但前 4 种的优先级高于后两种。用关系运算符将两个表达式连接起来即为关系表达式。关系表达式的一般形式为：

表达式 1　关系运算符　表达式 2

例如,$x>y+z$,$a*b-c<d$ 等都是合法的关系表达式。

关系运算符通常用来判断某个条件是否满足,当满足指定的条件时结果为 1,否则为 0。
例如：

```
main ()
{ unsigned int a,b,c,d,e,f;
a = (8>4);
b = (8> = 4);
c = (8<4);
d = (8< = 4);
e = (8! = 4);
f = (8 = 4);
while(1);
}
```

程序运行结果如图 3－4 所示。

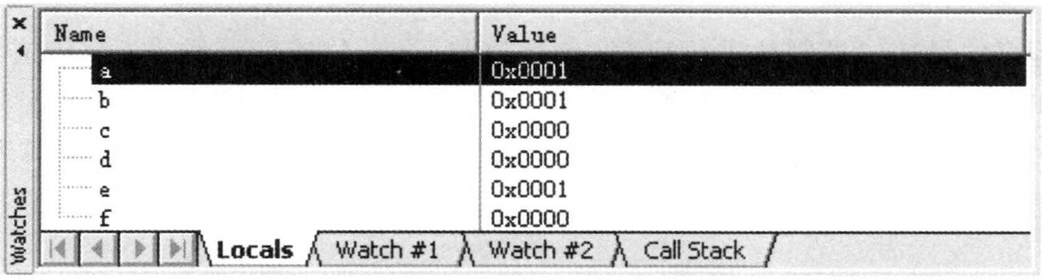

图 3－4　运行结果

3.4.5　逻辑运算符

逻辑运算符用于逻辑运算,包括与(&&)、或(||)和非(!)3 种。用逻辑运算符将关系表达式或逻辑量连接起来就是逻辑表达式。逻辑表达式的一般形式:

逻辑与:条件表达式 1 && 条件表达式 2

逻辑或:条件表达式 1 || 条件表达式 2

逻辑非:! 条件表达式

例如,$x||y$,!$(a+b)$都是合法的逻辑表达。逻辑运算符的优先级为:非(!)最高,其次是与(&&),最低为或(||)。

例如:

```
main ()
{ unsigned int var1,var2,var3,var4,var5,var6;
var1 = (8>4)&&(8>3);
var2 = (8>4)&&(8<3);
var3 = (8>4)||(8>3);
var4 = (8>4)||(8<3);
var5 = ! (8>4);
var6 = (8>4)&&(8<4)||(8<3)+! (8>4);
while(1);
}
```

程序运行的结果如图 3－5 所示。

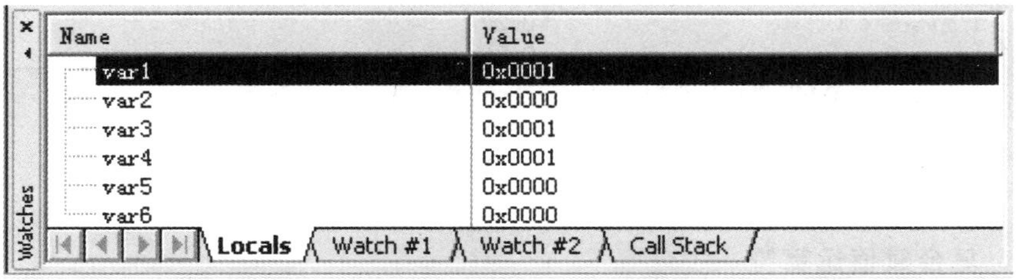

图 3－5　运行结果

3.4.6 位运算符

参与运算的量按二进制位进行运算,包括位与(&)、位或(|)、位非(~)、位异或(˄)、左移(<<)和右移(>>)6 种。位运算的作用是按位对变量进行运算,并不改变参与运算的变量的值。若希望改变运算变量的值,则应利用相应的赋值运算。另外位运算不能用来对浮点型数据进行操作。位运算的优先级从高至低依次是:位非、左移、右移、位与、位异或、位或。

位运算的一般形式为:

变量1 位运算符 变量2

位运算符中的移位操作比较复杂。左移(<<)运算符是用来将变量 1 的二进制位值向左移动由变量 2 所指定的位数。右移(>>)运算符是用来将变量 1 的二进制位值向右移动由变量 2 所指定的位数。进行左移运算时,其左端移出的位值被丢弃,并在其右端补以相应位数的"0"。进行右移运算时,如果变量 1 属于无符号类型数据,则总在其左端补"0";如果变量 1 属于有符号类型数据,则在其左端补以原来数据的符号位,其右端的移出位被丢弃。

例如:

```
main ()
{ unsigned char   var1,var2,var3,var4,var5,var6;
var1 = 8&7;
var2 = 8|7;
var3 = 8˄7;
var4 = ~8;
var5 = 8<<2;
var6 = 7>>2;
while(1);
}
```

程序运行的结果如图 3-6 所示。

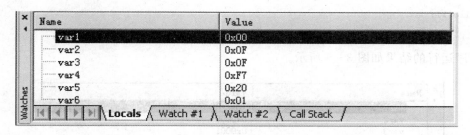

图 3-6 运行结果

3.4.7 复合赋值运算符

在赋值符"="之前加上双目运算符可构成复合赋值运算符。如:+=、-=、>>=、<

<=、*＝、/=、%＝、|＝、^＝、和～＝等。复合运算的一般形式为：

变量　复合赋值运算符　表达式

例如，$a+=3$ 等价于 $a=a+3$；$x*=y+5$ 等价于 $x=x*(y+5)$。凡是双目运算符都可以和赋值运算符一起组合成复合赋值运算符。采用这种复合赋值运算符，可以使程序简化，同时还可以提高程序的编译效率。

还有逗号运算符、条件运算符、指针和地址运算等在这不作介绍。以上运算符的优先级与结合性见表 3－4。

表 3－4　运算符的优先级和结合性

优先级	类别	运算符名称	运算符	结合性
1	结构、联合	下标 存取结构或联合成员	〔　〕 －>或 .	右结合
2	逻辑 字位	逻辑非 按位取反	! ～	左结合
	增量 减量	增 1 减 1	++ －－	
	指针	取地址 取内容	& *	
	算术	单目减	－	
3	算术	乘 除 取模	* / %	右结合
4	算术和指针运算	加 减	+ －	
5	字位	左移 右移	<< >>	
6	关系	大于等于 大于 小于等于 小于	>= > <= <	
7		恒等于 不等于	== !=	
8	字位	按位与	&	
9		按位异或	^	
10		按位或	|	

（续表）

优先级	类别	运算符名称	运算符	结合性
11	逻辑	逻辑与	&&	左结合
12		逻辑或	||	
13	条件	条件运算	?:	
14	赋值	赋值 复合赋值	= Op=	
15	逗号	逗号运算	,	右结合

3.5 C51语句

案例 4　模拟汽车左右转向灯控制

知识点：

● 掌握 C51 条件语句的应用编程；
● 掌握 C51 循环语句的应用编程；
● 掌握 C51 选择语句的应用编程。

1. 案例介绍

　　安装在汽车不同位置的信号灯是汽车驾驶员向行人传递汽车行驶状况的语言工具。一般包括转向灯、刹车灯、倒车灯、雾灯等，其中汽车转向灯包括左转向灯和右转向灯，其显示状态见表 3-5。

表 3-5　汽车转向灯显示状态

转向灯显示状态		驾驶员发命令
左转向灯	右转向灯	
灭	灭	驾驶员未发命令
灭	闪烁	驾驶员发右命令
闪烁	灭	驾驶员发左命令
闪烁	闪烁	驾驶员发汽车故障显示命令

　　采用两个发光二极管来模拟汽车左转灯和右转灯，采用两个按键模拟驾驶员发左转和右转命令，用单片机来模拟显示。

2. 硬件电路

　　用单片机的 P1.0 和 P1.1 来分别控制发光管 VD1、VD2 的亮灭，当引脚输出为 0 时，相应的灯点亮发光；P3 口的 P3.6 和 P3.7 分别连接一个拨动开关，拨动开关的一端通过 4.7KΩ 的电阻连接到电源，另一端接地，如图 3-7 所示。

当拨动开关 S2 拨至下端与地相连时，P3.6 为低电平，P3.6＝0；当拨动开关 S2 拨至上端与电阻 R5 相连时，P3.6 为高电平，P3.6＝1；拨动开关 S3 亦然。

P3.6 和 P3.7 引脚状态与驾驶员发出的命令对应的关系见表 3-6。

表 3-6　P3.6 和 P3.7 引脚状态与驾驶员发出的命令对应的关系

P3 口的状态		驾驶员发命令
P3.6	P3.7	
1	1	驾驶员未发命令
1	0	驾驶员发右命令
0	1	驾驶员发左命令
0	0	驾驶员发汽车故障显示命令

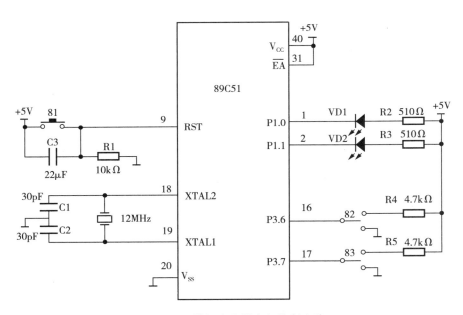

图 3-7　模拟汽车转向灯控制电路

3. 程序设计

程序 1　采用顺序结构实现

//功能：模拟汽车转向灯控制程序

```
# include <reg51.h>
    sbit P1_0 = P1^0;
    sbit P1_1 = P1^1;
    sbit P3_6 = P3^6;
    sbit P3_7 = P3^7;
```

```
    void delay(unsigned int i);      //延时函数声明
    void main()                      //主函数
    {
      bit left,right;                //定义位变量 left、right 表示左、右状态
      while(1) {
        left = P3_6;
        right = P3_7;
        P1_0 = left;
        P1_1 = right;
        delay(20);
        P1_0 = 1;
        P1_1 = 1;
        delay(20);
                 }
    }

    void   delay(unsigned int i)
    {
          unsigned int j,k;
          for(k = 0;k<i;k + +)
            for(j = 0;j<2500;j + +);
    }
```

程序2　采用 if 语句实现

```
# include <reg51. h>
sbit P1_0 = P1^0;
sbit P1_1 = P1^1;
sbit P3_6 = P3^6;
sbit P3_7 = P3^7;
void delay(unsigned int i);
void main()
{
  while(1) {                  //while 循环
    if (P3_6 = = 0) P1_0 = 0;   //如果 P3.6(左转向灯)状态为 0,则点亮左转灯
    if (P3_7 = = 0) P1_1 = 0;   //如果 P3.7(右转向灯)状态为 0,则点亮右转灯
    delay(200);
    P1_0 = 1;
    P1_1 = 1;
    delay(200);
              }
}
void   delay(unsigned int i)
{
```

```
        unsigned int j,k;
        for(k = 0;k<i;k + + )
          for(j = 0;j<2500;j + + );
}
```

程序 3　采用 switch 语句实现

```
# include <reg51. h>            //包含头文件 REG51.H
sbit P1_0 = P1^0;
sbit P1_1 = P1^1;
void delay(unsigned int i);     //延时函数声明
void main()                     //主函数
{
  unsigned char ledt;           //定义转向灯控制变量 ledt
  P3 = 0xff;                     //P3 口作为输入口,必须先置全 1
  while(1) {
    ledt = P3;                   //读 P3 口的状态送到 ledt
    ledt = ledt>>6;              //P3 口高 2 位移到最低 2 位的位置
    ledt = ledt&0x03;            //与操作,屏蔽掉高 6 位无关位
    switch (ledt)
    {
      case 0:P1_0 = 1;P1_1 = 0;break;
      case 1:P1_1 = 0; break;
      case 2:P1_0 = 0; break;
    default: ;
      }
    delay(200);
    P1_0 = 1;
    P1_1 = 1;
    delay(200);
              }
  }
void   delay(unsigned int i)
{
      unsigned int j,k;
      for(k = 0;k<i;k + + )
        for(j = 0;j<2500;j + + );
}
```

3.5.1　C51 基本语句

　　从程序的流程角度看,程序可以分为 3 种基本结构,即顺序结构、分支结构和循环结构,这三种基本结构可以组成各种复杂的程序。C 语言提供了多种语句来实现这些程序结构。

　　C51 程序的执行部分是由语句组成的,程序的功能也是由执行语句实现的。

C51 语句可分为:表达式语句 、空语句、复合语句、函数调用语句和控制语句等 5 类。

1. 表达式语句

在表达式的后面加上一个";",就构成了表达式语句。其一般形式为:

表达式;

执行表达式语句就是计算表达式的值。例如下面的语句都是合法的表达式语句。

```
x = y + 3;
b = + + a;
i = 5;j = 7;
```

2. 空语句

只有分号(;)组成的语句称为空语句。空语句是表达式语句的一种特例。空语句在程序设计时有时是很有用的,当程序在语法上需要一个语句,但语义上并不要求有具体的动作时,便可以采用空语句。空语句通常有两种用法:

(1)在程序中为有关语句提供标号,用以标记程序执行的位置。例如采用下面的语句可以构成一个循环。

```
pt :  ;
.........
goto pt ;
```

(2)在 while 语句构成的循环语句后面加上一个分号,形成一个不执行其他操作的空语句。这种空语句在等待某个事件发生时特别有用。

```
while(! RI);
```

本语句的功能是,当 RI 不为 1 时就在此处等待。这里的循环体为空语句。

3. 复合语句

把多个语句用{}括起来组成的一个语句称为复合语句。在程序中应把复合语句看成单条语句,而不是多条语句。复合语句不需要以分号";"结束,但它内部的各条单语句仍需以分号";"结束。复合语句的一般形式为:

```
{
局部变量定义;
语句1;
语句2;
…….
语句n;
}
```

4. 函数调用语句

函数调用语句由函数名、实际参数加上分号(;)组成。其一般形式为:

函数名(实际参数表);

执行函数调用语句就是调用函数体并把实际参数赋予函数定义中的形式参数,然后执行被调函数体中的语句。

5. 控制语句

控制语句用于控制程序的流程,以实现程序的各种结构方式。它们由特定的语句定义符组成,C51 语言有 9 种控制语句,可分为以下 3 类。

(1)条件判断语句:if 语句, switch 语句。

(2)循环执行语句:do while 语句, while 语句, for 语句。

(3)转向语句:break 语句, goto 语句,continue 语句, return 语句。

3.5.2　条件语句

用 if 语句可以构成分支结构。它根据给定的条件进行判断,以决定执行某个分支程序段。C 语言的 if 语句有三种基本的形式。

(1)基本形式 if(条件表达式)语句

形式为:

```
if(条件表达式)
｛
语句;
……
｝
```

其含义是:如果表达式的值为真(非 0 值),就执行后面的语句,否则不执行该语句。

(2)if—else 形式

形式为:

```
if(表达式)
　语句 1;
else
　语句 2;
```

其含义是:如果表达式的值为真(非 0 值),就执行语句 1,否则执行语句 2。

(3)if—else—if 形式

前两种形式的语句一般用于两个分支的情况。当有多个分支选择时,可采用 if—else—if 语句,其一般形式为:

```
if(表达式 1)
　语句 1;
else if(表达式 2)
　语句 2;
else if(表达式 3)
　语句 3;
……
else if(表达式 m)
　语句 m;
```

else

语句 n；

其含义是：依次判断表达式的值，当出现某个值为真是，就执行对应的语句。然后跳到整个语句之外继续执行程序。否则执行语句。然后继续执行后续程序。其实，它是由语句嵌套而成的，在这种结构中，总是与临近的 if 配对的。

if－else－if 结构如图 3－8 所示。

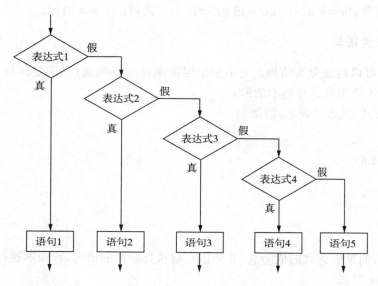

图 3－8   if－else－if 结构

if 语句中应注意以下问题：

● 在 3 种形式的 if 语句中，if 关键字之后均为表达式。该表达式通常是逻辑表达式或关系表达式，但也可以是其他表达式，如赋值表达式等，甚至可以是一个变量，例如：if(a＝5)；if(b)语句；都是允许的。只要表达式的值为非 0，即为"真"，那么其后的语句就要执行。

● 在 if 语句中，条件判断表达式必须用括号括起来，在语句之后必须加分号。

● 在 if 语句的 3 种形式中，所有的语句应为单个语句，如果要想在满足条件时执行一组（多个）语句，则必须把这一组语句用{}括起来组成一个复合语句。但要注意的是在"}"之后不能再加分号。

3.5.3   选择语句

switch 语句(开关语句)也是一种用来实现多方向条件的语句。虽然采用条件语句可以实现多方向条件分支，但当分支较多时会使条件语句的嵌套层次太多，程序冗长，可读性降低。switch 语句可直接处理多分支选择，使程序结构清晰。其一般形式为：

switch(表达式)

{

case 常量表达式 1：语句 1；

          break；

```
case 常量表达式 2:语句 2;
                break;
……
case 常量表达式 n:语句 n;
                break;
default:语句 n + 1;
}
```

其含义是:计算表达式的值,并逐个与 case 后面各个常量表达式的值进行比较,当表达式的值与某个常量表达式的值相等时,就执行其后的语句,然后执行 break 语句,break 语句又称间断语句,它的功能是终止当前语句的执行,使程序跳出 switch 语句。当表达式的值与 case 后面的常量表达式的值都不相等时,就执行 default 后的语句。

在使用 switch 语句时应注意以下几点:

● 在 case 后的各常量表达式的值不能相同,否则会出现错误;

● 在 case 后,允许有多个语句,可以不用{}括起来;

● 各 case 和 default 子句的先后顺序可以变动,而不会影响程序执行结果;

● default 子句可以省略不用。

return 语句

return 语句(返回语句)用于终止函数的执行,并控制程序返回到调用该函数时所处的位置。return 语句有两种形式:

(1)return(表达式);

(2)return;

如果语句后边带有表达式,则要计算表达式的值,并将表达式的值作为该函数的返回值。若使用不带表达式的形式,则被调用函数返回主函数时,函数值不确定。

一个函数的内部可以含有多个 return 语句,但程序仅执行其中的一个 return 语句而返回主调用函数。一个函数内部也可以没有 return 语句,这种情况下,当程序执行到最后一个界限"}"处时,就自动返回主调用函数。

3.5.4　循环语句

循环结构是程序中一种很重要的结构。其特点是,在给定条件成立时,反复执行某程序段,直到条件不成立为止。给定的条件为循环条件,反复执行的程序段为循环体。C51 中有很多循环语句,可以组成各种不同形式的循环结构。

1. while 语句

采用 while 语句构成的循环结构的一般形式为:

while(条件表达式) 语句;

其含义为,当条件表达式的结果为真(非 0 值)时,程序就重复执行循环体语句,一直执行到条件表达式的结果变为假(0 值)时为止。这里的语句可以是复合语句。

while 语句循环过程如图 3 - 9 所示。

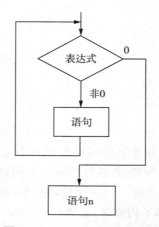

图 3 - 9　while 语句循环过程

例如：

```
while(1);
while(p1_1 = 0);
```

这是两条空语句,第一条语句一般表示程序的结束;第二条语句的作用是等待信号的发生(下降沿跳变)。

【例 1】　用 while 语句构成循环计算 1～100 的累加和。

```
main ( )
  {
    int i, s = 0;
    i = 1;
    while(i< = 100)
    {                        //复合语句开始
    s = s + i;
     i+ + ;
    }                        //复合语句结束

    while(1);
    }
```

运行结果如图 3 - 10 所示。

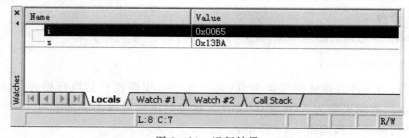

图 3 - 10　运行结果

2. do-while 语句

采用 do-while 语句构成的循环体结构一般形式如下：

do

循环体语句；.

while(条件表达式)；

这种循环结构的特点是先执行给定的循环体语句，然后再判断条件表达式的结果。当条件表达式的结果为真(非 0 值)时，程序就重复执行循环体语句，一直执行到条件表达式的结果变为假(0 值)时为止。用 do-while 语句构成的循环结构在任何条件下，循环体语句至少被执行一次。

do-while 语句循环过程如图 3 - 11 所示。

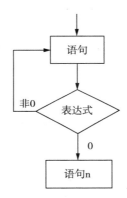

图 3 - 11　do-while 语句循环过程

【例 2】　用 do-while 语句构成循环计算 1～100 的累加和。

```
  main ( )
{
  int i, s = 0;
  i = 1;
  do
    {                        //复合语句开始
    s = s + i;
    i + + ;
    }                        //复合语句结束
  while(i< = 100);
  while(1);
  }
```

程序运行的结果如图 3 - 10 所示。

3. for 语句

for 语句是 C 语言所提供的功能更强，使用更广泛的一种循环语句。其一般形式为：

for 语句([初始化表达式];[循环条件表达式];[增量表达式])

循环体语句；

for 语句执行的过程是,先计算初值设定表达式的值作为循环控制变量的初值,再看循环条件表达式的结果,当满足循环条件表达式时就执行循环体语句,并计算更新表达式,然后再根据更新表达式的计算结果来判断循环条件是否满足……一直进行到循环条件表达式的结果为假(0 值)时,退出循环体。

for 语句循环过程如图 3-12 所示。

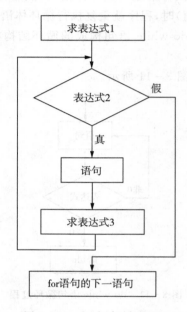

图 3-12　for 语句循环过程

注意：

● for 循环中语句可以为语句体,但要用"{"和"}"将参加循环的语句括起来。

● for 循环中的"初始化表达式""循环条件表达式"和"增量表达式"都是选择项,即可以缺省,但";"不能缺省。省略了初始化表达式,表示不对循环控制变量赋初值。省略了条件表达式,则不做其他处理时便成为死循环。省略了增量,则不对循环控制变量进行操作,这时可在语句体中加入修改循环控制变量的语句。

● for 语句可以有多层嵌套。

【例 3】　用 for 语句构成循环计算 1~100 的累加和。

```
main ( )
{
  int i, s = 0;

  for(i = 1;i< = 100;i + + )
    {                        //复合语句开始
    s = s + i;
    }                        //复合语句结束
```

```
while(1);
}
```

运行结果如图 3 - 10 所示。

4. goto 语句

goto 语句又称为无条件转向语句,其一般形式为:

```
goto 语句标号;
```

其中语句标号是一个带冒号":"的标识符。将 goto 语句与语句一起使用,可以构成一个循环结构,但更常见的是在程序中采用 goto 语句来跳出多重循环,只能用 goto 语句从内层循环跳到外层循环,而不允许从外层跳到内层循环。在结构化程序设计中一般不主张使用 goto 语句,以免造成程序流程的混乱。

5. break 语句和 continue 语句

(1)break 语句

break 语句只能用在循环体中,其作用是跳出语句或跳出本层循环,转去执行后面的语句,由于 break 语句的转向是明确的,所以不需要语句标号与之配合。其一般形式为:

```
break;
```

(2)continue 语句

continue 语句是一种中断语句,它一般用在循环结构中,其功能是结束本次循环,既跳过循环体下面尚没执行的语句,把程序流程转移到当前循环语句的下一个循环周期,并根据循环控制条件决定是否重复执行该循环体。continue 语句的一般形式为:

```
continue;
```

continue 语句通常和条件语句用在由 while、do-while 和 for 语句构成的循环结构中,它也是一种具有特殊功能的无条件转向语句,但它与 break 语句不同,continue 语句并不跳出循环体,而只是根据循环控制条件确定是否继续执行循环语句。

3.6　C51 函数

案例 5　广告灯控制

知识点:

● 了解函数的一般形式,掌握函数的定义方式;

● 了解如何声明函数;

● 学会函数的调用;

● 掌握循环延时函数的编写方法;

● 理解广告灯的控制思路。

1. 案例介绍

用单片机控制 8 个并排的发光二极管,发光二极管点亮的规律是先从 VD1 开始,依次轮流点亮。然后再从 VD8 开始依次轮流点亮,最后是 8 个灯闪烁一次,依次这样循环,各个灯亮的时间为 1s。

2. 硬件电路

采用广告灯控制的硬件电路如图 3 - 13 所示。单片机 P1 口的 P1.0～P1.7 分别连接了 8 个发光二极管的阴极。当 P1 口各位输出低电平"0"时,相对应的发光二极管点亮;当 P1 口各位输出高电平"1"时,相对应的发光二极管熄灭。硬件电路如图 3 - 13 所示。

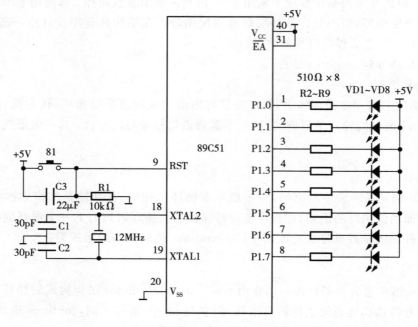

图 3 - 13　流水灯控制电路

3. 程序设计

```c
# include<reg51.h>
void delay(unsigned char i);          //函数声明
void main()
{
  unsigned char i,a,b,c;
  while(1) {
    a = 0xfe;                         // 点亮第 VD1 的初值
    P1 = a;                           //点亮第 VD1
    for(i = 0;i<8;i+ +)               //在循环中实现轮流点亮
    {
      b = a<<i;
      c = a>>(8 - i);
```

```
    P1 = b|c;
    delay(200);                    //函数调用
  }
  a = 0x7F;                        // 点亮 VD8 的初值
  P1 = a;                          //点亮 VD8
  for(i = 0;i<8;i + +)             //相反方向循环点亮
  {
    b = a>>i;
    c = a<<(8 - i);
    P1 = b|c;
    delay(200);
  }
  P1 = 0x00;                       //VD1～VD8 闪烁
  delay(200);
  P1 = 0xff;
  delay(200);
  }
}


void   delay(unsigned char i)
{
    unsigned char j,k;
    for(k = 0;k<i;k + +)
      for(j = 0;j<255;j + +);
}
```

　　在进行程序设计的过程中,如果程序较大,一般应将其分成若干个子程序模块,每个子程序模块完成一定的功能,而子程序是由函数来实现的。

　　函数是 C 语言中的一种基本模块,实际上 C51 程序就是由若干个模块化的函数所构成的。可以把函数看成一个"黑盒子",只要将数据送进去就能得到结果,而函数内部究竟是如何工作的,外部程序可以不知道,外部函数只要调用它就行,所知道的是给函数输入什么和函数输出什么。

　　C51 程序中函数的个数是没有限制的,但一个 C51 程序中至少有一个函数,它以 main 为名,称为主函数,main 函数是一个控制程序流程的特殊函数,它是程序的起点。C51 还可以建立和使用库函数。每个库函数都可以完成一定的功能,用户可以根据需要随时调用。

3.6.1　函数的定义

　　用户用 C51 进行程序设计时,既可以用系统提供的标准库函数,也可以使用用户自己定义的函数。对于系统提供的标准库函数,在使用之前需要通过预处理命令 ♯include 将对应的标准库包含到程序的起始位置。对于用户自定义函数,在使用之前必须对它进行定义之后才能调用。函数定义的一般格式如下:

```
函数类型  函数名(形式参数表)  [reentrant][interrupt  m][using  n]
形式参数说明
{
    局部变量定义
    函数体
}
```

前面部件称为函数的首部,后面称为函数的尾部,格式说明:

1. 函数类型

函数类型说明了函数返回值的类型。它可以是前面介绍的各种数据类型,用于说明函数最后的 return 语句送回给被调用处的返回值的类型。如果一个函数没有返回值,函数类型可以不写。在实际处理中,一般把它定义为 void。

2. 函数名

函数名是用户为自定义函数取的名字以便调用函数时使用。它的取名规则与变量的命名一样。

3. 形式参数表

形式参数表用于列录在主调函数与被调用函数之间进行数据传递的形式参数。在函数定义时形式参数的类型必须说明。可以在形式参数表的位置说明,也可以在函数名后面、函数体前面进行说明。如果函数没有参数传递,在定义时,形式参数也可以没有或用 void,但括号不能省。

定义一个返回两个整数的最大值的函数 max(),程序如下:

```
int  max(int  x,int  y)
{
int  z;
z = x>y? x:y;
return(z);
}
```

也可以用成这样:

```
int  max(x,y)
int  x,y;
{
int  z;
z = x>y? x:y;
return(z);
}
```

4. reentrant 修饰符

在 C51 中,这个修饰符用于把函数定义为可重入函数。所谓可重入函数就是允许被递归调用的函数。函数的递归调用是指当一个函数正被调用尚未返回时,又直接或间接调用函数本身。一般的函数不能做到这样,只有重入函数才允许递归调用。在 C51 中,若函数被定义为重入函数,C51 编译器编译时将会为重入函数生成一个模拟栈,通过这个模拟栈来完

成参数传递和局部变量的存放。关于重入函数,注意以下几点:

(1)用 reentrant 修饰的重入函数被调用时,实参表内不允许使用 bit 类型的参数。函数体内也不允许存在任何关于位变量的操作,更不能返回 bit 类型的值。

(2)编译时,系统为重入函数在内部或外部存储器中建立一个模拟堆栈区,称为重入栈。重入函数的局部变量及参数被放在重入栈中,使重入函数可以实现递归调用。

(3)在参数的传递上,实际参数可以传递给间接调用的重入函数。无重入属性的间接调用函数不能包含调用参数,但是可以使用定义的全局变量来进行参数传递。

5. interrupt　m 修饰符

interrupt m 是 C51 函数中非常重要的一个修饰符,这是因为中断函数必须通过它进行修饰。在 C51 程序设计中经常用中断函数来实现系统实时性,提高程序处理效率。

在 C51 程序设计中,当函数定义时用了 interrupt m 修饰符,系统编译时把对应函数转化为中断函数,自动加上程序头段和尾段,并按 MCS-51 系统中断的处理方式自动把它安排在程序存储器中的相应位置。在该修饰符中,m 的取值为 0~31,对应的中断情况如下:

0——外部中断 0

1——定时/计数器 T0

2——外部中断 1

3——定时/计数器 T1

4——串行口中断

5——定时/计数器 T2

其他值预留。

编写 MCS-51 中断函数注意如下:

(1)中断函数不能进行参数传递,如果中断函数中包含任何参数声明都将导致编译出错。

(2)中断函数没有返回值,如果企图定义一个返回值将得不到正确的结果,建议在定义中断函数时将其定义为 void 类型,以明确说明没有返回值。

(3)在任何情况下都不能直接调用中断函数,否则会产生编译错误。因为中断函数的返回是由 89C51 单片机的 RETI 指令完成的,RETI 指令影响 89C51 单片机的硬件中断系统。如果在没有实际中断情况下直接调用中断函数,RETI 指令的操作结果会产生一个致命的错误。

(4)如果在中断函数中调用了其他函数,则被调用函数所使用的寄存器必须与中断函数相同。否则会产生不正确的结果。

(5)C51 编译器对中断函数编译时会自动在程序开始和结束处加上相应的内容,具体如下:在程序开始处对 ACC、B、DPH、DPL 和 PSW 入栈,结束时出栈。中断函数未加 using n 修饰符的,开始时还要将 R0~R1 入栈,结束时出栈。如中断函数加 using n 修饰符,则在开始将 PSW 入栈后还要修改 PSW 中的工作寄存器组选择位。

(6)C51 编译器从绝对地址 8m+3 处产生一个中断向量,其中 m 为中断号,也即 interrupt 后面的数字。该向量包含一个到中断函数入口地址的绝对跳转。

(7)中断函数最好写在文件的尾部,并且禁止使用 extern 存储类型说明。防止其他程序调用。

下面的程序的功能是：对外部中断 1 中断次数计数，并送 P0 口显示。

```
# include <reg51.h>
unsigned char counter = 0;
voidint0_int ( ) interrupt 2
{
    P0 = counter + + ; //加一送 P0 显示
}
void main (void)
{
    IT1 = 1;                      // INT1 下降沿触发
    EX1 = 1;                      // 使能 INT1
    EA = 1;                       // 开总中断
    while (1) ; //死循环
}
```

6. using n 修饰符

在前面单片机基础的介绍中，提到了 51 单片机有 4 组工作寄存器：0 组、1 组、2 组和 3 组。每组有 8 个寄存器，分别用 R0～R7 表示。修饰符 using n 用于指定本函数内部使用的工作寄存器组，其中 n 的取值为 0～3，表示寄存器组号。

对于 using n 修饰符的使用，注意以下几点：

(1)加入 using n 后，C51 在编译时自动的在函数的开始处和结束处加入以下指令。

```
{
PUSH   PSW;标志寄存器入栈
MOV   PSW,#;与寄存器组号相关的常量
……
组号。POP   PSW      ;标志寄存器出栈
}
```

(2)using n 修饰符不能用于有返回值的函数，因为 C51 函数的返回值是放在寄存器中的。如寄存器组改变了，返回值就会出错。

3.6.2 函数的调用与声明

1. 函数的调用

函数的调用的一般形式如下：

函数名(实参列表)；

对于有参的函数调用，若实参列表包含多个实参，则各个实参之间用逗号隔开。主调函数的实参与形参的个数应该相等，类型一一对应。实参与形参的位置一致，调用时实参按顺序一一把值传递给形参。在 C51 编译系统中，实参表的求值顺序为从左至右。如果调用的是无参函数，则实参也不需要，但是圆括号不能省略。

按照函数调用在主调函数中出现的位置，函数调用方式有以下 3 种：

（1）函数语句。把被调用函数作为主调用函数的一个语句。

（2）函数表达式。函数被放在一个表达式中，以一个运算对象的方式出现。这时的被调用函数要求带有返回语句，以返回一个明确的数值参加表达式的运算。

（3）函数参数。被调用函数作为另一个函数的参数。

2. 自定义函数的声明

在 C51 程序设计中，如果一个自定义函数的调用在函数的定义之后，在使用函数时可以不对函数说明；如果一个函数的调用在函数的定义之前，或调用的函数不在本文件内部，而是在另一个文件中，则在调用之前需对函数进行声明，指明所调用的函数在程序中有定义或在另一个文件中，并将函数的有关信息通知编译系统。函数的声明是通过函数的原型来指明的。

在 C51 中，函数原型一般形式如下：

[extern]　函数类型　函数名（形式参数表）；

函数声明的格式与函数定义时函数的首部基本一致，但函数的声明与函数的定义不一样。函数的定义是对函数功能的确立，包括指定函数名、函数值类型、形参及类型和函数体，它是一个完整的函数单位。而函数的声明是把函数的名字、函数类型以及形参的类型、个数和顺序通知编译系统，以便调用函数时系统进行对照检查。函数的声明后面要加分号。

如果声明的函数在文件内部，则声明时不用 extern，如果声明的函数不在文件内部，而在另一个文件中，声明时须带 extern，指明使用的函数在另一个文件中。

【例 1】　外部函数的使用

功能：采用循环结构实现的流水灯控制程序。

```
程序 y1.c
# include <reg51.h>
void  delay(unsigned char i)           //函数的定义
{
  unsigned char j,k;
  for(k = 0;k<i;k + +)
    for(j = 0;j<255;j + +);
}
程序 y2.c
# include <reg51.h>
extern void delay(unsigned char i);    //外部函数的声明
void main()
{
  unsigned char i,w;
  while(1) {
    w = 0x01;                          // 信号灯显示字初值为 01H
    for(i = 0;i<8;i + +)
    {
      P1 = ~w;                         // 显示字取反后,送 P1 口
```

```
    delay(200);                    // 函数调用,延时
    w<< =1;                        // 显示字左移一位
  }
      }
}
```

程序 y2.c 中调用了另一个程序 y1.c 中定义的函数 void delay(unsigned char i),则调用之前对它进行了声明且声明时前面加上了 extern 指明该函数是另外一个程序文件中的函数的一个外部函数。

3.7 C51 构造数据类型

前面介绍了 C51 语言中字符型、整型、浮点型、位型和寄存器型等基本数据类型。另外,C51 中还提供了指针类型和由基本数据类型构造的组合数据类型,组合数据类型主要有数组、指针、结构体和联合体。

案例 6 简易密码锁设计

知识点:

● 掌握数组的应用方法;
● 掌握 case 语句应用;
● 了解数码管的各段显示的字型码。

1. 案例介绍

在一些智能门控管理系统中,需要输入正确的密码才可以开锁。基于单片机控制的密码锁硬件电路包括三部分:按键、数码显示和电控开锁驱动电路,三者的对应关系见表 3-7。

表 3-7 简易密码锁状态

按键输入状态	数码管显示信息	锁驱动状态
无密码输入	—	锁定
输入与设定密码相同	P	打开
输入与设定密码不相同	E	锁定

简易密码锁的基本功能如下:4 个按键,分别代表数字 0~3。密码在程序中事先设定,为 0~3 之间的数字;数码管显示"—",表示等待密码输入;密码输入正确时显示字符"P"约3s,并通过 P3.7 将锁打开;否则显示字符"E"约3s,J继续保持锁定状态。

2. 硬件电路

根据按例要求,用一位数码管作为显示器件,显示锁的状态信息,数码管采用静态方式,各段码直接与 P1 口相连,且选用共阳极的。4 个按键接 P2 口的低 4 位 P2.0~P2.3 引脚,

分别连接数字"0～3"按键。锁的开关电路用 VD1 亮灭来代替。密码锁电路如图 3-14 所示。

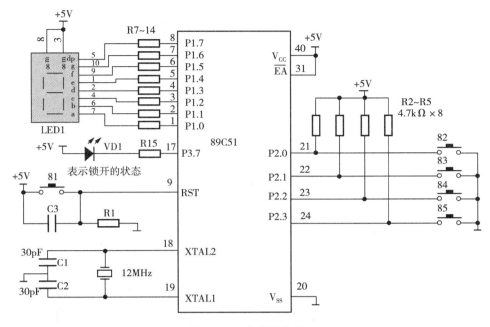

图 3-14　密码锁电路

3. 程序设计

功能：简易密码锁程序。

```c
#include <reg51.h>
sbit P3_7 = P3^7;                    //控制开锁,用发光二极管代替
void delay(unsigned char i);         //延时函数声明
void main()                          //主函数
{
  unsigned char button;              //保存按键信息
  unsigned char code tab[7] = {0xc0,0xf9,0xa4,0xbf,0xbf,0x86,0x8c};
                                     //定义显示段码表,分别对应显示字符:0、1、2、3、-、E、P
  P0 = 0xff;
  while(1) {
    P1 = tab[4];                     //密码锁的初始显示状态"-"
    P3_7 = 1;                        //设置密码锁初始状态为"锁定",发光二极管熄灭
    button = P2;
    button& = 0x0f;
    switch (button)                  //判断按键的键值
    {
      case 0x0e: P1 = tab[0];delay(200);P1 = tab[5];break;
                                     //0#键按下,密码输入错误,显示"E"
```

```
        case 0x0d：P1 = tab[1];delay(200);P1 = tab[5];break;
                                    //1♯键按下,密码输入错误,显示"E"
        case 0x0b：P1 = tab[2];delay(200);P1 = tab[6];P3_7 = 0;break;
                                    //2♯键按下,密码正确,开锁并显示"P"
case 0x07：P1 = tab[3];delay(200);P1 = tab[5];break;
                                    //3♯键按下,密码输入错误,显示"E"
        }
        delay(1000);                    //显示状态停留约 3 秒
            }
}
void   delay(unsigned char i)
{
    unsigned char j,k;
    for(k = 0;k<i;k + + )
      for(j = 0;j<250;j + +);
}
```

3.7.1 数组

数组是由具有相同类型的数据成员(元素)组成的有序集合。数组中包含若干个成员,这些成员有一个共同的名称——"数组名"。根据数组中数据成员排列的有序性,数组中的不同成员可以由一个特定的序号——"下标"来唯一确定。

引入数组的目的是使用一块连续的内存空间存储多个类型相同的数据,以解决一批相关数据的存储问题。数组与普通变量一样,也必须先定义,后使用。根据数组中存放的数组可分为整型数组、字符数组等。不同的数组在定义、使用上基本相同,这里仅介绍使用最多的一维数组。

1. 一维数组的定义

一维数组只有一个下标,其定义形式如下:

数据类型［存储器类型］数组名［常量表达式］

各个部分说明如下:

(1)"数据类型"说明了数组中各个成员的类型。

(2)"存储器类型"选项指定存放数组的存储器类型。

(3)"数组名"是整个数组的标识符,其后的[]是数组的标志,它的取名方法与变量的取名方法相同。

(4)"常量表达式"说明了该数组的长度,即数组中元素的个数。

例如:下面是定义数组的两个例子。

```
unsigned   char   x[5];
unsigned   int   y[3] = {1,2,3};
```

第一句定义了一个无符号字符数组,数组名为 x,数组中的元素个数为 5。

　　第二句定义了一个无符号整型数组,数组名为 y,数组中元素个数为 3,定义的同时给数组中的三个元素赋初值,赋初值分别为 1、2、3。

　　需要注意的是,C51 语言中数组的下标是从 0 开始的,因此上面第一句定义的 5 个元素分别是:$x[0]$、$x[1]$、$x[2]$、$x[3]$、$x[4]$。第二句定义的 3 个元素分别是:$y[0]$、$y[1]$、$y[2]$。赋值情况为:$y[0]=1$;$y[1]=2$;$y[2]=3$。

　　C51 规定在引用数组时,只能逐个引用数组中的各个元素,而不能一次引用整个数组。但如果是字符数组则可以一次引用整个数组。

　　2. 一维数组的引用

　　数组必须先定义,再引用。而且只能逐个引用数组中的元素,不能一次引用整个数组。例如:$P1=tab[i]$;

　　3. 一维数组的初始化

　　在定义数组时如果给所有元素赋值,可以不指定数组元素的个数,例如 char $b[]=\{0,1,2,3,4\}$,注意数组标志括号不可省。

　　在定义数组时可只给部分元素赋初值 ,例如 unsigned char $a[10]=\{9,8,7,6\}$;

　　初始化数组时全部元素初值为 0 时,例如:char $b[5]=\{0,0,0,0,0\}$或 char $b[5]=\{0\}$;

【例 1】　使用数组的例子

功能:流水灯控制程序,硬件电路参照图 3 - 13。

```
#include<reg51.h>
unsigned char code tab[8] = {0xfe,0xfd,0xfb,0xf7,0xef,0xdf,0xbf,0x7f};
void delay(unsigned char i);     //函数声明
void main()
{
  unsigned char i;
  while(1) {
    for(i = 0;i<8;i + +)       //在循环中实现轮流点亮
    {
    P1 = tab[i];
    delay(200);
    }
      }
}
void  delay(unsigned char i)
{
  unsigned char j,k;
  for(k = 0;k<i;k + +)
    for(j = 0;j<255;j + +);
}
```

3.7.2　指针

在汇编语言程序中,要取某个存储单元的内容,可用直接寻址方式,也可用寄存器间接寻址方式。若用 R1 寄存器指示该存储单元的地址,则用@R1 取该单元的内容。对应地,在 C 语言中,用变量名表示要取变量的值(相当于直接寻址),也可用另一个变量 p 存放该存储单元地址,p 即相当于 R1 寄存器。用 $*p$ 取得存储单元的内容(相当于汇编中的间接寻址方式),此处 p 即为指针型变量。

C51 编译器支持两种类型的指针:通用指针和指定存储区指针。下面将具体介绍这些指针类型。

1. 通用指针

通用指针的声明和使用均与标准 C 指针相同,只不过同时还可以说明指针的存储类型。例如:

```
char * str;
int * ptr;
long * lptr;
```

上述例子中分别声明了指向 char 型、int 型和 long 型数据的指针,而各指针 str、ptr、lptr 本身则缺省依照存储模式存放。当然也可以显式定义指针本身存放的存储区,如:

```
char * data str;      /*指针 str 存放在内部直接寻址区*/
int * idata ptr;      /*指针 ptr 存放于内部间接寻址区*/
long * xdata lptr;   /*指针 lptr 存放于外部数据区*/
```

通用指针用三个字节保存。第一个字节是存储类型,第二个是偏移的高地址字节,第三个是偏移的低地址字节。通用指针指向的变量可以存放在 80C51 存储空间的任何区域。

2. 指定存储区的指针

指定存储区的指针在指针的声明中经常包含一个存储类型标识符指向一个确定的存储区。例如:

```
char data * str;      /*指针 str 指向位于 data 区的 char 型变量*/
int xdata * ptr;      /*指针 ptr 指向位于 xdata 区的 int 型变量*/
long code * tab;     /*指针 tab 指向位于 code 区的 long 型数据*/
```

可见,指定存储区的指针的存储类型是经过显式定义的,在编译时是确定的。指定存储区指针存放时不再像通用指针那样需要保存存储类型,指向 idata、data 、bdata 和 pdata 存储区的指针只需要一个字节存放,而 code 和 xdata 指针也才需要两字节。从而减少了指针长度,节省了存储空间。

指定存储区的指针只用来访问声明在 80C51 存储区的变量,提供了更有效的方法访问数据目标。

像通用指针一样,可以指定一个指定存储区的指针的保存存储区。只需在指针声明前加一个存储类型标识符即可,例如

```
char data * xdata str;     //指针本身位于 xdata 区,指向 data 区的 char 型变量
int xdata * data ptr;       //指针本身位于 data 区,指向 xdata 区的 int 型变量
long code * idata tab;     //指针本身位于 idata 区,指向 code 区的 long 型数据
```

需要说明的是:一个指定存储区指针产生的代码比一个通用指针产生的代码运行速度

快,因为存储区在编译时就知道了指针指向的对象的存储空间位置,编译器可以用这些信息优化存储区访问。而通用指针的存储区在运行前是未知的,编译器不能优化存储区访问,必须产生可以访问任何存储区的通用代码。

当需要用到指针变量,我们可以根据需要选择。如果运行速度优先就应尽可能地用指定存储区指针;如果想使指针能适用于指向任何存储空间,则可以定义指针为通用型。

总之,同标准 C 一样,不管使用哪种指针,一个指针变量只能指向同一类型(包括变量的数据类型和存储类型)的变量,否则将不能通过正确的方式访问所指向的对象所在的存储空间,生成的代码存在 bug。

3.7.3 结构体

结构是另一种构造类型数据。结构是由基本数据类型构成的并用一个标识符来命名的各种变量的组合。结构中可以使用不同的数据类型。

1. 结构变量的定义

在 C51 定义中,结构也是一种数据类型,可以使用结构变量,因此,像其他类型的变量一样,在使用结构变量时先对其进行定义。

定义一个结构类型的一般形式为:

```
struct 结构类型名        //struct 为结构类型关键字
{
    成员表列            //对每个成员进行类型说明
};                     //分号不能少
```

成员表由若干个成员组成,每个成员都是该结构的一个组成部分,对每个成员也必须作类型说明,格式为:

```
类型说明符    成员名;
```

在这个结构定义中,结构名为 stu,该结构由 4 个成员组成。第一个成员为 num,整型变量;第二个成员为 name,字符数组;第三个成员为 sex,字符变量;第四个成员为 score,实型变量。应注意在括号后的分号不可少。结构定义以后,即可进行变量说明。凡说明为结构 stu 的变量都由上述 4 个成员组成。由此可见,结构是一种复杂的数据类型。

定义一个结构变量的一般格式为:

```
struct   结构类型名
{
    类型   变量名;
    类型   变量名;
    …
}结构变量名表列;
```

结构名是结构的标识符,不是变量名。构成结构的每一个类型变量称为结构成员,它像数组的元素一样,但数组中元素是以下标来访问的,而结构是按变量名字来访问成员的。

结构的成员类型可以为 4 种基本数据类型(整型、浮点型、字符型、指针型),也可以为结构类型。

```
例如:struct  stu
{   intnum;
    char name[20];
    char sex;
    float score;
}stu_1,stu_2;
```

也可以先定义结构类型,再定义结构类型变量。若如上已经定义一个结构名为 stu 的结构,则结构变量可像如下形式定义:

```
struct  stu   stu_1,stu_2;
```

2. 结构变量的引用

因为结构可以像其他类型的变量一样赋值、运算,不同的是结构变量以成员作为基本变量。对结构变量的成员只能一个一个引用。引用结构变量成员的方法有两种:

用结构变量名引用结构成员,格式如下:

结构变量名 . 成员名

例如:stu_1. score = 89. 5;

用指向结构的指针引用成员,格式如下:

指针变量名 - > 成员名

```
例如:struct   stu * p;        //定义指向结构体类型数据的指针 p
     P = &stu_1;              //指向结构体变量 stu_1
     P - >score = 89. 5;     //结构变量 stu_1 中成员 score 的值赋为 89. 5
```

3.7.4 联合体

联合体也称公用体,联合体中的成员是几种不同类型的变量,它们公用一个存储区域,任意时刻只能存取其中的一个变量,即一个变量被修改了,其他变量原来的值也消失了。

1. 联合类型变量的定义

联合类型和联合类型变量可以像结构那样既可以一起定义,也可以先定义联合类型,再定义联合类型变量。联合类型和变量一起定义的格式如下:

```
union   联合类型名       //union 为联合类型关键字
{
    成员表列;           //对每个成员进行类型说明
}联合变量名表列;         //分号不能少
```

如果同一个数据要用不同的表达方式,可以定义为一个联合类型变量。例如:有一个双字节的系统状态字,有时按字节存取,有时按字存取,则可以定义下述联合类型变量:

```
union   status          //定义联合类型
{
```

```
unsigned char status[2];
unsigned char status_val;
}sys_status;            //同时定义联合类型变量
```

2. 联合类型变量的成员的引用

联合类型变量成员的引用方法类似于结构:变量名. 成员名

例如：　sys_status. status_val = 0;
　　　　sys_status. status[1] = 0x60;

3.8　预处理

在 C51 程序中,通过一些预处理命令可以在很大程度上提供许多功能和符号等方面的扩充,增强其灵活性和方便性。预处理命令可以在编写程序时加在需要的地方,但它只在程序编译时起作用,并且通常是按行进行处理的。预处理命令类似于汇编语言中的伪指令。编译器在对整个程序进行编译之前,先对程序中的编译控制行进行预处理,然后再将预处理的结果与整个源程序一起进行编译,以产生目标代码。

3.8.1　宏定义

宏定义就是用一串字符来代替名字,而这串字符既可以是常数,又可以是任何字符串,甚至可以是带参数的宏。用名字来代替数,是最简单的形式。

(1)不带参数的宏定义

用指定的标识符来代表一个字符序列。

一般的定义形式为：

＃define　标识符　字符序列
例如：　＃define　PI = 3.1415926

(2)带参数的宏定义

预处理时不但进行字符替换,而且替换字符序列中的形参。一般定义形式如下：

＃define　标识符(形参)　字符列表
例如：＃define s(a,b)　a * b
　　　　area = s(3,2)；　// 预处理时换成 area = 3 * 2;

3.8.2　类型定义 typedef

使用基本类型定义后声明变量时,用数据类型关键字指明变量的数据类型,而用结构、联合等定义变量时,先定义结构、联合的类型,再使用关键字和类型名定义变量。如果用typedef 定义新的类型名后,只要用类型名就可定义新的变量。例如：

```
typedef　struct{int num;
             char * name;
```

```
                float score;
                }std;        //定义结构类型 std
```

之后即可以定义这种类型的结构变量。

如:std   stu1, stu2;

3.8.3 文件包含指 # include

文件包含命令是将另外的文件插入到本文件中,作为一个整体文件编译。只有用 #
include 命令包含了相应头文件,才可以调用库中的函数。包含命令的一般使用形式为:
include" 文件名"

include<文件名>

例如:# include" stdio. h"

　　　 # include<reg51. h>

3.8.4 库函数

1. 本征函数头文件 intrins. h

intrins. h 含有常用的本征函数,本征函数也称内联函数,这种函数不采用调用形式,编
译时直接将代码插入当前行。C51 的本征库函数只有 11 个,其中常用的本征函数如下:

```
_nop_( );        //空操作,相当于汇编中的 NOP 指令
_testbit_( );    //位测试,相当于汇编中的 JBC 指令
_cror_(a,n);     //将字符变量 a 循环右移 n 位
_crol_(a,n);     //将字符变量 a 循环左移 n 位
_iror_(a,n)      //将整型变量 a 循环右移 n 位
_irol_(a,n);     //将整型变量 a 循环左移 n 位
lror_(a,n);      //将长整型变量 a 循环右移 n 位
lrol_(a,n);      // 将长整型变量 a 循环左移 n 位
```

更多的本征函数及各自的函数原型可以直接查看头文件 intrins. h。

2. SFR 定义的头文件 regxxx. h

其中定义了各种型号单片机中特殊功能寄存器及特殊功能寄存器中特定位的定义,是
用 C 语言对单片机编程时最为常用的头文件。

头文件 REG51. H 中定义了 51 系列单片机的特殊寄存器,所以,几乎任何 C51 的源程
序都要在开头处包含这个文件。文件中,定义的寄存器和地址如下:

```
//BYTE Register
sfr P0   = 0X80;
sfr P1   = 0X90;
sfr P2   = 0XA0;
sfr P3   = 0XB0;
sfr PSW = 0XD0;
```

```
sfr ACC = 0XE0;
sfr B   = 0XF0;
sfr SP  = 0X81;
sfr DPL = 0X82;
sfr DPH = 0X83;
sfr PCON = 0X87;
sfr TCON = 0X88;
sfr TMOD = 0X89;
sfr P0  = 0X80;
sfr TL0 = 0X8A;
sfr TL1 = 0X8B;
sfr TH0 = 0X8C;
sfr TH1 = 0X8D;
sfr IE  = 0XA8;
sfr IP  = 0XB8;
sfr SCON = 0X98;
sfr SBUF = 0X99;

//BIT Register
sbit CY  = 0XD7;  //PSW
sbit AC  = 0XD6;
sbit F0  = 0XD5;
sbit RS1 = 0XD4;
sbit RS0 = 0XD3;
sbit OV  = 0XD2;
sbit P   = 0XD0;

sbit TF1 = 0X8F; //TCON
sbit TR1 = 0X8E;
sbit TF0 = 0X8D;
sbit TR0 = 0X8C;
sbit IE1 = 0X8B;
sbit IT1 = 0X8A;
sbit IE0 = 0X89;
sbit IT0 = 0X88;

sbit EA  = 0XAF;  //IE
sbit ES  = 0XAC;
sbit ET1 = 0XAB;
sbit EX1 = 0XAA;
sbit ET0 = 0XA9;
sbit EX0 = 0XA8;
```

```
sbit PS   = 0XBC;  //IP
sbit PT1  = 0XBB;
sbit PX1  = 0XBA;
sbit PT0  = 0XB9;
sbit PX0  = 0XB8;
sbit CY   = 0XD7;

sbit RD   = 0XB7;  //P3
sbit WR   = 0XB6;
sbit T1   = 0XB5;
sbit T0   = 0XB4;
sbit INT1 = 0XB3;
sbit INT0 = 0XB2;
sbit TXD  = 0XB1;
sbit RXD  = 0XB0;

sbit SM0  = 0X9F; //SCON
sbit SM1  = 0X9E;
sbit SM2  = 0X9D;
sbit REN  = 0X9C;
sbit TRB  = 0X9B;
sbit RBB  = 0X9A;
sbit TI   = 0X99;
sbit RI   = 0X98;
```

3. 绝对地址访问宏定义头文件 absacc. h

此头文件定义了几个宏,以确定各存储空间的绝对地址。通过包含此头文件,可以定义直接访问扩展存储器的变量。

常用的库函数头文件还有:stdlib. h(标准函数)、string. h(字符串函数)、stdio. h(一般 I/O 函数)、stdarg. h(变量参数表)等。

3.9 汇编语言与 C 语言的混合编程

为了发挥 C51 语言和汇编语言各自的优势,提高程序的开发效率,通常需要进行二者的混合编程。由于 C51 语言是"使用函数的语言",因而实现二者混合编程的关键在于实现不同语言之间函数的交叉调用。由于 C51 语言对函数的参数、返回值传送规则以及段的选用和命名都做了严格规定,因而在混合编程时汇编语言要按照 C51 语言的规定来编写。这也是一般高级语言和低级语言混合编程的通用规则,即低级语言要向高级语言看齐,按照高级语言的规定进行编写。

汇编语言与 C51 混合编程时,通常用 C51 编写主程序,用汇编语言编写与硬件有关的子程序。在不同的编译程序中,C 程序和汇编语言的编译方法不同。在 Keil C51 中,是将不同模块分别编译或汇编,再通过连接来产生一个目标文件。

3.9.1　单片机混合编程的基本方式

1. 汇编中调用 C51 程序

C 语言是结构化程序设计语言,C 语言程序以函数为单位,在汇编程序中可以访问 C51 程序中的变量和函数。

(1)对于变量:在汇编程序中,用变量名前带下划线就可以访问 C 语言程序中定义的变量,用数组名前带下划线后面加偏移量的方式就可以访问 C 语言程序中定义的数组元素。如用_XX 可以访问 C 语言程序中定义的变量 XX;用_XX+3 可以访问数组中的 XX[3]。

(2)对于函数:在汇编程序中调用 C 函数时,如果 C51 函数没有参数传递,直接用 C51 程序中的函数名就可以了。如 C51 函数有参数,用函数名前带下划线的方式就可以访问 C51 程序中定义的函数,这时汇编程序在调用函数前还要准备好参数。如在 C51 程序中定义了没有参数的函数 fun1( ),则在汇编程序中用子程序调用指令调用 fun1 即可;如定义了有参数的函数 fun2( ),则在汇编程序中调用时,子程序名用成_fun2。

注意:为了能够让汇编语言访问到 C 语言中定义的变量和函数,在 C 程序中它们必须声明为外部变量,即加 extern 前缀。

2. 在 C51 中嵌入汇编程序

这种方法主要用于实现延时或中断处理,以便生成精练的代码,减少运行时间。嵌入式汇编通常在当汇编函数不大,且内部没有复杂的跳转的时候。在单片机 C 语言程序中嵌入汇编程序是通过 C51 中的预处理指令♯pragma asm/endasm 语句来实现的。其格式如下:

```
♯pragma   ASM
;汇编程序代码
♯pragma   ENDASM
```

3. 在 C51 中调用汇编程序

这种方法应用较多,C 模块与汇编模块的接口较简单,分别用 C51 与 A51 对源程序进行编译,然后用 L51 将 obj 文件连接即可,关键问题在于 C 函数与汇编函数之间的参数传递和得到正确的返回值,以保证模块间的数据交换。

3.9.2　混合汇编的参数传递

1. 汇编程序调用 C51 函数的参数传递

在汇编程序调用 C51 函数时,如 C51 函数有参数,则汇编程序在调用 C51 函数前要准备好参数。在汇编程序中 C51 函数最左边的一个参数由寄存器 A 传递,其他的参数按顺序通过堆栈给出。C51 函数的返回值是返回到 A 寄存器或者由 A 寄存器给出的地址。在 C51 程序中函数必须声明为外部变量,即加 extern 前缀。

2. 在 C51 中嵌入汇编程序的参数传递

对于在 C51 程序中通过♯pragma asm 和♯ pragma endasm 嵌入的汇编程序,C51 编译

器在编译时只是将当中的汇编程序不编译,而不作其他任何处理,因此不存在函数调用时的参数传递和返回值问题。如果在 C 程序和汇编程序中实现数据传递,可以通过变量或特殊功能寄存器来实现,如在 C51 程序的变量定义部分定义 Z 变量,在 C 语言程序和汇编程序中共同访问 Z 变量。这样,C 语言程序可以通过访问 Z 变量把参数传递给汇编程序,汇编程序可以通过 Z 变量把参数返回给 C51 程序。

3. 在 C51 中调用汇编程序的参数传递

C51 中调用汇编程序是通过函数调用的形式来实现的,由于 C51 程序函数有明确的参数和返回值约定。因此,C51 中调用汇编程序进行参数传递时都必须严格遵守 C51 函数的参数和返回值的相关约定。

C51 中调用汇编程序进行参数传递的方式有两种,一种是通过寄存器传递参数,C51 中不同类型的实参会存入相应的寄存器,在汇编中只需对相应的寄存器进行操作,即可达到传递参数的目的;第二种是通过固定存储区传递。

(1)通过寄存器传递参数

Keil C51 规定调用函数最多可通过 51 单片机的工作寄存器传递 3 个参数,余下的通过固定存储区传递,可以用 NOREGPARMS 命令取消寄存器传递参数,如果寄存器传递参数取消或参数太多,参数通过固定存储区传递,用寄存器传递参数的函数在生成代码时被 C51 编译器在函数名前加上了一下划线"—"的前缀,在固定存储区传递参数的函数没有下划线。

不同的参数用到不同的寄存器,不同的数据类型用到的寄存器也不一样。通过寄存器传递的参数见表 3-8。

表 3-8 参数传递用到的寄存器

参数类型	char	int	long/float	通用指针
第 1 个	R7	R6、R7	R4~R7	R1、R2、R3
第 2 个	R5	R4、R5	R4~R7	R1、R2、R3
第 3 个	R3	R2、R3	无	R1、R2、R3

其中,int 型和 long 型数据传递时高位数据在低位寄存器中,低位数据在高位寄存器中;float 型数据满足 32 位的 IEEE 格式,指数和符号位在 R7 中;通用指针存储类型在 R3,高位在 R2。一般函数的参数传递举例见表 3-9。

表 3-9 函数参数传递举例

func1(int a)	唯一一个参数 *a* 在寄存器 R6 和 R7 中传递
func2(int b,int c,int * d)	第一个参数 *b* 在寄存器 R6 和 R7 中传递,第二个参数 *c* 在寄存器 R4 和 R5 中传递,第三个参数 *d* 在寄存器 R2 和 R3 中传递

(2)通过固定存储区传递

用固定存储区传递参数给汇编程序,参数段首地址用段名？function_name？BYTE 和？function_name？BIT 保存,function_name 为函数的名称,其中,？function_name？

BIT 保存位参数段首地址，? function_name? BYTE 保存别的参数段首地址，即使通过寄存器传递参数，参数也将在这些段中分配空间，并按声明的先后在每个段中顺序保存。

用作参数传递的固定存储区可能在内部数据区或外部数据区，由存储模式决定，SMALL 模式的参数段用内部数据区，COMPACT 和 LARGE 模式用外部数据区。

（3）函数返回值

函数返回值通常用寄存器传递，表 3 - 10 列出了函数返回值所用到的寄存器。

表 3 - 10　函数返回值用到的寄存器

返回值类型	寄存器	说　明
Bit	C	由位运算器 C 返回
（unsigned）char	R7	在 R7 返回单个字节
（unsigned）int	R6、R7	高位在 R6，低位在 R7
（unsigned） long	R4～R7	高位在 R4，低位在 R7
float	R4～R7	32 位 IEEE 格式
通用指针	R1、R2、R3	存储类型在 R3，高位在 R2，低位在 R1

3.9.3　混合汇编的实现

1. C51 中嵌入汇编程序的实现方法

第一步：在 C 文件中以如下方式嵌入汇编程序。

```
# include  <reg51.h>
void main(void)
{
P1 = 0XFF;
# pragma asm
     MOV R7,# 10
DEL:MOV R6,# 20
     DJNZ R6,$
     DJNZ R7,DEL
# pragma endasm
P1 = 0X00;
}
```

第二步：在 Keil C51 软件的 Project 窗口右击嵌入汇编程序的 C 文件，在弹出的快捷菜单中选择 Options for... 命令，选中右边的 Generate Assembler SRC File 和 Assemble SRC File 复选框，使检查框由灰色变成黑色（有效）状态。

第三步：根据选择的编译模式，把相应的库文件（如 Small 模式时，是 Keil\C51\Lib\C51S.Lib）加入到工程中，该文件必须作为工程的最后文件。库文件与编译模式的关系如下：

C51S. LIB_没有浮点运算的 Small　model

C51C. LIB_没有浮点运算的 Compact　model

C51L. LIB_没有浮点运算的 Large　model

C51FPS. LIB_带浮点运算的 Small　model

C51FPC. LIB_带浮点运算的 Compact　model

C51FPL. LIB_带浮点运算的 Large　model

第四步：编译，即可生成目标代码。

2. C51 中调用汇编程序的实现方法

第一步：先用 C 语言程序编写出程序框架，如文件名为 a1. c(注意参数)。

第二步：在 Keil C51 的 Project 窗口中右击该 C 语言文件，在弹出的快捷菜单中选择 Options for. . . 右边的 Generate Assembler SRCFile 和 Assemble SRC File,使检查框由灰色变成黑色(有效)状态。

第三步：根据选择的编译模式，把相应的库文件(如 Small 模式时，是 Keil\C51\Lib\C51S. Lib)加入工程中，该文件必须作为工程的最后文件。

第四步：编译后将会产生一个 SRC 的文件，将这个文件扩展名改为 ASM。这样就形成了可供 C51 程序调用的汇编程序。随后可在该文件的代码段中加入所需的指令代码。

第五步：将该汇编程序与调用它的主程序一起加到工程文件中，这时工程文件中不再需要原来的 C 语言文件和库文件，主程序只需要在程序开始处用 EXTERN 对所调用的汇编程序中的函数作声明，在主程序中就可调用汇编程序中的函数了。

习　题

1. C 语言有什么特点? 和汇编语言相比有何优缺点?

2. 写出 C51 程序的一般结构形式。

3. C51 特有的数据类型有哪些?

4. C51 中,bit 位与 sbit 位有何区别?

5. 按给定存储类型和数据类型,写出下列变量的说明形式。

(1)data 在区定义字符变量 val1。

(2)idata 在区定义整型变量 val2。

(3)xdata 在区定义一个指向 char 类型的指针 px。

(4)定义可位寻址变量 flag。

(5)定义特殊功能寄存器 P2。

(6)定义 16 位的特殊功能寄存器 T1。

6. 简述 break 语句和 continue 语句的区别。

7. 在 C51 中的 while 和 do-while 的不同点是什么?

8. 若在 C51 中的 switch 操作中漏掉 break 会发生什么?

9. 参照图 3-13,编程使 8 个发光二极管按照表 3-11 的形式发光。

表 3-11　P1 口接灯亮的情况

P1 口引脚	P1.7	P1.6	P1.5	P1.4	P1.3	P1.2	P1.1	P1.0
状态 1	●	●	●	○	○	●	●	●
状态 2	●	●	○	●	●	○	●	●
状态 3	●	○	●	●	●	●	○	●
状态 4	○	●	●	●	●	●	●	○

注:●表示灭　○表示亮

第4章 中断与定时

知识目标：

● 了解中断的定义、中断源；
● 理解定时/计数器的4种工作方式；
● 理解中断系统和定时器/计数器的初始化；
● 定时器/计数器使用和编程方法。

技能目标：

● 会编写1S的延时程序，用T0(或T1)实现；
● 会编程实现外部0和1中断。

单片机应用系统一般都用来控制和监视被控对象，为了应付突发事件，就要响应中断源。测量总是需要计时和计数的，这就不可避免地要使用定时器/计数器，所以中断系统和定时器/计数器是单片机的重要资源。

4.1 中断系统概述

案例7 交通灯控制

知识点：

● 了解中断的基本概念；
● 掌握中断相关寄存器及配置方式；
● 掌握中断程序(外部中断)的编程方法。

1. 案例介绍

设计一个十字路口的交通灯控制电路，要求南北方向(主干道)车道和东西方向(支干道)车道两条交叉道路上的车辆交替运行，主干道每次通行时间都设为40s、支干道每次通行时间为30s。在绿灯转为红灯时，要求黄灯先亮5s，绿灯转为黄灯亮时，最后6s闪烁。才能变换运行车道；在定时交通灯控制的基础上，增加允许急救车优先通过的要求。当有急救车到过时，路口的信号灯全部变红，以便让急救车通过。假定急救车通过时间为5s，急救车通过后，交通灯恢复先前状态。交通灯显示的状态见表4-1。

表 4-1　交通灯显示状态

东西方向(简称 A 方向)			南北方向(简称 B 方向)			状态说明
绿灯	黄灯	红灯	绿灯	黄灯	红灯	
灭	灭	亮	亮	灭	灭	A 方向禁止,B 方向通行
灭	灭	亮	闪烁	灭	灭	A 方向禁止,B 方向警告
灭	灭	亮	灭	亮	灭	A 方向禁止,B 方向警告
亮	灭	灭	灭	灭	亮	B 方向禁止,A 方向通行
闪烁	灭	灭	灭	灭	亮	B 方向禁止,A 方向警告
灭	亮	灭	灭	灭	亮	B 方向禁止,A 方向警告
灭	灭	亮	灭	灭	亮	急救车通过时,A、B 禁止

2. 硬件电路

在东、西、南和北四个方向各 3 个信号灯共 12 个,用发光二极管来表示。东、西两个方向的信号灯状态一样,南北两个方向的信号灯状态也一样,所以呢,对应两个方向上的 6 个发光二极管只需用占用 3 个 I/O 口线,共 6 个 I/O 口线,选择用 P1 口来控制。

当 I/O 端口输出低电平时,对应的交通灯亮,反之,当 I/O 端口输出高电平时,对应的交通灯灭。各控制端口线的分配及状态见表 4-2。

急救车优先通过时,用按键 S2 来表示,当 S2 为高电平(不按按键)时,表示正常情况,当 S2 为低电平时(按下按键)时,表示有急救车到来,将 S2 接到 $\overline{INT0}$ 脚(P3.2)即可实现外部 0 中断申请。硬件电路如图 4-1 所示。

表 4-2 交通灯控制端口分配及状态

P1.6	P1.5	P1.4	P1.2	P1.1	P1.0	P1 端口数据	状态说明
A 绿灯	A 黄灯	A 红灯	B 绿灯	B 黄灯	B 红灯		
1	1	0	0	1	1	EBH	B 通行,A 禁止
1	1	0	0/1	1	1	EBH/EFH	B 绿闪,A 禁止
1	1	0	1	0	1	EDH	B 警告,A 禁止
0	1	1	1	1	0	BEH	A 通行,B 禁止
0/1	1	1	1	1	0	BE/FEH	A 绿闪,B 禁止
1	0	1	1	1	0	DEH	A 警告,B 禁止
1	1	0	1	1	0	EEH	A、B 都禁止

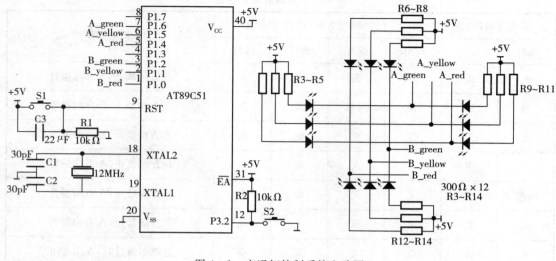

图 4-1 交通灯控制系统电路图

3. 程序设计

主干道每次通行时间都为 40s,主干道绿灯闪烁的时间为 6s,那么主干道绿灯亮不闪烁的时间应该为 34s。支干道每次通行时间为 30 秒,支干道绿灯闪烁的时间为 6s,那么支干道绿灯亮不闪烁的时间应该为 24s。急救车到来的时间为 5s。假设信号灯闪烁的亮灭时间为 1s。程序需要多个不同的延时时间:1s、5s、、24s、34s 等,那么可以把 1s 的延时作为基本延时时间。

【汇编程序】

```
            ORG 0000H
            LJMP MAIN
            ORG 0003H
            LJMP PITO
            ORG 0030H
MAIN:       MOV SP , #60H    ;设置堆栈
            SETB IT0         ;开外部 0 中断
            SETB EX0
            SETB EA
LOOP:       MOV  30H , #34
            MOV P1 , #0EBH   ;A 禁止,B 通行
LOOP1:      LCALL DELAY
            DJNZ 30H , LOOP1
            MOV 30H , #3
LOOP2:      MOV P1 , #0EBH   ;A 禁止,B 闪烁
            LCALL DELAY
            MOV P 1 , #0EFH
            LCALL DELAY
```

```
              DJNZ 30H ，LOOP2
              MOV 30H ，＃5
              MOV P1 ，＃0EDH   ;A 禁止，B 警告
LOOP3：  LCALL DELAY
              DJNZ 30H ，LOOP3
              MOV 30H ，＃24
              MOV P1，＃ 0BEH  ;B 禁止,A 通行
LOOP4：  LCALL DELAY
              DJNZ 30H ，LOOP4
              MOV 30H ，＃3
LOOP5：  MOV P1 ，＃0BEH  ;B 禁止,A 闪烁
              LCALL DELAY
              MOV P1 ，＃0FEH
              LCALL DELAY
              DJNZ 30H ，LOOP5
              MOV 30H ，＃5
              MOV P1 ，＃0DEH  ;B 禁止,A 警告
LOOP6：  LCALL DELAY
              DJNZ 30H ，LOOP6
              AJMP LOOP
;*****************************************************************
;中断服务程序
;*****************************************************************
PITO：   MOV 40H ，P1      ;保护现场
              MOV 41H ，R5
              MOV 42H ，R6
              MOV 43H ，R7
              MOV 31H ，＃5
              MOV P1 ，＃0EEH  ;A、B禁止
PITO1：  LCALL DELAY
              DJNZ 31H ，PITO1
              MOV P1 ，40H      ;恢复现场
              MOV R5 ，41H
              MOV R6 ，42H
              MOV R7 ，43H
              RETI
;*****************************************************************
;1S 延时子程序
;*****************************************************************
DELAY：MOV  R5 ，＃20
DE1：   MOV   R6 ，＃200
DE2：   MOV   R7 ，＃123
```

```
DE3:    DJNZ   R7 , DE3
        DJNZ   R6 , DE2
        DJNZ   R5 , DE1
        RET
        END
```

【C 程序】：

```c
#include "reg51.h"
void delay(unsigned int i);
void main()
{
   unsigned char k;
EA = 1;
EX0 = 1;
IT0 = 1;
while(1)
    {
        for(k = 0;k<34;k + + )
          { P1 = 0xeb;delay(10);}                          // A 禁止,B 通行
        for(k = 0;k<3;k + + )
          { P1 = 0xeb;delay(10); P1 = 0xef;delay(10);}     // A 禁止,B 闪烁
        for(k = 0;k<5;k + + )
          { P1 = 0xed;delay(10);}                          //A 禁止,B 警告
        for(k = 0;k<24;k + + )
          { P1 = 0xbe;delay(10);}                          // B 禁止,A 通行
        for(k = 0;k<3;k + + )
          {P1 = 0xbe;delay(10);P1 = 0xfe;delay(10);}       // B 禁止,A 闪烁
        for(k = 0;k<5;k + + )
          { P1 = 0xde;delay(10);}                          // B 禁止,A 警告
    }
  }
/ ******************************************************************
急救车到来中断函数
****************************************************************** /
    void int_0  ( ) interrupt 0
    {
    unsigned char a,m;
    a = P1;                                      // 保护现场,暂存 P1 口
    for(m = 0;m<5;m + + ) { P1 = 0xee;delay(10);}
    P1 = a;                                      // 恢复现场
    }
    void delay (unsigned int i)                  //1S 的延时函数
```

```
{
unsigned int    j;
while(i－－){ for(j＝0;j＜12500;j＋＋);}
}
```

4.1.1　中断的基本概念

1. 中断的定义

中断是指 CPU 正在处理某种事情的时候,外部发生了某一事件,请求 CPU 迅速去处理。CPU 暂时中断当前的工作,转去处理中断发生的事件。处理完成后,再回到原来被中断的地方,继续原来的工作,这样的过程称为中断。如图 4－2 所示。

中断执行类似于子程序的调用,中断的发生是随机的,其对中断服务程序的调用是在检测到中断请求信号后自动完成的,而子程序的调用是由编程人员事先安排的。因此,中断又可定义为 CPU 自动执行中断服务程序并返回原程序执行的过程。

例如,当某个人正在工作时,电话铃响,他放下手中的工作去接电话,当它接完电话后继续工作。电话铃响就相当于中断请求,接电话的过程就是中断过程。

假如以这个例子比喻查询方式,因为没有中断请求—铃声,所以某个人总是把电话放在耳边查看是否有电话来。

这个简单的比喻说明了中断功能的重要性。没有中断技术 ,CPU 的大量时间可能浪费在无用的操作

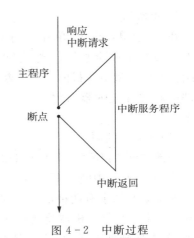

图 4－2　中断过程

上。中断方式完全消除了 CPU 在查询方式中的等待现象,极大地提高了 CPU 的工作效率。

2. 中断源

引起中断的原因,或能发出中断申请的来源被称为中断源。中断源通常有外部 I/O 设备、定时时钟、系统故障(如掉电)、程序执行错误(如除数为 0)和多机通信等。

3. 中断系统的功能

中断系统是指能够实现中断功能的硬件电路和软件程序的总和。对于 MCS－51 型单片机其大部分中断电路都集成在芯片内部,因此没有必要深究中断电路的细节,只要了解中断系统的功能就可以了。

(1)实现中断响应

当某一个中断源申请中断时,CPU 应能够决定是否可以响应该中断,如果可以响应则应能够保护断点与现场,并转到中断服务程序的入口地址。

(2)实现中断返回

中断系统应能够在执行完中断服务程序并遇到中断返回指令时,自动取出保存在堆栈中的断点地址,以返回到原程序断点处继续执行原程序。

(3)中断优先级排队

通常一个计算机可以有多个中断源,如果某一时刻有两个或以上的中断源申请中断,则

CPU 应能找到优先级最高的中断源并响应它的中断请求。在高优先级中断请求处理完毕后再去响应低级中断请求。

（4）实现中断嵌套

中断嵌套是指计算机在响应某一中断源的中断请求并为其服务时，再去响应更高级别的中断源的中断请求，而暂时终止原中断服务程序的执行，待处理完以后，再继续执行原中断源处理程序。二级中断嵌套的中断过程如图 4-3 所示。

实现中断嵌套，中断系统要具有中断屏蔽功能，还要有可以对中断进行控制的指令。

4.1.2 51 单片机的中断系统

1. 中断源

在 51 型单片机中，单片机类型不同，其中断源的个数也不完全相同。现以 89C51 为例加以介绍。89C51 型单片机的 5 个中断源可分为 2 个外部中断、2 个定时器/计数器中断及 1 个串行口中断。

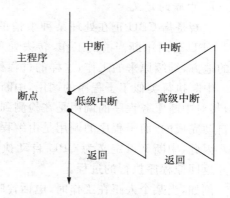

图 4-3 二级中断嵌套的中断过程

（1）外部中断源

外部中断 0：INT0，其中断请求信号由引脚 P3.2 输入。外部中断 1：即INT1，其中断请求信号由引脚 P3.3 输入。

外部中断请求有两种信号方式，即电平触发方式和脉冲下降沿触发方式。在电平触发方式下，CPU 在每个机器周期的 S5P2 时刻都要采样INT0(P3.2)/ INT1(P3.3)管脚的输入电平，若采样到低电平，则认为是有中断请求，即低电平有效。在脉冲下降沿触发方式下，CPU 在每个机器周期的 S5P2 时刻都要采样INT0(P3.2)/ INT1(P3.3)管脚的输入电平，若在相继的两次采样中，前一个机器周期采样信号为高电平后一个机器周期采样到低电平，即采样到一个下降沿，则认为是有效的中断请求信号。这两种触发方式可以通过特殊功能寄存器 TCON 编程来选择。TCON 各位的含义见表 4-3。

表 4-3 寄存器 TCON

TCON. 7	TCON. 6	TCON. 5	TCON. 4	TCON. 3	TCON. 2	TCON. 1	TCON. 0
TF1	TR1	TF0	TR0	IE1	IT1	IE0	IT0

● IT0/IT1：外部中断请求信号方式控制位。若其等于 1，则对应外部中断为脉冲下降沿触发方式，否则就是电平触发方式。

● IE0/IE1：外部中断请求标志位。当 CPU 在寄存器INT0/INT1引脚上采样到有效中断请求信号时，由硬件电路将对应位置 1。

（2）定时器/计数器中断

定时器/计数器 T0（或 T1）溢出时，由硬件置 TF0（或 TF1）为"1"，向 CPU 发送中断请求，当 CPU 响应中断后，将由硬件自动清除 TF0（或 TF1）。

(3)串行口中断

51 单片机串行口中断源对应两个中断标志位:串行口发送中断标志位 TI 和串行口接收中断标志位 RI。无论哪个标志位置"1",都请求串行口中断。到底是发送中断 T1 还是接收中断 RI,只有中断服务程序中通过指令查询来判断。串行中断响应后,不能由硬件自动清零,必须由软件对 T1 或 RI 清零。

2. 中断允许控制

51 单片机没有专门的开中断和关中断指令,对各个中断源的允许和屏蔽是由内部的中断允许寄存器 IE 的各位来控制的。中断允许控制寄存器 IE 的地址为 0A8H,可位寻址。控制 CPU 对中断源总的开放或禁止,以及每个中断源是否允许中断。其功能见表 4 - 4。

表 4 - 4　寄存器 IE

IE. 7	IE. 6	IE. 5	IE. 4	IE. 3	IE. 2	IE. 1	IE. 0
EA			ES	ET1	EX1	ET0	EX0

● EA:中断允许总控位。如果该位为 0,则表示所有中断请求均被禁止;若该位为 1,则是否允许中断由各个中断控制位决定 。

● EX0/EX1:外部中断 0/外部中断 1 中断允许位。若为 1,则表示对应的外部中断源可以申请中断;否则对应的外部中断申请被禁止。

● ET0/ET1:T0/T1 中断允许控制位。若为 1,则表示对应的定时器/计数器可以申请中断;否则对应的定时器/计数器不能申请中断。

● ES:串行口中断控制位。若为 1,允许串行口中断 ,为 0,则表示禁止串行口中断 。

系统复位时,中断允许寄存器 IE 的内容为 00H,如果要开放某个中断源,则必须使 IE 中的总控位 EA 置位和对应的中断允许位置"1"。

3. 优先级控制

中断优先级控制寄存器 IP 的地址为 0B8H,可位寻址。89C51 单片机具有两个中断优先级,每个中断源可编程为高优先级中断或低优先级中断,并可实现二级中断嵌套。

中断优先级 IP 可用软件设定。其功能见表 4 - 5。

表 4 - 5　寄存器 IP

IP. 7	IP. 6	IP. 5	IP. 4	IP. 3	IP. 2	IP. 1	IP. 0
			PS	PT1	PX1	PT0	PX0

● PX0:外部中断 0 优先级设定控制位。若 PX0=1,设定外部中断 0 为高优先级;若 PX0=0,为低优先级。

● PT0:定时器/计数器 0 优先级设定控制位。若 PT0=1,设定定时器/计数器 0 为高优先级;若 PT0=0,为低优先级。

● PX1:外部中断 1 优先级设定控制位。若 PX1=1,设定外部中断 1 为高优先级;若 PX0=0,为低优先级。

● PT1:定时器/计数器 1 优先级设定控制位。若 PT1=1,设定定时器/计数器 1 为高优先级；若 PT1＝0,为低优先级。

● PS：串行口优先级设定控制位。若 PS＝1,设定串行口为高优先级；若 PS＝0,为低优先级。

为了更好地实现中断控制,89C51 单片机对中断优先级有以下控制原则：

① 低优先级中断请求不能打断高优先级的中断服务,但高优先级中断请求可以打断低优先级的中断服务。

② 同级中断请求不能打断同级中断服务。

③ 如果多个同级中断源同时申请中断,则 CPU 按如下默认顺序响应：

外部中断 0 → 定时器/计数器 0 → 外部中断 1 → 定时器/计数器 1 → 串行中断。

综合上述情况,89C51 单片机对中断的控制可以用图 4-4 表示。

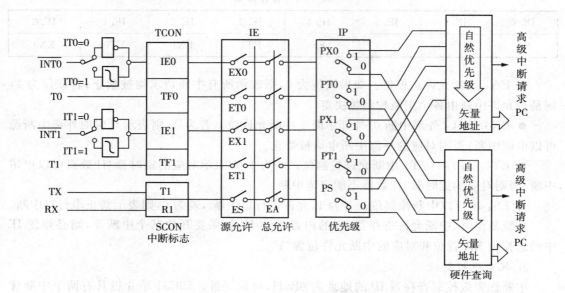

图 4-4　中断系统的结构

4. 中断响应

（1）中断响应过程

89C51 的 CPU 在每个机器周期的 S5P2 期间,顺序采样每个中断源,CPU 在下一个机器周期 S6 期间按优先级顺序查询中断标志,如查询到某个中断标志为 1,将在下一个机器周期 S1 期间按优先级进行中断处理。中断系统通过硬件自动将相应的中断矢量地址装入 PC,以便进入相应的中断服务程序。

下列任何一种情况存在时,中断申请将被封锁：

① CPU 正在执行一个同级或高一级的中断服务程序；

② 当前周期（即查询周期）不是执行当前指令的最后一个周期,即要保证把当前的一条指令执行后至少再执行一条指令才会响应。

中断响应的主要操作就是执行由硬件电路自动生成一条 LCALL addr16 指令,其 addr16 就是中断源的入口地址（中断矢量）。首先将程序计数器 PC 内容（断点地址）压入堆栈保护(但不保护状态寄存器 PSW 内容,更不保护累加器 A 和其他寄存器的内容),然后将对应的中断矢量 addr16 装入程序计数器 PC,使程序转向该中断矢量地址单元中,以执行中断服务程序,各中断源及与之对应的矢量地址见表 4-6。

表 4-6 中断源及与之对应的矢量地址

中断源	中断矢量地址
外部中断 0(INT0)	0003H
定时器 T0 中断	000BH
外部中断 1(INT1)	0013H
定时器 T1 中断	001BH
串行口中断	0023H

中断服务程序从矢量地址开始执行,一直到返回指令 RETI 为止。"RETI"指令的操作,一方面告诉中断系统中断服务程序已执行完毕,另一方面把原来压入堆栈保护的断点地址从栈顶弹出,装入程序计数器 PC,使程序返回到被中断的程序断点处,以便继续执行。

对于有些中断源,CPU 在响应中断后会自动清除中断标志,如定时器溢出标志 TF0、TF1,以及边沿触发方式下的外部中断标志 IE0、IE1;而有些中断标志,不会自动清除,只能由用户用软件清除,如串行口接收发送中断标志 RI、TI;在电平触发方式下的外部中断标志 IE0 和 IE1 则是根据管脚INT0和INT1的电平变化的,CPU 无法直接干预,需在管脚外加硬件(如 D 触发器)使其自动撤销外部中断请求。

在编写中断服务程序时应注意:

① 在中断矢量地址单元处放一条无条件转移指令(如 LJMP),使中断服务程序可灵活地安排在 64KB 程序存储器的任何空间。

② 在中断服务程序中,用户应注意用软件保护现场,以免中断返回后,丢失原寄存器、累加器中的信息,即保护现场。

③ 若要在执行当前中断程序时禁止更高优先级中断,可以先用软件关闭 CPU 中断,或禁止某中断,在中断返回前再开中断。

(2)外部中断响应时间

外部中断INT0和INT1的电平在每个机器周期的 S5P2 期间,经反相后锁存到 IE0 和 IE1 标志位,CPU 在下一机器周期才会查询到新置入的 IE0 和 IE1,这时如果满足响应条件,CPU 响应中断时,要用两个机器周期执行一条硬件常调用指令"LCALL"由硬件完成将中断矢量地址装入 PC,使程序转入中断矢量入口。所以,从产生外部中断到开始执行中断程序至少需要三个完整的机器周期。

如果在中断申请时,CPU 正在处理最长指令(如乘法和除法指令均为四个周期),则额外等待时间增加三个周期;若正在执行"RETI"或访问 IE、IP 指令,则额外等待时间又增加两个周期。综合估计,在单一中断源系统里,外部中断响应时间约为 3~8 个机器周期。

4.1.3 中断系统的应用

不同的中断源,所解决的问题不一样,在前面案例 7 交通灯控制中,急救车到来时,是通过单个外部中断来实现的,在这里只介绍实际工作中经常遇到的多个外中断源的处理。对于定时计数器中断和串行中断的应用在后面的章节中介绍。

【例1】某工业监控系统,具有温度、压力、pH 值等多路监控功能,中断源的连接如图 4-5 所示。对于 pH 值,在小于 7 时向 CPU 申请中断,CPU 响应中断后使 P3.0 引脚输出高电平,经驱动,使加碱管道电磁阀接通 1 秒钟,以调整 pH 值。

系统监控通过外中断 $\overline{INT0}$ 来实现,这里就涉及到多个中断源的处理,处理时往往通过中断加查询的方法来实现。连接图中把多个中断源通过"线或"接于 $\overline{INT0}$(P3.2)引脚上,无论哪个中断源提出申请,系统都会响应 $\overline{INT0}$ 中断。响应后,进入中断服务程序,在中断服务程序中,通过对 P1 口线的逐一检测来确定是哪一个中断源提出了中断请求,进一步转到对应的中断服务程序入口位置执行对应的处理程序。在 pH 值超限中断请求线路后加了一个 D 触发器,用于对 pH 值超限中断请求的撤除。这里只针对 pH<7 时的中断构造了相应的中断服务程序 INT02,接通电磁阀延时 1s。

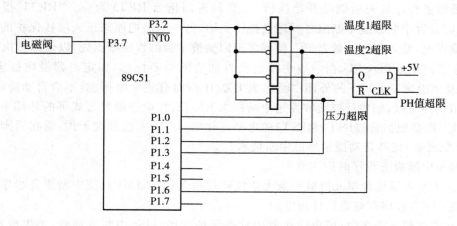

图 4-5 多个外中断的连接电路

下面的参考程序只涉及中断程序,注意外中断 INT0 中断允许,且为电平触发。

【汇编程序】

```
        ORG   0003H      ;外部中断 0 中断服务程序入口
        JB    P1.0,INT00  ;查询中断源,转对应的中断服务子程序
        JB    P1.1,INT01
        JB    P1.2,INT02
        JB    P1.3,INT03
        ORG   0080H      ;pH 值超限中断服务程序
INT02:  PUSH  PSW         ;保护现场
        PUSH  ACC
        SETB  PSW.3       ;工作寄存器设置为 1 组,以保护原 0 组的内容
        SETB  P3.7        ;接通加碱管道电磁阀
        ACALL DELAY       ;调延时 1s 子程序
        CLR   P3.0        ;1 秒钟到关加碱管道电磁阀
        ANL   P1,#0BFH
```

```
        ORL   P1,♯40H     ;这两条用来产生一个 P1.6 的负脉冲,用来撤除
                          ;pH<7 的中断请求
        POP   ACC
        POP   PSW
        RETI
```

【C 程序】

```
# include   <reg51.h>
sbit   P10 = P1^0;
sbit   P11 = P1^1;
sbit   P12 = P1^2;
sbit   P13 = P1^3;
sbit   P16 = P1^6;
sbit   P37 = P3^7;
void   int0()   interrupt   0   using1
{
    if (P10 = = 1){int00();}        //查询调用对应的函数
else   if (P11 = = 1){int01();}
else   if (P12 = = 1){int02();}
else   if (P13 = = 1){int03();}
}
void   int02()
{
unsigned   char   i;
P30 = 1;
for (i = 0;i<255;i + +);
P37 = 0;
P16 = 0;P16 = 1;
}
```

4.2　51 单片机定时/计数器及应用

案例 8　简易秒表控制

知识点:

● 掌握定时计数器的 4 种工作方式应用;
● 定时计数器定时功能应用;
● 0~9 所对应的 BCD 形式。

1. 案例介绍

用单片机控制 8 个 LED 发光二极管,要求 8 个发光二极管按照 BCD 码的格式循环显示 00~59,时间间隔为 1s。

2. 硬件电路

电路图参照第三章案例 5 的图 3-13。

3. 程序设计

BCD 码是用二进制编码形式表示十进制数,例如十进制 37,其 BCD 码形式为 37H。BCD 码只是一种形式,与其数值没有关系。十进制与 BCD 码对应见表 4-7。

表 4-7 十进制与 BCD 码对应关系

十进制	0	1	2	3	4	5	6	7	8	9
二进制	0000	0001	0010	0011	0100	0101	0110	0111	1000	1001

【汇编程序】

```
            ORG 0000H
            LJMP MAIN
            ORG 0030H
MAIN:   MOV SP , #60H              ;堆栈指针赋初值
            MOV TMOD , #10H          ;T1 方式 1
            MOV TH1 , #3CH            ;T1 定时 50ms 的初值
            MOV TL1 , #0BH
            MOV R7 , #20                 ;计数初值
            MOV 30H , #00H
            SETB TR1                        ;启动 T1
LOOP:   JBC TF1 , LOOP1             ;查询 TF1 是否为 1
            SJMP LOOP
LOOP1:  MOV TH1 , #3CH            ;T1 重新赋初值
            MOV TL1 , #0BH
            DJNZ R7 , LOOP
            MOV R7 , #20
            INC 30H
            MOV A , 30H
            CJNE A , #60 , LOOP2      ;到 60s,从 0 开始
            MOV 30H , #00H
LOOP2:  LCALL BCD                     ;调 BCD 码转换
            LJMP LOOP
;******************************************************************
;BCD 码转换子程序
;******************************************************************
BCD:     MOV A, 30H
            MOV B, #10
```

```
        DIV AB
        SWAP A
        ADD A ,B
        XRL   A,#0FFH
        MOV P1 , A
        RET
        END
```

【C 程序】

```c
#include <reg51.h>
/ ********************************************************************
    1s 延时函数
 ******************************************************************** /
void delay1s()
  {
    unsigned char i;
    for(i = 0;i<0x14;i + +)        //20 循环次数
  {
    TH1 = 0x3c;                     //定时器 T1 定时 50ms 的初值
    TL1 = 0xb0;
    TR1 = 1;                        //启动 T1
    while(! TF1);                   //查询 TF1 是否为溢出,50ms 是否到,到 TF1 = 1
    TF1 = 0;
  }
}
/ ********************************************************************
主函数
 ******************************************************************** /
void main()
{
  unsigned char i, t;
  TMOD = 0x10;                  // 设置 T1 为方式 1
while(1) {
  for(i = 0;i<60;i + +)
{
  t = (((i/10)<<4)|(i % 10));   // 将转换为 BCD 码
  P1 = ~t;                       // 取反送 P1 口显示
delay1s();                       // 调 1s 的延时函数
}
  }
}
```

4.2.1 定时/计数器的逻辑结构和工作原理

1. 定时/计数器的逻辑结构

定时/计数器的逻辑结构如图 4-6 所示。CPU 通过内部总线与定时器/计数器交换信息。16 位的定时器/计数器由两个 8 位专用寄存器组成,定时器 T0 由 TH0 和 TL0 构成,定时器 T1 由 TH1 和 TL1 构成。此外,其内部还有两个 8 位的专用寄存器 TMOD 和 TCON。TMOD 是定时器的工作方式寄存器,TCON 是控制寄存器,主要用于定时/计数器的管理与控制。

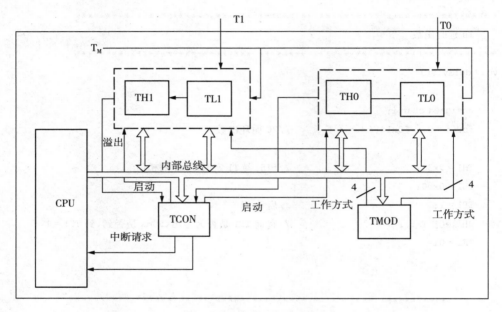

图 4-6　定时/计数器逻辑结构

2. 定时/计数器的工作原理

16 位定时/计数器的核心是一个加 1 计数器,如图 4-7 所示。

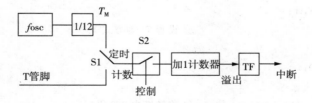

图 4-7　定时/计数器的核心

当设置为定时工作方式时,对机器周期 T_M 计数。这时计数器的计数脉冲由振荡器的 12 分频信号产生,即每经过一个机器周期,计数值加 1,直至计满溢出。若中断是开放的,这时可向 CPU 申请中断。因为一个机器周期由 12 个振荡脉冲组成,所以计数频率 $= f_{osc}/12$。

当晶振频率 f_{osc}＝12MHz 时，计数频率＝1MHz，或计数周期＝1μs。从开始计数到溢出的这段时间就是所谓"定时"时间。在机器周期固定的情况下，定时时间的长短与计数器事先装入的初值有关，装入的初值越大，定时越短。

当设置为计数工作方式时，通过管脚 T0(P3.4)/T1(P3.5) 对外部脉冲信号计数。当T0/T1 管脚上输入的脉冲信号出现由 1 到 0 的负跳变时，计数器值加 1。CPU 在每个机器周期的 S5P2 期间对 T0/T1 管脚进行采样，如果在连续的两个机器周期里，前一个机器周期采样值为 1，后一个机器周期采样值为 0，则计数值加 1 一次。显然，输入到 T0/T1 管脚计数脉冲频率不能超过振荡频率的 1/24。

当通过 CPU 用软件设定了定时器 T0/T1 的工作模式后，定时器就会按设定的工作方式与 CPU 并行工作，不再占用 CPU 的操作时间，除非定时器计满溢出，才可能中断 CPU 的当前工作。

除了可以选择定时模式或计数模式外，定时器还有 4 种工作方式可供选择，即定时器可构成 4 种电路结构模式(T1 只有 3 种)。

4.2.2　定时/计数器的控制与工作方式

单片机内部的定时/计数器可设置为 4 种工作方式，由两个 8 位专用寄存器 TMOD 和TCON 进行管理与控制。在工作前必须由 CPU 将一些命令(或称控制字)和初始值写入TMOD 和 TCON，并给对应的定时器/计数器赋初值，以定义定时/计数器的工作模式、工作方式和实现控制功能。

1. 定时/计数器的控制

(1)工作方式寄存器 TMOD

工作方式寄存器 TMOD 的地址为 89H，不可位寻址，只能用字节传送指令设置定时器的工作方式。其功能见表 4-8。

表 4-8　TMOD

D7	D6	D5	D4	D3	D2	D1	D0
GATE	C/$\overline{T}$	M1	M0	GATE	C/$\overline{T}$	M1	M0

其中低 4 位用于定义定时器 T0，高 4 位用于定义定时器 T1。

● GATE：门控位。用于选择定时器 T0/T1 的启动方式，即启动是否受外部管脚$\overline{INT0}/\overline{INT1}$的电平影响。当 GATE＝0 时，只要用软件使 TR0/TR1 置 1 就可以启动定时器工作；当 GATE＝1 时，只有在$\overline{INT0}/\overline{INT1}$为高电平，且将 TR0/TR1 置 1 时，才能启动定时器工作。

● C/$\overline{T}$：定时器/计数器的功能选择位。当其为 0 时，作定时器使用；当其为 1 时，作计数器使用。

● M1 和 M0：工作方式选择位。由 M1M0 的 4 种组合状态确定 4 种工作方式，见表4-9。

表 4-9　定时/计数器的工作模式

M1M0	工作方式	功能说明
00	方式 0	13 位定时/计数器
01	方式 1	16 位定时/计数器
10	方式 2	自动再装入的 8 位定时/计数器
11	方式 3	T0 分为两个 8 位计数器 T1 停止计数

（2）控制寄存器 TCON

控制寄存器 TCON 的地址为 88H，可位寻址，其功能见表 4-10。

表 4-10　TCON

TCON. 7	TCON. 6	TCON. 5	TCON. 4	TCON. 3	TCON. 2	TCON. 1	TCON. 0
TF1	TR1	TF0	TR0	IE1	IT1	IE0	IT0

● TF0/TF1：定时器/计数器溢出中断请求标志位。若其为 1，则表示对应定时/计数器的计数值已由全 1 变为全 0，在向 CPU 申请中断。

● TR0/TR1：定时/计数器运行控制位。由软件置 1 和清 0，当其为 1 时，定时/计数器启动工作；当其为 0 时，定时/计数器停止工作。

2. 定时/计数器工作方式

T0 与 T1 除了工作方式 3 不同外，其余 3 种工作方式基本相同，下面以 T0 为例分别介绍这 4 种工作方式。

（1）方式 0

方式 0 是一个 13 位的计数器结构，其 13 位计数器由 TH0 和 TL0 的低 5 位构成。T0 在工作方式 0 下的逻辑结构如图 4-8 所示。

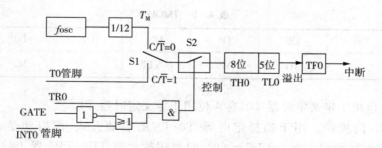

图 4-8　T0 在方式 0 下的逻辑结构图

由图可知，若 $C/\overline{T}=0$ 时，控制开关接通内部振荡器的 12 分频，此时 T0 是对机器周期进行计数，即作为定时器使用。定时时间按下式计算：

$$定时时间 = (2^{13} - 计数初值\ X) \times 机器周期$$

当 $C/\overline{T}=1$ 时，控制开关接通计数管脚（P3.4），此时 T0 就对外部输入端 P3.4 的输入脉

冲计数,当检测到一个脉冲下降沿时,计数器就加 1,即它作为计数器使用。计数脉冲的个数按下式计算:

$$计数脉冲个数 = 2^{13} - 计数初值\ X$$

13 位的加 1 计数器的启动、停止受一些逻辑门控制,当 GATE＝0 时,"或"门输出为 1。只要 TR0＝1,则"与"门输出为 1,T0 就可以定时/计数了;当 GATE＝1,且 TR0＝1 时,则"或"门、"与"门输出仅受$\overline{\text{INT0}}$控制。当$\overline{\text{INT0}}$引脚出现高电平时,T0 就开始计数,当$\overline{\text{INT0}}$引脚信号变为低电平时,T0 立即停止计数。显然,这种情况适合于测量外界脉冲的宽度。

(2)方式 1

方式 1 是一个 16 位的计数器结构。图 4－9 所示为 T0 在方式 1 下的逻辑结构。其逻辑结构、操作及运行控制几乎与方式 0 相同。只是计数的位数不同,在这种方式下,TH0 与 TL0 均为 8 位。作定时器使用时,定时时间为:

$$定时时间 = (2^{16} - 计数初值\ X) \times 机器周期$$

作计数器使用时,最大的计数值为 $2^{16} = 65536$。

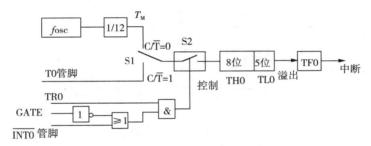

图 4－9 T0 在方式 1 下的逻辑结构图

(3)方式 2

定时/计数器工作于方式 2 时,将两个 8 位计数器 TH0、TL0 分成独立的两部分,组成一个可自动重装载的 8 位定时/计数器。其逻辑结构如图 4－10 所示。

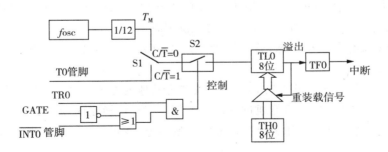

图 4－10 T0 在方式 2 下的逻辑结构图

在方式 0 和方式 1 中,当计满溢出时,计数器 TH0 和 TL0 的初值全部为 0。若要进行重复定时或计数,还需要用软件向 TH0 和 TL0 重新装入初值。而工作在方式 2 时,16 位计数器被拆成两个,TL0 用作 8 位计数器,TH0 用于存放 8 位的计数初值。在程序初始化时,

TL0 和 TH0 由软件赋于相同的初值。计数过程中,若 TL0 计数溢出,一方面将 TF0 置 1,请求中断;另一方面自动将 TH0 的初值重新装入 TL0 中,使 TL0 从初值开始重新计数,并可多次循环重装入,直到 TR0=0 才停止计数。

方式 2 的控制运行与方式 0、方式 1 相同。

作定时器使用时,定时时间为:

$$定时时间 = (2^8 - 计数初值\ X) \times 机器周期$$

作计数器使用时,最大的计数值为 2^8。方式 2 特别适用于较精确的定时和脉冲信号发生器,还常用作串行口波特率发生器。

(4)方式 3

方式 3 只适用于定时器 T0。在这种方式下,T0 被分成两个相互独立的 8 为计数器 TL0 和 TH0,其逻辑结构如图 4-11 所示。

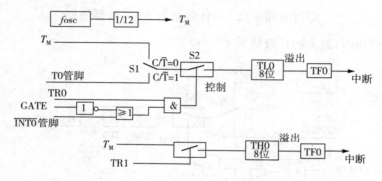

图 4-11　T0 在方式 3 下的逻辑结构图

当定时器 T0 工作于方式 3 时,TL0 使用 T0 本身的控制位、管脚和中断源,并可工作于定时器模式或计数模式。除仅用 8 位寄存器 TL0 外,其功能和操作情况同方式 0 和方式 1 一样。

由图 4-11 可见,TH0 只能工作在定时器状态。对机器周期进行计数,并且占用了定时器 T1 的控制位 TR1 和 TF1,同时占用了 T1 的中断源。TH0 的启动和关闭仅受 TR1 的控制。方式 3 为定时器 T0 增加了一个额外的 8 位定时器。

定时器 T1 没有方式 3 状态,若设置为方式 3,其效果与 TR1=0 一样,定时器 T1 停止工作。

在定时器 T0 工作于方式 3 时,T1 仍可设置为其他的方式。由于 TR1、TF1 和 T1 的中断源被定时器 T0 占用,此时只能通过 T1 控制为 C/$\overline{T}$ 来切换定时与计数。在 T0 设置为方式 3 时,一般是将定时器 T1 作为串行口波特率发生器,或用于不需要中断的场合。

4.2.3　定时/计数器的应用

定时/计数器是单片机应用系统中常用的重要部件,一旦启动,便可与 CPU 并行工作。因此,学习它的编程方法,灵活地选择和运用工作方式,对提高 CPU 的工作效率和简化外围电路大有益处。

1. 定时/计数器的初始化

由于定时/计数器的各种功能是由软件来确定的,所以在使用它之前,应对其进行编程初始化。初始化的主要内容是对 TCON 和 TMOD 编程,计算和装载 T0、T1 的计数初值。

(1)初始化步骤

① 分析定时器/计数器的工作方式,将方式字写入 TMOD 寄存器。

② 计算 T0 或 T1 中的计数初值,并将其写入 TH0、TL0 或 TH1、TL1。

③ 根据需要打开定时/计数器中断,即对 IE 和 IP 寄存器编程。

④启动定时器/计数器工作:若要求用软件启动,编程对 TCON 中 的 TR0 或 TR1 置位即可启动,若要外部中断管脚电平启动,则对 TCON 中的 TR0 或 TR1 置位后,还需要给外部中断管脚加启动电平。

计数器初值的计算

① 计数器模式时的计数初值

在不同的工作方式下,计数器位数不同,计数器初值为

$$X = 2^M - N \tag{4-1}$$

式(4-1)中,M 为计数器的位数;N 为要求的计数值。

不同方式下 M 的取值不同。方式 0:$M=13$,计数器的最大计数值为 $2^{13}=8192$;方式 1:$M=16$,计数器的最大计数值为 $2^{16}=65536$;方式 2:$M=8$,计数器的最大计数值为 $2^8=256$;方式 3 同方式 2。

例如,设 T0 工作在计数器方式 2,求计数 5 个脉冲的计数初值。根据式(4-1)得

$$X = 2^8 - 5 = 251 = 0\text{FBH}$$

② 定时器模式下的计数初值

在定时器方式下,T0/T1 是对机器周期进行计数的。定时时间为

$$t = (2^M - \text{计数初值 } X) \times \text{机器周期} \tag{4-2}$$

则计数初值为

$$X = 2^M - (f_{osc}/12) \times t \tag{4-3}$$

式(4-3)中,M 为定时器的为数,t 为要求的定时时间;f_{osc} 为振荡频率。

不同方式下,M 的取值不同,若系统的 $f_{osc}=12\text{MHz}$,则方式 0:$M=13$,定时器的最大定时值为 $2^{13} \times$ 机器周期$=8192\mu s$;方式 1:$M=16$,定时器的最大定时值为 $2^{16} \times$ 机器周期$=65536\mu s$;方式 2:$M=8$,定时器的最大定时值为 $2^8 \times$ 机器周期$=256\mu s$;方式 3 同方式 2。

例如,若 $f_{osc}=6\text{MHz}$,定时时间为 10ms,使用定时器 T0 工作于方式 1,根据式(4-3)有 $X=2^{16}-(6000000/12)\times 0.01=60536=\text{EC78H}$

2. 定时/计数器应用举例

(1)定时/计数器定时模式的应用

【例1】已知某控制系统时钟频率为 6MHz,要求用定时器 T0 定时,在管脚 P1.0 上输出

周期为 $500\mu s$ 的方波。

解

① 据题意分析,方波周期为 $500\mu s$,高低电平各为 $250\mu s$,可用 T0 方式 1 定时 $250\mu s$,使 P1.0 每隔 $250\mu s$ 取反一次,即可得到周期为 $500\mu s$ 的方波。

② TMOD 的控制字为 0000 0001B=01H

③ 初值计算

$f_{osc}=6MHz$,机器周期为 $2\mu s$,则

$X=2^{16}-(6000000/12)\times0.00025=65411=FF83H$,即 TH0=FFH,TL0=83H

【汇编程序】

查询方式:

```
        ORG 0030H
        MOV TMOD, #01H      ;写入方式控制字
        MOV TH0, #0FFH      ;写入计数初值
        MOV TL0, #83H
        MOV IE, #00H        ;关中断
        SETB TR0            ;启动 T0
LOOP:   JBC TF0, LOOP1      ;查询 TF0 是否为 1,若为 1 则转移
        AJMPLOOP
LOOP1:  CPL P1.0            ;P1.0 取反
        MOV TH0, #0FFH      ;重新装初值
        MOV TL0, #83H
        AJMP LOOP           ;循环
```

中断方式:

```
        ORG 0000H
        AJMPMAIN
        ORG 000BH
        AJMP  PIT0
        ORG 0030H
MAIN:   MOV TMOD, #01H      ;写入方式控制字
        MOV TH0, #0FFH      ;写入计数初值
        MOV TL0, #83H
        SETB ET0            ;开 T0 中断
        SETB EA
        SETB TR0            ;启动 T0
        SJMP $              ;等待中断
        ;中断服务程序
PIT0:   CPL P1.0            ;P1.0 取反
        MOV TH0, #0FFH      ;重新装初值
        MOV TL0, #83H
        RETI                ;中断返回
```

【C 程序】

中断方式：

```
#include<reg51.h>
sbit pulse_out = P1^0;
void T0_int() interrupt1          //定时器 T0 中断服务程序
{   TH0 = 0xFF;                    //重装计数初值
TL0 = 0x83;
pulse_out = ! pulse_out;
}
main()
{
    TMOD = 0x01;                  // T0 定时方式 1
    TH0 = 0xFF;                   //装入计数初值
    TL0 = 0x83;
    ET0 = 1;                      //T0 开中断
    EA = 1;                       //开总中断
    TR0 = 1;                      //启动定时器 T0
    while(1);                     //等待中断
}
```

查询方式：

```
#include<reg51.h>
sbit pulse_out = P1^0;
main()
{
    TMOD = 0x01;                  // T0 定时方式 1
    TH0 = 0xFF;                   //装入计数初值
    TL0 = 0x83;
    EA = 0;                       //关中断
    TR0 = 1;                      //启动 T0
while (1)
{if(TF0)                          //查询 TF0 是否为 1
   {   TH0 = 0xFF;                //重新装入计数初值
     TL0 = 0x83;
     pulse_out = ! pulse_out;     //取反
   }
}
}
```

(2)定时/计数器计数模式的应用

【例 2】某系统要求用定时器 T1 对由 P3.5(T1)管脚输入的脉冲计数,每计满 100 个脉冲,在 P1.1 管脚信号取反。

解
① 据题意分析,可用 T1 设置为方式 2 计数。
② TMOD 的控制字为 0110 0000B＝60H
③ 初值计算
$X=2^8-100=156=9CH$,即 TH0＝9CH,TL0＝9CH

【汇编程序】

```
        ORG 0000H
        AJM PMAIN
        ORG  001BH
        AJMP  PITO
        ORG 0030H
MAIN:   MOV SP,#60H        ;堆栈赋初值
        MOV TMOD,#60H      ;写入方式控制字
        MOV TH1,#9CH       ;写入计数初值
        MOV TL1,#9CH
        SETB ET1           ;开 T1 中断
        SETB EA
        SETB TR1           ;启动 T1
        SJMP $             ;等待中断
PITO:   CPL P1.1
        RETI               ;中断返回
```

【C 程序】

```c
    #include<reg51.h>
    sbit pulse_out = P1^1;        //定义脉冲输出位
    void t1_int() interrupt  3
    {
        pulse_out = ! pulse_out;  //取反脉冲输出位
    }
    main()
    {
        TMOD = 0x60;              // T1 时方式 1
        TH1 = 0x9C;               //装入计数初值
        TL1 = 0x9C;
        ET1 = 1;                  //T1 开中断
        EA = 1;                   //开总中断
        TR1 = 1;                  //启动定时器 T1
        while(1);                 //等待中断
    }
```

(3)定时时间的扩展
用定时/计数器产生的定时时间是有限的,如晶振频率为 12MHz 时,一个定时器最长的

定时时间为

$$t = 2^{16} \times (1/12000000) \times 12 = 65.536 \, (\text{ms})$$

在实际应用中许多地方需要较长时间的定时,这时就必须采用一定的方法进行定时时间的扩展。扩展的方法就是利用定时与中断相结合。例如,若用 T0 定时 50 ms,每次溢出后就计数一次,则计数 20 次就得到 1s 的定时。

【例 3】编写程序,要求 P1 口控制的 8 个 LED 指示灯每隔 1s 轮流闪亮,定时时间由 T0 完成,设系统时钟频率为 12MHz。

解

① 据题意分析,T0 定时 50 ms 必须用方式 1 来实现。

② TMOD 的控制字为 0000 0001B=01H

③ 初值计算

$f_{osc} = 12\text{MHz}$,机器周期为 $1\mu s$,则

$X = 2^{16} - (12000000/12) \times 0.05 = 15536 = 3\text{CB0H}$ 即 TH0=3CH,TL0=B0H

【汇编程序】

```
        ORG 0000H
        AJMP MAIN
        ORG 000BH
        AJMP PIT0
        ORG 0030H
MAIN:   MOV TMOD,#01H      ;写入方式控制字
        MOV TH0,#3CH       ;写入计数初值
        MOV TL0,#0B0H
        MOV R7,#20         ;溢出次数
        MOV P1,#0FEH
        SETB ET0           ;开 T0 中断
        SETB EA
        SETB TR0           ;启动 T0
        SJMP $             ;等待中断
PIT0:   MOV TH0,#3CH       ;重装计数初值
        MOV TL0,#0B0H
        DJNZ R7,PIT01      ;判断是否满 1s
        MOV A,P1           ;左移一位
        RL A
        MOV P1,A
        MOV R7,#20
PIT01:  RETI               ;中断返回
```

【C 程序】

中断方式:

```
        #include<reg51.h>
```

```
# include <intrins. h>
unsigned char c,d;
unsigned char i;
main()
{
unsigned char i;
TMOD = 0x01;
TH0 = 0X3c;
TL0 = 0Xb0;
c = 20;
d = 0x7f;
ET0 = 1;
EA = 1;
TR0 = 1;
while(1)
{P1 = d;
    for(i = 0;i<100;i+ +);
        }
    }
void   timer0_int (void) interrupt 1
    {
    TR0 = 0;
    TH0 = 0X3c;
    TL0 = 0Xb0;
    if(! (c - -))
    {
    c = 20;
    d = _cror_(d,1);
    }
        TR0 = 1;
        }
```

查询方式:

```
# include<reg52. h>
# include <intrins. h>
unsigned char c,d;
main()
{
unsigned char i;
TMOD = 0x01;
TH0 = 0X3c;
TL0 = 0Xb0;
c = 0x14;
```

```
d = 0xfe;
TR0 = 1;
while(1)
{
if(TF0)
  {
  TF0 = 0;
  c - - ;
  if(! c)
    {
    c = 0x20;
    d = _crol_(d,1);
    }
  }
else
{
P1 = d;
for(i = 0;i<100;i + + );
        }
      }
    }
```

习　题

1. 外部中断源的低电平和脉冲下降沿触发方式有何不同,分别适合于用在哪些场合?

2. 51 型单片机有几个中断源? 有几级中断优先级? 各中断源的中断标志是怎样产生的? 又是如何清除的?

3. 51 型单片机响应中断后,各中断入口地址是什么?

4. 试编程实现将 INT1 设为高优先级,且为电平触发方式,T0 设为低优先级中断计数器,串行口中断为高优先级中断,其余中断源设为禁止状态。

5. 简述 51 型单片机中断响应的全过程。

6. 定时/计数器有哪几种工作方式? 各有什么特点? 适用于什么场合?

7. 设某单片机的晶振频率为 12MHz,定时/计数器 T0 工作于方式 1,定时时间为 $20\mu s$,定时/计数器 T1 工作于方式 2,计数长度为 200,请计算 T0、T1 的初值,并写出其控制字。

8. 已知单片机的晶振频率为 12MHz,试利用 T0 定时在 P1.0 管脚输出频率为 100Hz 的方波,在 P1.1 管脚输出频率为 10Hz 的方波。

9. 试用定时/计数器 T1 对外部事件计数,要求每计数 100,就将 T1 改成定时方式,控制从 P1.2 输出一个脉宽为 50ms 的正脉冲,然后又转为计数方式。如此反复循环,设晶振频率为 12MHz。

10. 设单片机的系统频率为 12MHz,试编程输出频率为 100kHz,占空比为 2∶1 的矩形波。

11. 设 89C51 型单片机的时钟频率为 6MHz,请编写程序在管脚 P1.2 输出周期为 2s 的方波的程序。

12. 利用单片机内部定时/计数器 T1 产生定时时钟,由 P1 口输出信号控制 8 个 LED 指示灯。试编程使 8 个指示灯依次轮流闪动,闪动频率为 100ms。

13. 利用定时/计数器测量某正脉冲宽度,已知此脉冲宽度小于 10ms,试编程测量脉宽,并把结果存入内部 RAM 的 50H 和 51H 单元中。

14. 试利用单片机内部定时/计数器定时,配合软件实现定时扩展,控制与 P1 口连接的 8 个 LED 指示灯每隔 1s 循环移位点亮。每当外部中断源中断一次,LED 指示灯移位方向就改变一次。(1)画出电路的原理图;(2)按要求编写相应的程序。

第 5 章　串行通信技术

知识目标:

- 了解串行口的结构;
- 掌握串行通信的原理;
- 了解串行口的工作方式。

技能目标:

- 能理解方式 1 的原理;
- 会编写点到点的通信程序。

5.1　串行通信基础

串行通信是计算机中一个重要的外部接口,计算机通过它与外部设备之间进行通信。

5.1.1　并行通信和串行通信

计算机与外界的通信有两种基本方式:并行通信和串行通信,如图 5-1 所示。

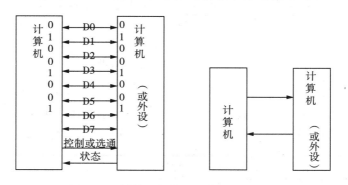

图 5-1　计算机与外界通信的基本方式

　　一次同时传送多位数据的通信方式称为并行通信,例如,一次传送 8 位或 16 位数据。在 51 单片机种并行通信可通过并行输入/输出接口实现。并行通信的特点是通信速度快,但传输信号线多,传输距离较远时线路复杂,成本高,通常用于近距离传输。
　　按一位接一位顺序传送数据的通信方式称为串行通信。串行通信可以通过串行口来实现。它的特点是传输线少,通信线路简单,通信速度慢,成本低,适合长距离通信。

根据信息传送的方向,串行通信可以分为单工、半双工和全双工3种。如图5-2所示。单工方式只有一根数据线,信息只能单向传送;半双工方式也只由一根数据线,但信息可以分时双向传送;全双工方式有两根数据线,在同一个时刻能够实现数据双向传送。

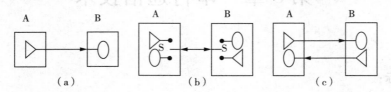

图5-2　串行通信分类

5.1.2　同步通信和异步通信

串行通信按信息的格式又可分为异步通信和同步通信两种方式。

1. 串行异步通信方式

串行异步通信方式的特点是数据在线路上传送时是以一个字符(字节)为单位,未传送时线路处于空闲状态,空闲线路约定为高电平"1"。传送一个字符又称为一帧信息,传送时每一个字符前加一个低电平的起始位,然后是数据位,数据位可以是5~8位,低位在前,高位在后,数据位后可以带一个奇偶校验位,最后是停止位,停止位用高电平表示,它可以是1位、1位半或2位。格式如图5-3所示。

异步传送时,字符间可以间隔,间隔的位数不固定。由于一次只传送一个字符,因而一次传送的位数比较少,对发送时钟和接收时钟的要求相对不高,线路简单,但传送速度较慢。

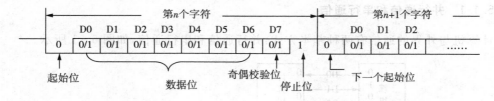

图5-3　异步通信数据格式

2. 串行同步通信方式

串行同步通信方式的特点是数据在线路上传送时以字符块为单位,一次传送多个字符,传送时须在前面加上一个或两个同步字符,后面加上校验字符,格式如图5-4所示。

同步字符1	同步字符2	数据块	校验字符1	校验字符2

图5-4　同步通信数据格式

同步方式时一次连续传送多个字符,传送的位数多,对发送时钟和接收时钟要求较高,往往用同一个时钟源控制,控制线路复杂,传送速度快。

3. 波特率

波特率是串行通信中的一个重要概念,它用于衡量串行通信速度的快慢。波特率是指串行通信中,单位时间传送的二进制位数,单位为bps。在异步通信中,传输速度往往又可用每秒传送多少个字节来表示(Bps)。它与波特率的关系为：

$$波特率(bps)＝一个字符的二进制位数×字符/秒(Bps)$$

例如：每秒传送 200 个字符，每个字符 1 位起始位、8 个数据位、1 个校验位和 1 个停止位。则波特率为 2200bps。

为了保证异步通信数据信息的可靠传输，异步通信的双方必须保持一致的波特率。串行口的波特率是否精确直接影响到异步通信数据数据传送的效率，如果两个设备之间用异步通信传输数据，但二者之间的波特率有误差，极可能造成接收方错误接收收据。

5.2　51 单片机的串行接口

案例 9　单片机与单片机的通信

知识点：

● 了解串行口的基本结构和工作原理；
● 掌握相关寄存器的配置方式；
● 了解串行口的工作方式，掌握串行通信波特率的计算方式；
● 掌握单片机之间通信程序的编写方法。

1. 案例介绍

利用单片机 U1 将一段流水灯控制程序发送到单片机 U2，利用 U2 来控制其 P1 口点亮 8 位 LED。

2. 硬件电路

单片机 U2 的 P1 口接 8 个发光二极管。单片机 U1 的 P3.1(TXD)脚直接与单片机 U2 的 P3.0(RXD)脚相连，电路如图 5-5 所示。

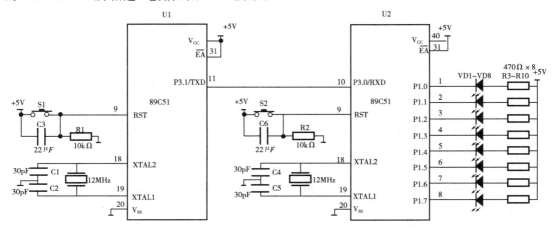

图 5-5　单片机与单片机之间通信

3. 程序设计

```
/ ************************************************************************

数据发送程序
  ************************************************************** /
      # include<reg51. h>
unsigned char code tab[] = {0XFE,0XFD,0XFB,0XF7,0XEF,0XDF,0XBF,0X7F};
      void Send(unsigned char dat)
      {SBUF = dat;                    //将待发送的数据写入发送缓冲器中
      while(TI = = 0);                //若发送标志没有置1(正在发送),就等待
      TI = 0;                         //将 TI 清 0
        }
      void delay(void)                //延时函数
      {unsigned char m,n;
      for(m = 0;m<200;m + +)
        for(n = 0;n<250;n + +);
      }
    void main(void)
    {  unsigned char i;
    TMOD = 0X20;                       //定时器 T1 工作于方式 2
    SCON = 0X40;                       //串行工作方式 1
    PCON = 0X00;
    TH1 = 0XF3;                        //波特率为 2400b/s
    TL1 = 0XF3;
    TR1 = 1;                           //启动定时器 T1
    while(1)
      { for(i = 0;i<8;i + +)           //一共 8 位流水灯控制码
      {Send(tab[i]);                   //发送数据 i
      delay();
      }
    }
  }

/ ***********************************************************************

    数据接收程序
  *************************************************************** /
      # include<reg51. h>
      unsigned char Receive (void)
      {unsigned char dat;
      while(RI = = 0);                 //没有接收完毕,就等待
        RI = 0;                        //用软件将 R1 清 0
        dat = SBUF;                    //将接收缓冲器中的数据存于 dat 中
        return dat;                    //将接收到的数据返回
```

```
}
void main(void)
{
TMOD = 0X20;                    //定时器 T1 工作于方式 2
SCON = 0X50;                    //串行工作方式 1
PCON = 0X00;
TH1 = 0XF3;                     //设置波特率为 2400b/s
TL1 = 0XF3;
TR1 = 1;                        //启动定时器 T1
REN = 1;                        //允许接收
while(1)
{P1 = Receive();               //接收到的数据送 P1 口
}
}
```

单片机具有一个全双工的串行异步通信接口,可以同时发送、接收数据,发送、接收数据可通过查询或中断方式处理,使用十分灵活。能方便地与其他的计算机或串行数据传送信息的外部设备(如串行打印机、CRT 终端)实现双机、多机通信。

5.2.1　串行口结构

51 系列单片机的串行口占用 P3.0 和 P3.1 两个引脚,P3.0 是串行数据接收端 RXD,P3.1 是串行数据发送端 TXD。51 单片机串行接口的内部结构如图 5-6 所示。

51 单片机串行接口的结构由串行接口控制电路、发送电路和接收电路 3 部分组成。发送电路由发送缓冲器(SBUF)和发送控制电路组成,接收电路由接收缓冲器(SBUF)和接收控制电路组成。两个数据缓冲器在物理上是相互独立的,在逻辑上却占用一个字节地址(99H)。

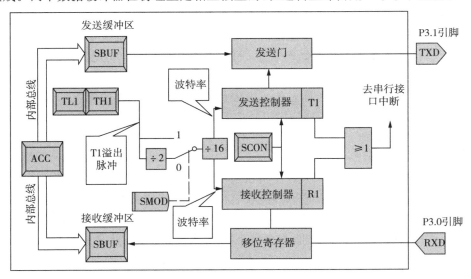

图 5-6　51 单片机串行口结构框图

1. 串行口控制寄存器 SCON

SCON 是串行口控制和状态寄存器,其字节地址为 98H,SCON 的功能见表 5-1。

表 5-1 SCON

SCON.7	SCON.6	SCON.5	SCON.4	SCON.3	SCON.2	SCON.1	SCON.0
SM0	SM1	SM2	REN	TB8	RB8	TI	RI

● SM0、SM1:串行口工作方式选择位,可选择四种工作方式,见表 5-2。

表 5-2 串行口工作方式选择

SM0 SM1	工作方式	功能	波特率
0　0	方式 0	同步移位寄存器	fosc/12
0　1	方式 1	10 位异步收发	可变
1　0	方式 2	11 位异步收发	fosc/32 或 fosc/64
1　1	方式 3	11 位异步收发	可变

● SM2:多机通信控制位(方式 2,3)

对于方式 2 或方式 3,当 SM2=1 时,只有接收到第 9 位(RB8)为 1,RI 才置位;对于方式 1,当 SM2=1 时,只有接收到有效的停止位时才会置位 RI。对于方式 0,SM2 应该为 0。

● REN:允许接收控制位。REN=1 时,允许接收;REN=0 时,禁止接收。

● TB8:方式 2 或方式 3 时,该位为发送的第 9 位数据,该位常作奇偶效验位。在多机通信中,作为地址帧/数据帧的标志位,TB8=0,发送地址帧,TB8=1 发送地址帧。需要用软件置 1 或清 0。

● RB8:方式 2 或方式 3 时,存放接收到的第 9 位数据,在方式 0 中该位未用;在方式 1 中,存放的是已接收的停止位。

● TI:串行口发送中断请求标志位。由硬件在方式 0 串行发送第 8 位结束时置位,或在其他方式串行发送停止位的开始时置位,向 CPU 发中断申请,但必须在中断服务程序中由软件清 0。

● RI:串行口接收中断请求标志位。由硬件在方式 0 串行接收第 8 位结束时置位,在其他方式串行接收到停止位的中间时置位,向 CPU 发中断申请,但必须在中断服务程序中由软件清 0。

2. 数据缓冲器 SBUF

发送缓冲器只管发送数据,51 单片机没有专门的启动发送的指令,发送时,就是 CPU 写入 SBUF 的时候(MOV SBUF,A);接收缓冲器只管接收数据,接受时,就是 CPU 读取 SBUF 的过程(MOV A,SBUF)。数据接收缓冲器只能读出不能写入,数据发送缓冲器只能写入不能读出。CPU 对特殊功能寄存器 SBUF 执行写操作,就是将数据写入发送缓冲器;对 SBUF 执行度操作就是读出接收缓冲器的内容。所以可以同时发送和接收数据。对于发送缓冲器,由于发送时 CPU 是主动的,不会产生重叠错误。而接收缓冲器是双缓冲结构,以避免在接收下一帧数据之前,CPU 未能及时响应接收器的中断,没有把上一帧数据取走,就会丢失前一字节的内容。

3. 电源控制寄存器 PCON

PCON 的第 7 位 SMOD 是与串行口的波特率设置有关的选择位。其地址为 97H,PCON 的功能见表 5-3。

表 5-3 PCON

PCON. 7	PCON. 6	PCON. 5	PCON. 4	PCON. 3	PCON. 2	PCON. 1	PCON. 0
SMOD							

● SMOD 是波特率倍增位。

在串行口方式 1、方式 2 和方式 3 时,波特率和 2^{SMOD} 成正比,即当 SMOD=1 时,波特率提高一倍。复位时,SMOD=0。

5.2.2　串行口的工作方式

1. 方式 0

方式 0 为移位寄存器输入/输出方式。串行数据通过 RXD 输入/输出,TXD 则用于输出移位时钟脉冲。收发的数据为 8 位,低位在前。波特率固定为 $f_{osc}/12$。

(1)方式 0 输出

发送是以写 SBUF 寄存器的指令开始的,8 位输出结束时 TI 被置位。方式 0 输出时序如图 5-7 所示。

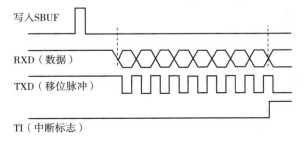

图 5-7　方式 0 的输出时序

当执行一条写入 SBUF 的指令时,就启动了串行接口的发送过程(如 MOV　SBUF,A)。串行口以 $f_{osc}/12$ 的固定波特率从 TXD 引脚输出串行同步时钟,8 位同步数据从 RXD 引脚输出。8 位数据发送完后自动将 TI 置 1,向 CPU 申请中断。告诉 CPU 可以发送下一帧数据,在这之前,必须在中断服务程序中用软件将 TI 清 0。

(2)方式 0 输入

方式 0 接收是在 REN=1 和 RI=0 同时满足时开始的。接收的数据装入 SBUF 中,结束时 RI 被置位。方式 0 输入时序如图 5-8 所示。

当用户在应用程序中,将 SCON 中的 REN 位置 1 时(同时 RI=0),就启动了一次数据接收过程。数据从外接引脚 RXD(P3.0)输入,移位脉冲从外接引脚 TXD(P3.1)输出。8 位数据接收完后,由硬件将输入移位寄存器中的内容写入 SBUF,并自动将 RI 置 1,向 CPU 申请中断。CPU 响应中断后,用软件将 RI 清 0,同时读走输入的数据,接着启动串行口接收下一个数据。

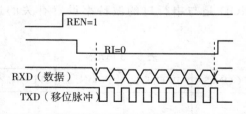

图 5-8 方式 0 的输入时序

【例 1】用 89C51 单片机的串行口外接串入并出的芯片 CD4094 扩展并行输出口控制一组发光二极管,使发光二极管从左至右延时轮流显示。

CD4094 是一块 8 位的串入并出的芯片,带有一个控制端 STB,当 STB=0 时,打开串输入控制门,在时钟信号 CLK 的控制下,数据从串行输入端 DATA 一个时钟周期一位依次输入;当 STB=1,打开并行输出控制门,CD4094 中的 8 位数据并行输出。使用时,89C51 串行口工作于方式 0,89C51 的 TXD 接 CD4094 的 CLK,RXD 接 DATA,STB 用 P1.0 控制,8 位并行输出端接 8 个发光二极管。如图 5-9 所示。

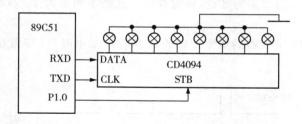

图 5-9 用 CD4094 扩展并行输出口

设串行口采用查询方式,显示的延时依靠调用延时子程序来实现。程序如下:
【汇编程序】

```
        ORG  0000H
        LJMP  MAIN
        ORG  0100H
MAIN:MOV  SCON,#00H
MOV  A,#01H
CLR  P1.0
START:MOV  SBUF,A
LOOP:JNB  TI,LOOP
SETB  P1.0
ACALL  DELAY
CLR  TI
    RL  A
CLR  P1.0
SJMP  START
```

```
DELAY:MOV   R7,♯05H
LOOP2:MOV   R6,♯0FFH
LOOP1:DJNZ  R6,LOOP1
      DJNZ  R7,LOOP2
      RET
      END
```

【C 程序】

```
♯include  <reg51.h>    //包含特殊功能寄存器库
sbit  P1_0 = P1^0;
void  main()
{
unsigned  char  i,j;
SCON = 0x00;
j = 0x01;
for(; ;)
{
P1_0 = 0;
SBUF = j;
while(! TI){ ;}
P1_0 = 1;TI = 0;
for(i = 0;i< = 254;i + +){;}
j = j * 2;
if(j = = 0x00)  j = 0x01;
}
}
```

【例 2】用 89C51 单片机的串行口外接并入串出的芯片 CD4014 扩展并行输入口,输入一组开关的信息。

CD4014 是一块 8 位的并入串出的芯片,带有一个控制端 P/S,当 P/S＝1 时,8 位并行数据置入到内部的寄存器;当 P/S＝0 时,在时钟信号 CLK 的控制下,内部寄存器的内容按低位在前从 QB 串行输出端依次输出;使用时,89C51 串行口工作于方式 0,89C51 的 TXD 接 CD4014 的 CLK,RXD 接 QB,P/S 用 P1.0 控制,另外,用 P1.1 控制 8 并行数据的置入。如图 5-10 所示。

串行口方式 0 数据的接收,用 SCON 寄存器中的 REN 位来控制,采用查询 RI 的方式来判断数据是否输入。程序如下:

【汇编程序】:

```
     ORG   0000H
     LJMP  MAIN
     ORG   0100H
MAIN:SETB  P1.1
```

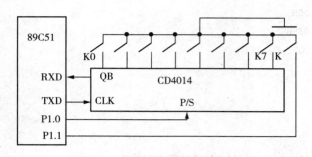

图 5-10　用 CD4014 扩展并行输入口

```
START:JB   P1.1,START
      SETB  P1.0
      CLR   P1.0
      MOV   SCON,#10H
LOOP:JNB   RI,LOOP
      CLR   RI
      MOV   A,SBUF
      ……
```

【C 程序】：

```
#include  <reg51.h>          //包含特殊功能寄存器库
sbit   P1_0 = P1^0;
sbit   P1_1 = P1^1;
void   main()
{
  unsigned  char  i;
  P1_1 = 1;
  while(P1_1 = = 1){;}
  P1_0 = 1;
  P1_0 = 0;
  SCON = 0x10;
  while(!RI){;}
  RI = 0;
  i = SBUF;
  ……
}
```

2. 方式 1

方式 1 是 10 位异步通信方式，1 位起始位(0)，8 位数据位和 1 位停止位(1)。其中的起始位和停止位在发送时是自动插入的。

任何一条以 SBUF 为目的寄存器的指令都启动一次发送，发送的条件是 TI＝0，发送完置位 TI。

方式 1 接收的条件是 SCON 中的 REN 为 1,同时以下两个条件都满足,本次接收有效,将其装入 SBUF 和 RB8 位。否则放弃接收结果。两个条件是:(1)RI=0;(2)SM2=0 或接收到的停止位为 1。

方式 1 的波特率是可变的,波特率时可变的,波特率可由以下公式计算得到:

$$方式 1 波特率 = (2^{SMOD}/32) \times 定时器 1 的溢出率$$

(1)方式 1 发送

方式 1 的发送时序如图 5-11 所示。

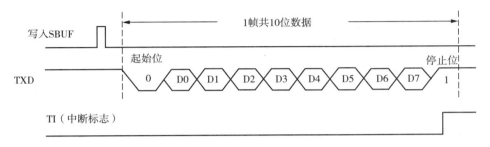

图 5-11 方式 1 的发送时序

当执行一条写入 SBUF 的指令时,就启动了串行接口的发送过程。在发送时钟脉冲的作用下,从 TXD 引脚先送出起始位(0),然后是 8 位数据位,最后是停止位(1)。一帧数据发送完后自动将 TI 置 1,向 CPU 申请中断。若要再发送下一帧数据,必须用软件先将 TI 清 0。

(2)方式 1 接收

方式 1 接收时序如图 5-12 所示。

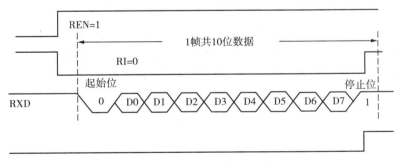

图 5-12 方式 1 接收时序

当用软件将 SCON 中的 REN 位置 1 时(同时 RI=0),就允许接收器接收。接收器以波特率的 16 倍速率采样 RXD 引脚,当采样到“1”到“0”的负跳变时,即检测到了有效的起始位,就开始启动接收,将输入的 8 位数据逐位移入内部的输入移位寄存器。如果接收不到起始位,则重新检查 RXD 引脚是否有负跳变信号。

当 RI=0,且 SM2=0 或接收到的停止位为 1 时,将接收到的 9 位数据的前 8 位装入接收 SBUF,第 9 位(停止位)装入 RB8,并置位 RI,向 CPU 申请中断。否则接收的信息将被丢弃。所以编程时要特别注意 RI 必须在每次接收完成后将其清 0,以准备下一次接收。通常方式 1 时,SM2＝0。

3. 方式 2

方式 2 是波特率可调的 11 位异步接收/发送方式。方式 2 的波特率固定为晶振频率的 1/64 或 1/32,由下式确定:

$$方式 2 波特率 = (2^{SMOD}/64) \times f_{osc}$$

其中,SMOD 是特殊功能寄存器 PCON 的最高位,即波特率加倍控制位。当 SMOD＝1 时,串行口波特率加倍。

方式 2 的发送起始于任何一条"写 SBUF"指令。当第 9 位数据(TB8)输出之后,置位 TI。方式 2 的接收的前提条件也是 REN 为 1。在第 9 位数据接收到后,如果下列条件同时满足:(1)RI＝0;(2)SM2＝0 或接收到的第 9 位为 1,则将已接收的数据装入 SBUF 和 RB8,并置位 RI;如果条件不满足,则接收无效。

(1)方式 2 发送

方式 2 发送时序如图 5-13 所示。

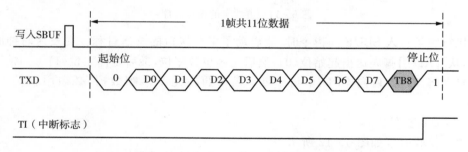

图 5-13 方式 2 和方式 3 的发送时序

方式 2 发送的数据为 9 位,其中发送的第 9 位在 TB8 中,在启动发送之前,必须把要发送的第 9 位数据装入 SCON 寄存器中的 TB8 中。准备好 TB8 后,就可以通过向 SBUF 中写入发送的字符数据来启动发送过程,发送时前 8 位数据从发送数据寄存器中取得,发送的第 9 位从 TB8 中取得。一帧信息发送完毕,置 TI 为 1。

(2)方式 2 接收

方式 2 接收时序如图 5-14 所示。

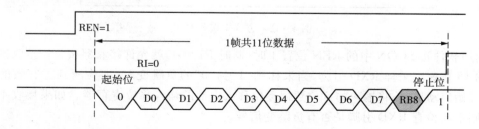

图 5-14 方式 2 和方式 3 的接收时序

方式 2 的接收过程与方式 1 类似,当 REN 位置 1 时也启动接收过程,所不同的是接收的第 9 位数据是发送过来的 TB8 位,而不是停止位,接收到后存放到 SCON 中的 RB8 中,对接收是否有判断也是用接收的第 9 位,而不是用停止位。其余情况与方式 1 相同。

4. 方式 3

方式 3 是 11 位异步接收/发送方式,与方式 2 的操作过程完全一样所不同的是波特率:

$$方式 3 波特率 = (2^{\text{SMOD}}/32) \times 定时器 1 的溢出率$$

定时器从初值计数到产生溢出,它每秒溢出的次数称为溢出率。定时器 T1 作波特率发生器时,通常工作于定时模式($C/\overline{T}=0$),禁止 T1 中断。T1 的溢出率和它的工作方式有关,一般选方式 2,这种方式可以避免重新设定初值而产生波特率误差。此时 T1 溢出率由下式确定:

$$T1 溢出率 = f_{\text{osc}}/[12 \times (256 - TH1)]$$

波特率的计算公式:

$$方式 3 的波特率 = 2^{\text{SMOD}} \times f_{\text{osc}}/[32 \times 12(256 - TH1)]$$

在单片机的应用中,相同机种单片机波特率很容易达到一致,只要晶振频率相同,可以采用完全一致的参数。异种单片机的波特率设置较难达到一致,这是由于不同机种的波特率产生的方式不同,计算公式也不同,只能产生有限的离散的波特率值,即波特率值是非连续的。这时的设计原则应使两个通信设备之间的波特率误差小于 2.5%。例如在 PC 与单片机进行通信时,常选择单片机晶振为 11.0592MHz,两者容易匹配波特率。

常用的串行口波特率及相应的晶振频率、T1 计数初值等参数关系见表 5 - 4。

表 5 - 4　常用的波特率

波特率 (bps)	晶振 (MHz)	初值		误差 (%)	晶振 (MHz)	初值		误差(12MHz 晶振)(%)	
		(SMOD=0)	(SMOD=1)			(SMOD=0)	(SMOD=1)	(SMOD=0)	(SMOD=1)
300	11.0592	0xA0	0x40	0	12	0x98	0x30	0.16	0.16
600	11.0592	0xD0	0xA0	0	12	0xCC	0x98	0.16	0.16
1200	11.0592	0xE8	0xD0	0	12	0xE6	0xCC	0.16	0.16
1800	11.0592	0xF0	0xE0	0	12	0xEF	0xDD	2.12	−0.79
2400	11.0592	0xF4	0xE8	0	12	0xF3	0xE6	0.16	0.16
3600	11.0592	0xF8	0xF0	0	12	0xF7	0xEF	−3.55	2.12
4800	11.0592	0xFA	0xF4	0	12	0xF9	0xF3	−6.99	0.16
7200	11.0592	0xFC	0xF8	0	12	0xFC	0xF7	8.51	−3.55
9600	11.0592	0xFD	0xFA	0	12	0xFD	0xF9	8.51	−6.99
14400	11.0592	0xFE	0xFC0	0	12	0xFE	0xFC	8.51	8.51
19200	11.0592	—	0xFD	0	12	—	0xFD	—	8.51
28800	11.0592	0xFF	0xFE	0	12	0xFF	0xFE	8.51	8.51

5.3 单片机与 PC 之间的通信

案例 10   单片机与 PC 之间的通信

知识点：

- 了解 RS—232 串行通信接口标准；
- 掌握接口电路的设计方式及电气特性；
- 学会编写基本的通信程序，

1. 案例介绍

(1)单片机向 PC 发送一组数据：FEH,FDH,FBH,F7H,EFH,DFH,BFH,7FH。

(2)单片机接收 PC 发来的数据。

2. 硬件电路

单片机与 PC 进行通信,利用 MAX232 作为电平转换芯片,电路如图 5-15 所示。

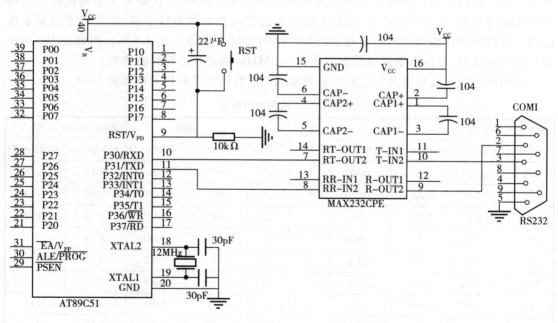

图 5-15   单片机与 PC 串行通信原理图

3. 程序设计

(1) 单片机向 PC 发送数据

```
#include<reg51.h>
unsigned char code tab[] = {0XFE,0XFD,0XFB,0XF7,0XEF,0XDF,0XBF,0X7F};
void Send(unsigned char dat)
```

```
        {SBUF = dat;              //将待发送的数据写入发送缓冲器中
        while(TI = = 0);          //若发送标志没有置1(正在发送),就等待
            TI = 0;               //用软件将 TI 清 0
        }
        void delay(void)          //延时函数
        {unsigned char m,n;
          for(m = 0;m<200;m + +)
            for(n = 0;n<250;n + +);
        }
    void main(void)
    {   unsigned char i;
      TMOD = 0X20;                 //定时器 T1 工作于方式 2
        SCON = 0X40;               //串行工作方式 1
        PCON = 0X00;
        TH1 = 0XF3;                //波特率为 2400b/s
        TL1 = 0XF3;
        TR1 = 1;                   //启动定时器 T1
    while(1)
        { for(i = 0;i<8;i + +)
        {Send(tab[i]);             //发送数据 i
        delay();
        }
    }
}
```

（2）单片机接收 PC 送来的数据

```
# include<reg51. h>
    unsigned char Receive (void)
    {unsigned char dat;
    while(RI = = 0);        //没有接收完毕,就等待
        RI = 0;             //用软件将 R1 清 0
        dat = SBUF;         //将接收缓冲器中的数据存于 dat 中
        return dat;         //将接收到的数据返回
    }

    void main(void)
    {
        TMOD = 0X20;        //定时器 T1 工作于方式 2
    SCON = 0X50;            //串行工作方式 1
    PCON = 0X00;
    TH1 = 0XF3;            //设置波特率为 2400b/s
    TL1 = 0XF3;
```

```
TR1 = 1;                  //启动定时器 T1
REN = 1;                  //允许接收
while(1)
{P1 = Receive();          //接收到的数据送 P1 口
}
}
```

除了满足约定的波特率、工作方式和特殊功能寄存器的设定外，串行通信双方必须采用相同的接口标准，才能进行正常的通信。由于不同设备串行接口的信号线定义及电气规格等特性都不尽相同，因此要使这些设备能够互相连接，需要统一的串行通信接口。

RS-232C 接口标准的全称是 EIA-RS-232C 标准，其中，EIA(Electronic Industry Association)代表美国电子工业协会，RS(Recommended Standard)代表 EIA 的"推荐标准"，232 为标识号。

RS-232C 定义了数据终端设备(DTE)与数据通信设备(DCE)之间的物理接口标准。接口标准包括引脚定义、电气特性和电平转换等内容。

① 引脚定义

RS-232C 接口规定使用 25 针 D 型连接器，连接器的尺寸及每个插针的排列位置都有明确的定义。在微型计算机通信中，常常使用有 9 根信号引脚的，所以常用 9 针 D 型口连接器替代 25 针连接器。连接器的引脚定义如图 5-16 所示，RS-232C 接口的主要信号线的功能定义见表 5-5。

表 5-5　PC　9 脚串口的引脚说明

引脚编号	信号名	描述	I/O
1	CD	载波检测	In
2	RD	接收数据	In
3	TD	发送数据	Out
4	DTR	数据终端就绪	Out
5	SG	信号地	
6	DSR	数据设备就绪	In
7	RTS	请求发送	Out
8	CTS	允许发送	In
9	RI	振铃指示器	In

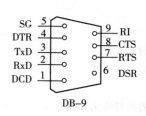

图 5-16　PC 串口 DB-9 引脚

② RS232 电气特性

RS-232C 采用负逻辑电平,规定 DC(-3~-15)为逻辑 1,DC(+3~+15)为逻辑 0。通常 RS-232C 的信号传输最大距离为 30m,最高传输速率为 20Kbit/s。

RS-232C 的逻辑电平与通常的 TTL 和 MOS 电平不兼容,为了实现与 TTL 或 MOS 电路的连接,要外加电平转换电路。

③ RS-232C 电平与 TTL 电平转换驱动电路

如上所述,51 单片机串行口与 PC 的 RS-232C 接口不能直接对接,必须进行电平转换。常用的 TTL 到 RS-232C 的电平转换器有 MC1488、MC1489 和 MAX202/232/232A 等芯片。

由于单片机系统一般只用+5V 电源,MC1488 和 MC1489 需要双电源(±12V),增加了体积和成本。生产商推出芯片内部具有自升压电平转换电路,可在单+5V 的电源下工作的接口芯片-MAX232,如图 5-16 所示。它能满足 RS-232C 的电气规范,内置电子泵电压转换器将+5V 转换成-10V~+10V,该芯片与 TTL/CMOS 电平兼容,片内有两个发送器,两个接收器,在单片机应用系统中得到了广泛的使用。

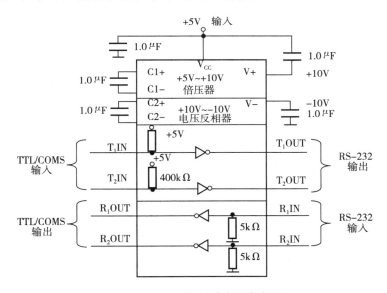

图 5-17　MAX232 内部逻辑框图

习　题

1. 并行通信与串行通信的特点是什么?

2. 单工、半双工和全双工的有什么区别?

3. 串行口数据寄存器 SBUF 有什么特点?

4. 设某异步通信接口,每帧信息格式为 10 位,当接口每秒传送 1000 个字符时,其波特率是多少?

5. 串行口有几种工作方式？有几种帧格式？各种工作方式的波特率如何确定？

6. 怎样实现利用串行口扩展并行输入/输出口？

7. 编写程序，单片机在按键的控制下发送一组数据，PC 接收，利用串行口调试助手查看结果。

8. 编写程序，PC 发送，单片机接收数据，将数据通过数码管显示。

第6章 显示和键盘接口技术

知识目标：

● 掌握静态显示的原理；
● 掌握动态显示的原理；
● 了解大屏幕 LED 点阵显示的原理；
● 掌握 LCD 显示的原理；
● 掌握独立按键的编程方法；
● 了解键盘的原理。

技能目标：

● 会编写静态显示程序；
● 会编写动态显示程序；
● 会编写独立按键的程序。

6.1 单片机与 LED 数码管接口技术

知识点：

● 掌握数码管动态显示原理；
● 掌握数码管动态显示编程。

案例 11 LED 数码管显示的计数器设计

1. 案例介绍

用单片机实现二位数的脉冲计数控制，计数范围为 0～99，并将计数值在数码管上显示出来。

2. 硬件电路

二位数显示需要 2 个数码管，选择 2 联的数码管，共 10 个引脚，电路如图 6-1 所示。当 P2.7 为低电平时，三极管 T1 导通，共阳极数码管 L1 为高电平，左边的数码管点亮；当 P2.6 为低电平时，三极管 T2 导通，共阳极数码管 L2 为高电平，右边的数码管点亮。轮流扫描点亮 2 个数码管，实现动态显示。

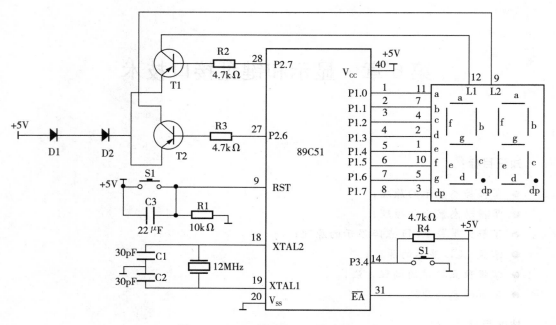

图 6-1 LED 数码管显示的计数电路

3. 程序设计

计数值是在 0~99 内,定时/计数器工作方式可以选择方式 2 比较好,下面的程序采用 T0 来实现,计数脉冲从 P3.4 输入。

```
#include "reg51.h"
unsigned  char  code
tab[10] = { 0xc0,0xf9,0xa4,0xb0,0x99,0x92,0x82,0xf8,0x80,0x90};
                              //0~9 共阳极字型码
unsigned char a[2],count;
void display();              //显示函数
void  delay(unsigned char i);  //延时函数
void main()
{

    TMOD = 0x06;              //T0  方式 2,计数功能
    TH0 = 0x00;              //T0 初值
    TL0 = 0x00;
    TR0 = 1;                 //启动 T0
    while(1)
    { display() ;
    }
}
/ *************************************************************
```

显示函数
** /
```
void display()
{
  unsigned int b,w = 0x80；
  count = TL0；
  a[0] = count/10；          //计数值十位
  a[1] = count % 10；        //计数值个位
for(b = 0;b＜2;b + + )
  {
  P2 = ～w；                 //位码送 P2
  P1 = tab[a[b]]；           //段码送 P1
  delay(10)；
  w = w＞＞1；
}
}
void   delay(unsigned char i)
{
    unsigned char j,k；
    for(k = 0;k＜i;k + + )
      for(j = 0;j＜255;j + + );
}
```

　　在单片机应用系统中,显示器是最常用的输出设备。常用的显示器有:发光二极管
(LED)、液晶显示器(LCD)和荧光屏显示器。其中以数码管显示最便宜,而且它的配置灵
活,与单片机接口简单,广泛用于单片机系统中。

6.1.1　LED 数码管的结构及原理

　　LED 数码管显示器实由发光二极管按一定的结构组合起来的显示器件。在单片机应用系
统中通常使用的是 8 段式 LED 数码管显示器,它有共阴极和共阳极两种,如图 6-2 所示。

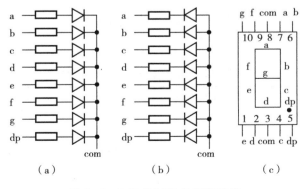

图 6-2　8 段式 LED 数码管结构

LED 数码管的 a~g 七个发光二极管。共阴极 LED 显示器的发光二极管的阴极连在一起,通常此公共阴极接地。当某个发光二极管的阳极为高电平时,发光二极管点亮,相应的段被显示。同样,共阳极 LED 显示器的发光二极管的阳极连在一起,通常此公共阳极接正电压,当某个发光二极管的阴极接低电平时,发光二极管被点亮,相应的段被显示 。常见的数字和字符的共阴极和共阳极的字段码见表 6-1。

LED 数码管在显示时,通常有静态显示方式和动态显示方式。

6.1.2 LED 静态显示

静态显示是指数码管显示某一字符时,相应的发光二极管恒定导通或恒定截止。所谓译码方式是指显示字符转换得到对应的字段码的方式。对于 LED 数码管显示器,通常的译码方式有硬件译码方式和软件译码方式。

1. 硬件译码静态显示

硬件译码方式是指利用专门的硬件电路来实现显示字符到字段码的转换,如芯片74LS47,74LS47 是共阳极一位十六进制数——字段码转换芯片,能够输出用四位二进制表示形式的一位十六进制数的七位字段码,不带小数点。输入 A 、B 、C 和 D 接收四位二进制码,输出 a~g 为低电平有效,可直接驱动共阳极显示器,三个辅助控制端$\overline{LT}$、$\overline{RBI}$、$\overline{BI/RBO}$,以增强器件的功能,扩大器件应用,正常工作时,全为高电平。与单片机的连接如图 6-3所示。

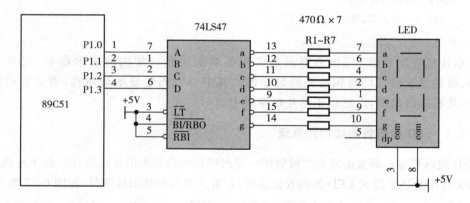

图 6-3 硬件译码静态显示电路

表 6-1 常见的数字和字符的共阴极和共阳极的字段码

显示字符	共阴极字段码	共阳极字段码	显示字符	共阴极字段码	共阳极字段码
0	3FH	C0H	C	39H	C6H
1	06H	F9H	D	5EH	A1H
2	5BH	A4H	E	79H	86H
3	4FH	B0H	F	71H	8EH

（续表）

显示字符	共阴极字段码	共阳极字段码	显示字符	共阴极字段码	共阳极字段码
4	66H	99H	P	73H	8CH
5	6DH	92H	U	3EH	C1H
6	7DH	82H	T	31H	CEH
7	07H	F8H	Y	6EH	91H
8	7FH	80H	L	38H	C7H
9	6FH	90H	8.	FFH	00H
A	77H	88H	"灭"	00	FFH
B	7CH	83H	……	……	……

硬件译码静态显示的程序如下：

【汇编程序】

```
; *************************************************************
;　描述：　功能为数码管轮流显示"1～4"
; *************************************************************
        ORG 0000H;开始
        AJMP LOOP
        ORG 0030H
LOOP：MOV P1,#1              ;P1 口送数字 1
        LCALL DELAY           ;延时
        MOV P1,#2              ;P1 口送数字 2
        LCALL DELAY           ;延时
        MOV P1,#3
        LCALL DELAY
        MOV P1,#4
        LCALL DELAY
        LJMP LOOP             ;重新开始
DELAY:MOV R5,#50            ;延时子程序
    D1：MOV R6,#40
    D2：MOV R7,#248
        DJNZ R7,$
        DJNZ R6,D2
        DJNZ R5,D1
        RET
```

【C 程序】

```
# include ＜reg51.h＞
```

```
void delay(unsigned char i);          //延时函数申明
void main()
{
        while(1) {
        P1 = 1; delay(200);            //1 送 P1 口,延时
        P1 = 2; delay(200);
        P1 = 3; delay(200);
        P1 = 4; delay(200);
        }
}
void  delay(unsigned char i)          //延时函数
{
        unsigned char j,k;
        for(k = 0;k<i;k + +)
        for(j = 0;j<255;j + +);
}
```

硬件译码时要显示一个数字,只须送出这个数字的 4 位二进制编码即可,软件开销较小,但硬件线路复杂,需要增加硬件译码芯片,因而硬件造价相对较高。

2. 软件译码静态显示

软件译码方式就是编写软件译码程序,通过译码程序来得到要显示的字符的字段码。译码程序通常为查表程序,软件开销大,但硬件线路简单,因而在实际系统中经常用到。这种显示方式的各位数码管的公共端恒定接地(共阴极)或+5V(共阳极)。每个数码管的八个段控制引脚分别与一个八位 I/O 端口相连。只要 I/O 端口有显示字型码输出,数码管就显示给定字符,并保持不变,直到 I/O 口输出新的段码。如图 6－4 所示。

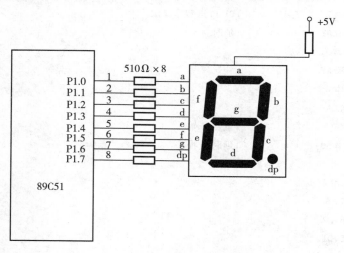

图 6－4　软件译码静态显示电路

软件译码静态显示的程序如下:

【汇编程序】

```
*******************************************************
;描述:功能为数码管轮流显示"0~9"
;*******************************************************
        ORG 0000H
        AJMP MAIN
        ORG 0030H
MAIN: MOV SP,#60H          ;堆栈赋初值
        MOV R1,#10
        MOV R0,#00H
LOOP: MOV DPTR,#TAB        ;表格的首地址送 DPTR
        MOV A,R0
        MOVC  A,@A+DPTR    ;查表
        MOV P1,A           ;字型码送 P1 口
        LCALL DELAY        ;延时
        INC R0             ;要显示的下一个数字
        DJNZ R1,LOOP
        AJMP MAIN
        TAB:DB 0C0H,0F9H,0A4H,0B0H,99H,92H,82H,0F8H,80H,90H
                            ;0~9 的共阳极字型码
DELAY:MOV  R5,#20;延时子程序
   DE1:MOV  R6,#200
   DE2:MOV  R7,#123
   DE3:DJNZ  R7,DE3
        DJNZ  R6,DE2
        DJNZ  R5,DE1
        RET
        END
```

【C 程序】

```c
#include <reg51.h>
unsigned char led[ ]={0xc0,0xf9,0xa4,0xb0,0x99,0x92,0x82,0xf8,0x80,0x90}
                            //0~9 的共阳极字型码
void delay(unsigned char i);
void main()
{
    unsigned char i;
    while(1) {
    for(i=0;i<10;i++)
    {P1=led[i];delay(200);}
            }
}
```

```
void   delay(unsigned char i)
{
    unsigned char j,k;
    for(k = 0;k＜i;k + +)
    for(j = 0;j＜255;j + +);
}
```

6.1.3 LED 动态显示

软件译码静态显示结构简单,显示方便,如果数码管个数少,用起来方便,但占用比较多的 I/O 口线,所以当数码管数目较多时,往往采用动态显示方式。

动态显示是一种按位轮流点亮各位数码管的显示方式,即在某一时段,只让其中一位数码管"位选端"有效,并送出相应的字型显示编码。此时,其他位的数码管因"位选端"无效而都处于熄灭状态;下一时段按顺序选通另外一位数码管,并送出相应的字型显示编码,依此规律循环下去,即可使各位数码管分别间断地显示出相应的字符。这一过程称为动态扫描显示。动态显示电路如图 6-5 所示。

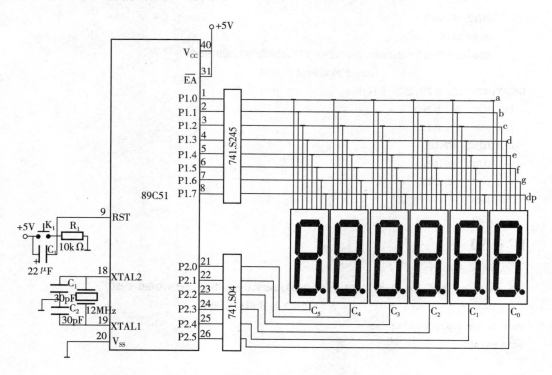

图 6-5 6 位数码管动态显示电路

程序如下:

【汇编程序】

/ ***

描述:功能为六位数码管动态显示"012345"

*** /

```
        ORG  0000H
        AJMP MAIN
        ORG  0030H
MAIN: CLR P2.0              ;选中第一个数码管
      MOV P1 , #0C0H        ;显示 0
      LCALL DELAY           ;延时
      MOV P1 , #0FFH        ;关显示
      SETB  P2.0
      CLR  P2.1             ;选中第二个数码管
      MOV  P1 , #0F9H       ;显示 1
      LCALL  DELAY
      MOV  P1 ,  #0FFH
      SETB P2.1
      CLR  P2.2             ;选中第三个数码管
      MOV P1,#0A4H          ;显示 2
      LCALL  DELAY
      MOV P1 , #0FFH
      SETB P2.2
      CLR  P2.3             ;选中第四个数码管
      MOV P1 , #0B0H        ;显示 3
      LCALL  DELAY
      MOV  P1 ,#0FFH
      SETB  P2.3
      CLR P2.4 ;            ;选中第五个数码管
      MOV P1  , #99H        ;显示 4
      LCALL  DELAY
      MOV P1 , #0FFH
      SETB  P2.4
      CLR  P2.5             ;选中第六个数码管
      MOV  P1 , #92H        ;显示 5
      LCALL  DELAY
      MOV P1 ,  #0FFH
      SETB  P2.5
      AJMP  MAIN
DELAY:MOV  R7 ,  #2
   D1:MOV R6 , #25
   D2:DJNZ R6 , D2
      DJNZ R7 , D1
      RET
      END
```

【C 程序】

```c
#include <reg51.h>
Void delay( unsigned char i);
void main()                        //主函数
{
  unsigned char led[] = {0xc0,0xf9,0xa4,0xb0,0x99,0x92};
                                   //设置数字 0~5 字型码
    unsigned char a,w;
    while(1) {
      w = 0x01;                    //位选码初值为 01H
      for(a = 0;a<6;a++)
      {
        P2 = ~w;                   //位选码取反后送位控制口 P2 口
        w<<= 1;                    //位选码左移一位,选中下一位 LED
        P1 = led[a];               //显示字型码送 P1 口
        delay(200);
      }
    }
}
void   delay(unsigned char i)
{
    unsigned char j,k;
    for(k = 0;k<i;k++)
    for(j = 0;j<255;j++);
}
```

6.2 LED 大屏幕显示器接口技术

知识点:

● 掌握 LED 点阵显示原理;
● 掌握 8×8 点阵显示的编程方法;
● 掌握 16×16 点阵显示的编程方法。

案例 12 LED 点阵电子广告牌控制

1. 案例介绍

利用单片机控制一块 16×16 点阵式电子广告牌,将一些特定的文字或图形以特定的方式显示出来。要求轮流显示"生日快乐"四个汉字。

2. 硬件电路

16×16 的点阵来说,先送出对应第 1 行发光管亮灭的数据并锁存,然后选通第 1 行使其亮一定的时间,然后熄灭;再送出第 2 行的数据并锁存,然后选通第 2 行使其亮相同的时间,然后熄灭;…… 第 16 行之后,又重新亮第 1 行。当这样轮回的速度足够快(每秒 24 次以上),由于人眼的视觉暂留现象,就能看到显示屏上稳定的图形了。

显示数据通常存储在单片机的存储器中,按 8 位一个字节的形式顺序排放。显示时要把一行中各列的数据都传送到相应的列驱动器上去,这就存在一个显示数据传输的问题。

用单片机 P0、P2 控制列线,一条行线上要带动 16 列的 LED 进行显示,按每一 LED 器件 20 mA 电流计算,16 个 LED 同时发光时,需要 320 mA 电流,选用电流大于 350 mA NPN 型三极管作为驱动管可满足要求。P1 口低 4 位输出的行号经 4/16 线译码器 74LSl54 译码后生成 16 条行选通信号线,再经过驱动器驱动对应的行线。电路如图 6-6 所示。

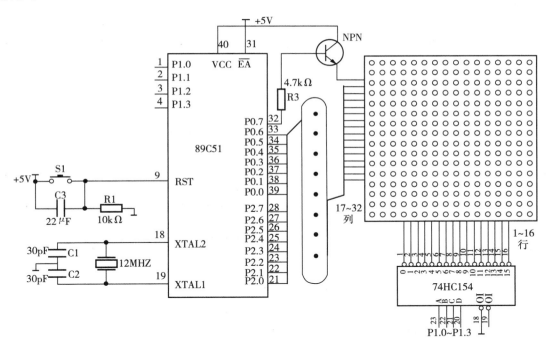

图 6-6　单片机控制 16×16 点阵显示电路

3. 程序设计

```c
#include "reg51.h"
void delay1ms();
void main()
{
unsigned char code led[4][32] = {
{0x00,0x00,0x7F,0xFE,0x00,0x84,0x00,0x80,
0x00,0x80,0x00,0x80,0x00,0x80,0x9F,0xFC,
```

```
        0x40,0x88,0x20,0x80,0x20,0x80,0x1F,0xFC,
        0x10,0x88,0x10,0x80,0x10,0xC0,0x00,0x80},            //生
        {0x00,0x00,0x00,0x00,0x10,0x10,0x1F,0xF0,
        0x10,0x10,0x10,0x10,0x10,0x10,0x10,0x10,
        0x1F,0xF0,0x10,0x10,0x10,0x10,0x10,0x10,
        0x10,0x10,0x10,0x10,0x00,0x00,0x1F,0xF0},            //日
        {0x28,0x04,0x24,0x0E,0x22,0x18,0x22,0x10,
        0x21,0x20,0x21,0x40,0x21,0x40,0x20,0x80,
        0xA0,0x88,0x2F,0xFE,0xA8,0x88,0xA8,0x88,
        0x20,0x80,0x37,0xF8,0x20,0x80,0x20,0x80},            //快
        {0x00,0x00,0x01,0x00,0x42,0x84,0x24,0x86,
        0x30,0x8C,0x18,0x88,0x0C,0x90,0x08,0x80,
        0x3F,0xFC,0x10,0x80,0x10,0x80,0x10,0x80,
        0x1F,0x00,0x10,0x80,0x00,0x30,0x01,0xF8}             // 乐
        };
            unsigned char i,j,k;
            unsigned int m;
            while(1) {
              for(k = 0;k<4;k + + )
        {        delay1ms();
              for(m = 0;m<400;m + + )                        //每个字符扫描 400 次
              {
              for(i = 0;i<16;i + + )
                {
                P1 = i;                                       // 行数据送 P1 口
                j = 2 * i;
                P0 = led[k][j];                               //列数据送 P0、P2 口
                P2 = led[k][j + 1];
        delay1ms();
                }
              }
            }
          }
        }
        void delay1ms()                                      //延时 1ms
        {
          unsigned char   i;
          for(i = 0;i<125;i + + );
        }
```

6.2.1 LED 大屏幕显示器的结构和原理

LED 大屏幕显示器不仅能显示文字,还可以显示图形、图像,并且能产生各种动画效

果,是广告宣传、新闻传播的有力工具。LED 大屏幕显示器不仅有单色显示,还有彩色显示,其应用越来越广泛,已经渗透人们的日常生活中。

　　LED 点阵显示器是把很多 LED 发光二极管按矩阵方式排列在一起,通过对每个 LED 进行发光控制,完成各种字符或图形的显示。最常见的 LED 点阵显示模块有 5×7(5 列 7 行),7×9(7 列 9 行),8×8(8 列 8 行)结构。

　　LED 点阵由一个一个的点(LED 发光二极管)组成,总点数为行数与列数之积,引脚数为行数与列数之和。

　　我们将一块 8×8 的 LED 点阵剖开来看,其内部等效电路如图 6-7 所示。它由 8 行 8 列 LED 构成,对外共有 16 个引脚,其中 8 根行线(Y0～Y7)用数字 0～7 表示,8 根列线(X0～X7)用字母 A～H 表示。

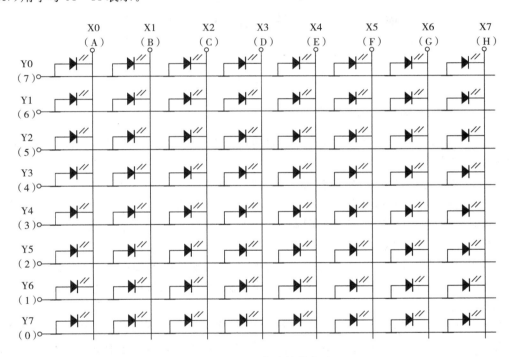

图 6-7　LED 点阵等效电路

　　从图 6-7 可以看出,点跨接在某行某列的 LED 发光二极管的发光的条件是:对应的行数处高电平,对应的列输出低电平。例如 Y7=1,X7=0 时,对应的右下角的 LED 发光。如果在很短的时间内一次点亮多个发光二极管,我们就可以看到多个二极管稳定点亮,即看到要显示的数字、字母或者其他图形符号,这就是动态显示原理。

　　下面介绍如何用 LED 大屏幕稳定显示一个字符。

　　假设需要显示"大"字,则 8×8 点阵需要点亮的位置如图 6-8 所示。

　　显示"大"字的过程如下:先给第行送高电平(行高电平有效),同时给 8 列送 11110111(列低电平有效),然后给第 2 行送高电平,同时给 8 列送 11110111,……最后给第 8 行送高电平,同时给 8 列送 11111111。每行点亮延时时间为 1ms,第 8 行结束再从第 1 行开始循环显示。利用视觉驻留现象,人们看到的就是一个稳定的"大"字。

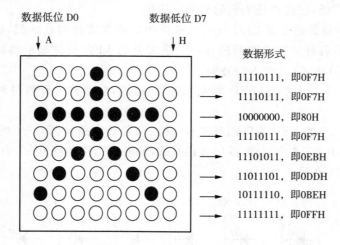

图 6-8 "大"字显示字型码

6.2.2 LED 大屏幕显示器接口

用单片机控制一个 8×8ALED 点阵需要使用两个并行端口,一个端口控制行线,另一个端口控制列线。

显示过程以行扫描方式进行,扫描显示过程是每次显示一行 8 个 LED,显示时间为行周期,8 行扫描显示完成后开始新一轮扫描,这段时间称为场周期。行与行之间延时 1~2ms。延时时间受 50Hz 闪烁频率的限制,不能太大,应保证扫描所有 8 行(即一帧数据)所有的时间之和在 20ms 以内。

用单片机控制一块 8×8LED 点阵式电子广告牌的硬件电路如图 6-9 所示。每一块 8×8LED 点阵式电子广告牌有 8 行 8 列共 16 个引脚,采用单片机的 P1 口控制 8 条行线,P0 口控制 8 条列线。

在 8×8LED 点阵上稳定显示一个字符的程序设计思路如下:首先选中第 1 行,然后将该行要点亮状态所对应的字型码,送到列控制端口,延时约 1ms 后,选中下一行,在传送该行对应的字型码,直至 8 行均显示一遍。时间约 8ms,即完成一遍扫描显示。然后再从第 1 行新欢扫描显示,利用视觉驻留,人们看到一个稳定的字符。多个字符的现实则在一个字符显示程序的基础上再外嵌入一个循环即可。

在 8×8LED 点阵式电子广告牌上循环显示数字 0~9 的程序如下:

```
#include  "reg51.H"
void delay();//延时约 1ms 函数声明
void main()
{
  unsigned char code led[] = {0x18,0x24,0x24,0x24,0x24,0x24,0x24,0x18,  //0
0x00,0x18,0x1c,0x18,0x18,0x18,0x18,0x18,    //1
0x00,0x1e,0x30,0x30,0x1c,0x06,0x06,0x3e,    //2
```

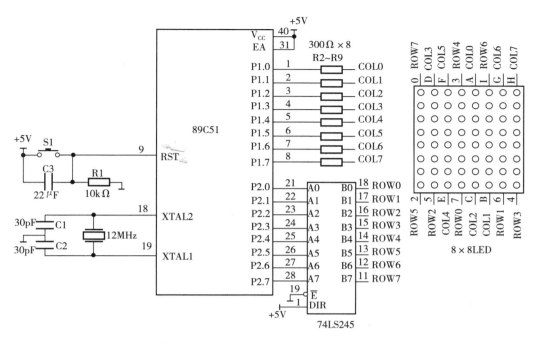

图 6 - 9　8×8LED 点阵式电子广告牌电路

```
0x00,0x1e,0x30,0x30,0x1c,0x30,0x30,0x1e,     //3
0x00,0x30,0x38,0x34,0x32,0x3e,0x30,0x30,     //4
0x00,0x1e,0x02,0x1e,0x30,0x30,0x30,0x1e,     //5
0x00,0x1c,0x06,0x1e,0x36,0x36,0x36,0x1c,     //6
0x00,0x3f,0x30,0x18,0x18,0x0c,0x0c,0x0c,     //7
0x00,0x1c,0x36,0x36,0x1c,0x36,0x36,0x1c,     //8
0x00,0x1c,0x36,0x36,0x36,0x3c,0x30,0x1c};    //9
unsigned char w;
unsigned int i,j,k,m;
while(1) {
    for(k = 0;k<10;k + + )           //字符个数控制变量
    {
      for(m = 0;m<400;m + + )        //每个字符扫描显示 400 次,控制每个字符显示时间
      {
        w = 0x01;                    //行变量 w 指向第一行
        j = k * 8;                   //指向数组 led 的第 k 个字符第一个显示码下标
        for(i = 0;i<8;i + + )
        {
          P1 = w;                    //行数据送 P1 口
          P0 = led[j];               //列数据送 P0 口
          delay();
          w<< = 1;                   //行变量左移指向下一行
```

```
        j++;                        //指向数组中下一个显示码
      }
    }
  }
}
void delay()                        //采用软件实现延时约1ms
{
  unsigned char  i;
  for(i=0;i<125;i++);
}
```

采用二维数组实现的 8×8LED 点阵式电子广告牌控制程序如下：

```
#include"reg51.h"
void delay1ms();                                //延时约1ms函数声明
void main()                                     //主函数
{
  unsigned char code led[][] = {{0x18,0x24,0x24,
  0x24,0x24,0x24,0x24,0x18},                     //0
{0x00,0x18,0x1c,0x18,0x18,0x18,0x18,0x18},       //1
{0x00,0x1e,0x30,0x30,0x1c,0x06,0x06,0x3e},       //2
{0x00,0x1e,0x30,0x30,0x1c,0x30,0x30,0x1e},       //3
{0x00,0x30,0x38,0x34,0x32,0x3e,0x30,0x30 ,       //4
{0x00,0x1e,0x02,0x1e,0x30,0x30,0x30,0x1e},       //5
{0x00,0x1c,0x06,0x1e,0x36,0x36,0x36,0x1c},       //6
{0x00,0x3f,0x30,0x18,0x18,0x0c,0x0c,0x0c},       //7
{0x00,0x1c,0x36,0x36,0x1c,0x36,0x36,0x1c},       //8
{0x00,0x1c,0x36,0x36,0x36,0x3c,0x30,0x1c}};      //9
unsigned char w;
unsigned int i,j,k,m;
while(1) {
    for(k=0;k<10;k++)                           //第一维下标取值范围 0～9
    {
      for(m=0;m<400;m++)
      {
        w=0x01;
        for(j=0;j<8;j++)                        //第二维下标取值范围 0～7
          {
          P1=w;
          P0=led[k][j];                         //将指定数组元素赋值给 P0 口
          delay1ms();
          w<<=1;
```

```
                }
            }
        }
}
void delay()                                    //采用软件实现延时约 1ms
{
    unsigned char   i;
    for(i = 0;i<0x10;i + +);
}
```

6.3　LCD 显示器接口技术

知识点：

- 了解液晶显示模块的接口信号；
- 了解 LCD1602 的液晶的操作时序，并能根据时序写出驱动程序；
- 掌握液晶显示模块的硬件电路设计；
- 了解液晶显示的相关操作指令。

案例 13　字符型 LCD 液晶显示广告牌控制

1. 案例介绍

用单片机控制 LCD1602 字符液晶模块，在第 1 行正中间显示"Good　morning"字符。

2. 硬件电路

单片机与 LCD1602 液晶显示器连接电路如图 6-10 所示。在图中，单片机的 P1 口与液晶模块的 8 条数据线相连，P3 口的 P3.0、P3.1、P3.2 分别与液晶模块的三个控制端 RS、R/W、E 连接，电位器 R2 为 VO 提供可调的液晶驱动电压，用以实现对显示对比度进行调节。

3. 程序设计

```
# include <reg51. h>

# include <intrins. h>
sbit RS = P3^0;
sbit RW = P3^1;
sbit E = P3^2;

void lcd_w_cmd(unsigned char com);
void lcd_w_dat(unsigned char dat);
unsigned char lcd_r_start();
```

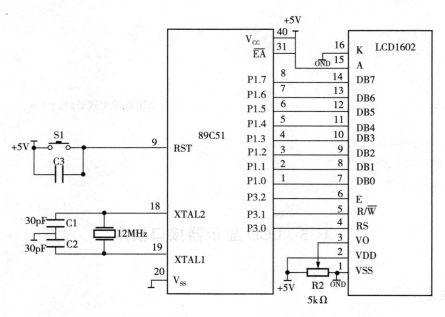

图 6-10 单片机与 LCD1602 液晶显示器连接电路

```c
void int1();
void delay(unsigned char t);
void delay1();
void main()
{
    unsigned char lcd[] = {"Good  morning"};
    unsigned char i;
    P1 = 0xff;
    int1();
    delay(255);
    lcd_w_cmd(0x83);
    delay(255);
    for(i = 0;i<12;i + + )
    {
    lcd_w_dat(lcd[i]);
    delay(200);
    }
    while(1);
}

void delay(unsigned char t)
{
    unsigned char j,i;
    for(i = 0;i<t;i + + )
```

```
        for(j = 0;j<50;j + + );
}

void delay1()
{
    _nop_();
    _nop_();
    _nop_();
}
/ ******************************************************
初始化函数
 ****************************************************** /
void int1()
{
    lcd_w_cmd(0x3c);
    lcd_w_cmd(0x0e);
    lcd_w_cmd(0x01);
    lcd_w_cmd(0x06);
}
/ ******************************************************
启动函数
 ****************************************************** /
unsigned char lcd_r_start()
{
    unsigned char s;
    RW = 1;
    delay1();
    RS = 0;
    delay1();
    E = 1;
    delay1();
    s = P1;
    delay1();
    E = 0;
    delay1();
    RW = 0;
    delay1();
    return(s);
}
/ ******************************************************
写命令函数
 ****************************************************** /
```

```
void lcd_w_cmd(unsigned char com)
{
    unsigned char i;
    do {
        i = lcd_r_start();
        i = i&0x80;
        delay(2);
        } while(i!  = 0);
    RW = 0;
    delay1();
    RS = 0;
    delay1();
    E = 1;
    delay1();
    P1 = com;
    delay1();
    E = 0;
    delay1();
    RW = 1;
    delay(255);
    }
/ ***************************************************
写数据函数
*************************************************** /
void lcd_w_dat(unsigned char dat)
{
    unsigned char i;
    do {
    i = lcd_r_start();
    i = i&0x80;
    delay(2);
    } while(i!  = 0);
  RW = 0;
  delay1();
  RS = 1;
  delay1();
  E = 1;
  delay1();
  P1 = dat;
  delay1();
  E = 0;
  delay1();
```

```
    RW = 1;
    delay(255);
}
```

液晶显示器简称 LCD 显示器,它是利用液晶经过处理后能改变光线的传输方向的特性来实现显示信息的。液晶显示器具有体积小、重量轻、功耗极低、显示内容丰富等特点,因而在单片机应用系统中得到广泛的应用。液晶显示器按其功能可分为三类:笔段式液晶显示器、字符点阵式液晶显示器和图形点阵式液晶显示器。前两种可显示数字、字符和符号,而图形点阵式液晶显示器还可以显示汉字和任意图形,达到图文并茂的效果。

6.3.1　字符型点阵式 LCD 液晶显示器

字符型液晶显示模块是一种专门用于显示字母、数字、符号等的点阵式液晶显示模块。它是由若干个 5×7 或 5×11 点阵字符位构成的,每一个点阵字符位都可以显示一个字符。

要使点阵型 LCD 液晶显示器,必须有相应的 LCD 显示器、驱动器来对 LCD 显示器进行扫描、驱动,以及一定空间的 ROM、RAM 来存储写入的命令和显示字符的点阵。现在往往将 LCD 控制器、驱动器、RAM、ROM 和 LCD 显示器连接在一起,称为液晶显示模块 LCM 。使用时,只要向 LCM 送入相应的命令和数据就可以实现显示所需的信息。

目前市面上常用的字符液晶显示模块有 16 字×1 行、16 字×2 行、20 字×2 行和 40 字×2 行等。这些 LCM 虽然显示字数各不相同,但是都具有相同的 I/O 界面。下面将以 16 ×2 字符型液晶显示模块 RT－1602C(图 1－11)为例,详细介绍字符型液晶显示模块的应用。

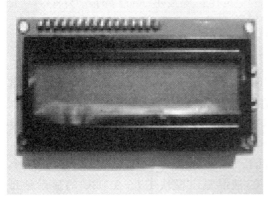

图 6－11　RT－1602C 的外观

RT－1602C 采用标准的 16 脚接口,各引脚情况如下:

第 1 脚:VSS,电源地;

第 2 脚:VDD,＋5V 电源;

第 3 脚:VO,液晶显示偏压信号;

第 4 脚:RS,数据/命令选择端,高电平时选择数据寄存器、低电平时选择指令寄存器。

第 5 脚:R/W,读/写选择端,高电平时进行读操作,低电平时进行写操作。当 RS 和 R/W 共同为低电平时可以写入指令或者显示地址,当 RS 为低电平 R/W 为高电平时可以读忙信号,当 RS 为高电平 R/W 为低电平时可以写入数据。

第 6 脚:E 端为使能端,当 E 端由高电平跳变成低电平时,液晶模块执行命令。

第 7~14 脚:D0~D7,为 8 位双向数据线。

第 15 脚:BLA,背光源正极。

第 16 脚:BLK,背光源负极。

6.3.2 字液晶显示模块 RT－C1602C 的内部结构

字液晶显示模块 RT－C1602C 的内部结构可以分成 3 部分:一为 LCD 控制器,二为 LCD 驱动器,三为 LCD 显示装置,如图 6－12 所示。

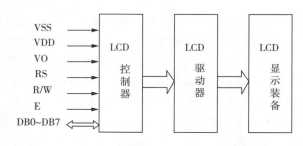

图 6－12　RT－C1602C 的内部结构

控制器采用 HD44780,驱动器采用 HD44100。HD44780 是集控制器、驱动器于一体,专门用于字符显示控制驱动的集成电路。HD4410 是作扩展显示字符位的。HD44780 是字符液晶显示控制的代表电路。

HD44780 集成电路的特点:

(1)可选择 5×7 或 5×11 点字符。

(2)HD44780 不仅作为控制器而且还具有驱动 40×16 点阵液晶像素的能力,在外部加一 HD44100 外扩展多 40 路/列驱动,则可驱动 16×2LCD。

(3)HD44780 内藏显示缓冲区 DDRAM、字符发生存储器(ROM)及用户自定义的字符发生器 CGRAM。

HD44780 有 80 个字节的显示缓冲区,分两行,地址分别为 00H~27H,40H~67H,它的实际显示位置的排列顺序跟 LCD 的型号有关,液晶显示模块 RT－1602C 的显示地址与实际显示位置的关系如图 6－13 所示。HD44780 内藏的字符发生存储器(ROM)已经存储了 160 个不同的点阵字符图形,如图 6－14 所示。

这些字符有:阿拉伯数字、英文字母的大小写、常用的符号、和日文假名等,每一个字符都有一个固定的代码。比如数字"1"的代码是 00110001B(31H),又如大写的英文字母"A"的代码是 01000001B(41H),可以看出英文字母的代码与 ASCII 编码相同。要显示"1"时,我们只需将 ASCII 码 31H 存入 DDRAM 指定位置,显示模块将在相应的位置把数字"1"的点阵字符图形显示出来,我们就能看到数字"1"

(4)HD44780 具有 8 位数据和 4 位数据传输两种方式,可与 4/8 位 CPU 相连。

(5)HD44780 具有简单而功能较强的指令集,可实现字符移动、闪烁等显示功能。

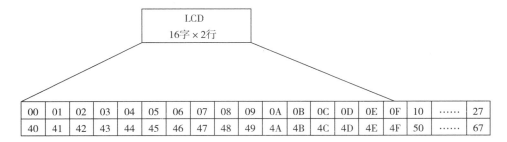

LCD
16字×2行
00 01 02 03 04 05 06 07 08 09 0A 0B 0C 0D 0E 0F 10 …… 27
40 41 42 43 44 45 46 47 48 49 4A 4B 4C 4D 4E 4F 50 …… 67

图 6 - 13　RT - 1602C 的显示地址与实际显示位置的关系图

Upper 4 Bit
Lower 4 Bit
0000 0001 0010 0011 0100 0101 0110 0111 1000 1001 1010 1011 1100 1101 1110 1111
CG RAM (1)
××××0000
××××0001
××××0010
××××0011
××××0100
××××0101
××××0100
××××0111
××××1000
××××1001
××××1010
××××1011
××××1100
××××1101
××××1110
××××1111

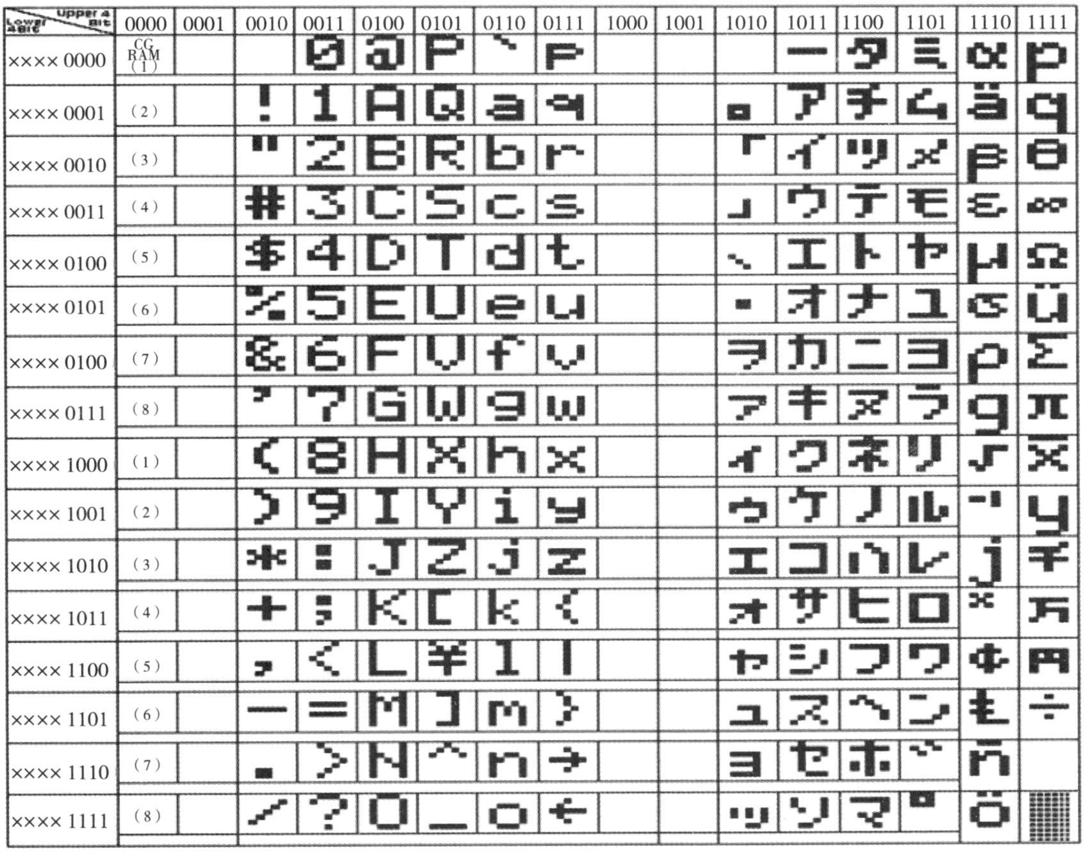

图 6 - 14　点阵字符图形

6.3.3　指令格式与指令功能

LCD 控制器 HD44780 内有多个寄存器，通过 RS 和 R/W 引脚共同决定选择哪一个寄存器，选择情况见表 6 - 2。

表 6 - 2   HD44780 内部寄存器选择表

RS	R/W	寄存器及操作
0	0	指令寄存器写入
0	1	忙标志和地址计数器读出
1	0	数据寄存器写入
1	1	数据寄存器读出

总共有 11 条指令,它们的格式和功能如下:

(1)清屏命令

格式:

RS	R/W	D7	D6	D5	D4	D3	D2	D1	D0
0	0	0	0	0	0	0	0	0	1

功能:清除屏幕,将显示缓冲区 DDRAM 的内容全部写入空格(ASCII20H)。

光标复位,回到显示器的左上角。

地址计数器 AC 清零。

(2)光标复位命令

格式:

RS	R/W	D7	D6	D5	D4	D3	D2	D1	D0
0	0	0	0	0	0	0	0	1	0

功能:光标复位,回到显示器的左上角。

地址计数器 AC 清零。

显示缓冲区 DDRAM 的内容不变。

(3)输入方式设置命令

格式:

RS	R/W	D7	D6	D5	D4	D3	D2	D1	D0
0	0	0	0	0	0	0	1	I/D	S

功能:设定当写入一个字节后,光标的移动方向以及后面的内容是否移动。

当 I/D=1 时,光标从左向右移动;I/D=0 时,光标从右向左移动。

当 S=1 时,内容移动,S=0 时,内容不移动。

(4)显示开关控制命令

格式:

RS	R/W	D7	D6	D5	D4	D3	D2	D1	D0
0	0	0	0	0	0	1	D	C	B

功能：控制显示的开关，当 D＝1 时显示，D＝0 时不显示。

控制光标开关，当 C＝1 时光标显示，C＝0 时光标不显示。

控制字符是否闪烁，当 B＝1 时字符闪烁，B＝0 时字符不闪烁。

（5）光标移位置命令

格式：

RS	R/W	D7	D6	D5	D4	D3	D2	D1	D0
0	0	0	0	0	1	S/C	R/L	*	*

功能：移动光标或整个显示字幕移位。

当 S/C＝1 时整个显示字幕移位，当 S/C＝0 时只光标移位。

当 R/L＝1 时光标右移，R/L＝0 时光标左移。

（6）功能设置命令

格式：

RS	R/W	D7	D6	D5	D4	D3	D2	D1	D0
0	0	0	0	1	DL	N	F	*	*

功能：设置数据位数，当 DL＝1 时数据位为 8 位，DL＝0 时数据位为 4 位。

设置显示行数，当 N＝1 时双行显示，N＝0 时单行显示。

设置字形大小，当 F＝1 时 5×10 点阵，F＝0 时为 5×7 点阵

（7）设置字库 CGRAM 地址命令

格式：

RS	R/W	D7	D6	D5	D4	D3	D2	D1	D0
0	0	0	1	CGRAM 的地址					

功能：设置用户自定义 CGRAM 的地址，对用户自定义 CGRAM 访问时，要先设定 CGRAM 的地址，地址范畴 0～63。

（8）显示缓冲区 DDRAM 地址设置命令

格式：

RS	R/W	D7	D6	D5	D4	D3	D2	D1	D0
0	0	1	DDRAM 的地址						

功能：设置当前显示缓冲区 DDRAM 的地址，对 DDRAM 访问时，要先设定 DDRAM 的

地址,地址范畴 0~127。

(9)读忙标志及地址计数器 AC 命令

格式:

RS	R/W	D7	D6	D5	D4	D3	D2	D1	D0
0	1	BF	AC 的值						

功能:读忙标志及地址计数器 AC。

当 BF=1 时则表示忙,这时不能接收命令和数据;BF=0 时表示不忙。低 7 位为读出的 AC 的地址,值为 0~127。

(10)写 DDRAM 或 CGRAM 命令

格式:

RS	R/W	D7	D6	D5	D4	D3	D2	D1	D0
1	0				写入的数据				

功能:向 DDRAM 或 CGRAM 当前位置中写入数据。对 DDRAM 或 CGRAM 写入数据之前须设定 DDRAM 或 CGRAM 的地址。

D7									
				读出的数据					

功能:从 DDRAM 或 CGRAM 当前位置中读邮数据。当 DDRAM 或 CGRAM 读出数据时,先须设定 DDRAM 或 CGRAM 的地址。

6.3.4 LCD 显示器的初始化

LCD 使用之前须对它进行初始化,初始化可通过复位完成,也可在复位后完成,初始化过程如下:

(1)清屏。

(2)功能设置。

(3)开/关显示设置。

(4)输入方式设置。

6.4 单片机与键盘接口

知识点:

● 了解按键的去抖动方式;

● 掌握软件延时去抖的方法;

● 掌握按键的编程方法。

案例 14　具有控制功能的秒表设计

1. 案例介绍

用单片机控制 2 位数码管实现 00～59 的简易秒表,并利用 3 个独立式按键实现秒表的启动、停止和复位功能。

2. 硬件电路

具有简单控制功能的秒表电路如图 6－15 所示。电路中用 P0 口控制两个数码管的 8个段选控制端,用 P2.7、P2.6 分别作为两个 LED 的数码管位选控制端。LED 采用共阳极数码管。3 个按键采用独立式键盘接法,三个按键连接到输入引脚 P3.5、P3.6 和 P3.7。

3 个按键均以查询方式实现键盘的输入状态的扫描,其中按键 1 为启动按钮,按键 2 为暂停按钮,按键 3 为清零按钮。

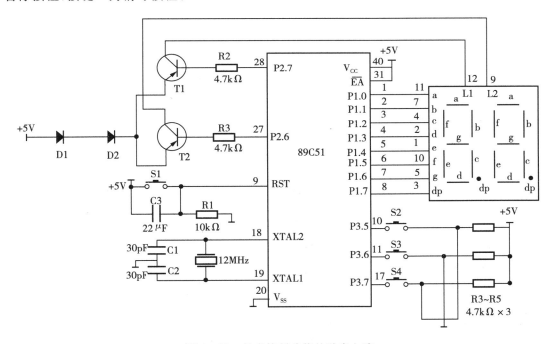

图 6－15　具有控制功能的秒表电路

3. 程序设计

采用定时器 0 实现 50ms 定时,采用中断方式编程,中断 20 次为 1s 计时。3 个按键均为查询方式实现键盘输入状态的扫描。

参考程序如下:

```
# include ＜reg51.h＞
unsigned char msec,sec;        //定义 msec 为 50ms 计数变量,sec 为秒变量
void delay(unsigned char i);   //延时函数
void T0_INT(void) interrupt 1  //定时器 0 中断类型号为 1
```

```
{
    THO = 0x3c;                    //50ms 定时初值
    TLO = 0xb0;
    msec + + ;                     //中断次数增1
    if(msec = = 20)//中断次数到20次吗?
    {
        msec = 0;                  //是,1秒计时到,50ms计数单元清零
        sec + + ;                  //秒单元加1
        if(sec = = 60)             //到60秒吗?
        {
            sec = 0;               //是,秒单元清零
        }
    }
}
//主函数
void main()
{
    unsigned char led[] = {0xc0,0xf9,0xa4,0xb0,0x99,0x92,0x82,0xf8,0x80,0x90};
                                   //定义数字0~9字型显示码
    unsigned char temp;
    TMOD = 0x01;                   //定时器0工作方式1
    THO = 0x3c;                    //50ms 定时初值
    TLO = 0xb0;
    EA = 1;                        //开总中断
    ET0 = 1;                       //开定时器0中断
    P3 = 0xff;                     //P3 口做输入
    while(1) {
        P2 = 0xBF;                 //选中P2.6控制的数码管
        P1 = led[sec % 10];        //显示秒个位
        delay(10);
        P2 = 0x7F;                 //选中P2.7控制的数码管
        P1 = led[sec/10];          //显示秒十位
        delay(10);
        temp = ~P3;                //读入P3口引脚状态并取反
        temp = temp&0xE0;          //屏蔽掉无关位,保留三位按键状态 x00000xx
        if(temp! = 0)              //判断有无按键按下
        {
            if(temp = = 0x20)      //按下启动按键
                    TR0 = 1;       //启动计数
            if(temp = = 0x40)      //按下停止按键
                    TR0 = 0;//停止计数
            if(temp = = 0x80)//按下复位键
```

```
            { TR0 = 0;sec = 0;msec = 0; }
    }

}
}
void    delay(unsigned char i)
{
    unsigned char j,k;
    for(k = 0;k<i;k + +)
      for(j = 0;j<255;j + +);
    }
```

6.4.1　键盘简介

　　键盘是由若干个按键组成的开关矩阵,它是最简单的单片机输入设备,通过键盘输入数据或命令,实现简单的人机对话。键盘上闭合键的识别是由专用硬件实现的,称为编码键盘,靠软件实现的称为非编码键盘。非编码键盘又有独立按键和矩阵键盘。

　　1. 键输入原理

　　在单片机应用系统中,除了复位按键有专门的复位电路以及专一的复位功能外,其他的按键或键盘都是以开关状态来设置控制功能或输入数据,这些按键不只是简单的电平输入。

　　当按下所设置的功能键或数字键时,计算机应用系统应完成该按键所设定的功能。键信息输入是与软件结构密切相关的过程。对于一组或一个按键,需要通过接口电路与 CPU 相连。CPU 可以采用查询或中断方式了解有无按键输入并检查是哪一个按键按下,并将该按键号送入累加器 ACC 中,然后通过跳转指令转入执行该键的功能程序,执行完又返回到原始状态。

　　2. 键输入接口与软件应解决的问题

　　键输入接口与软件应可靠而快速地实现键信息输入与执行键功能任务。为此,应解决以下问题。

　　(1)键开关状态的可靠输入

　　目前,无论是按键还是键盘,大部分都是利用机械触点的合、断作用。机械触点在闭合及断开瞬间由于弹性作用的影响,在闭合及断开瞬间均有抖动过程,从而使电压信号也出现抖动,如图 6 - 16 所示。抖动时间长短与开关机械特性有关,一般为 5～10ms。

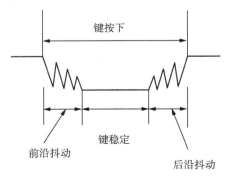

图 6 - 16　键闭合及断开时的电压波动

　　按键的稳定闭合时间,由操作人员的按键动作所确定,一般为十分之几秒至几秒时间。为了保证 CPU 对键的一次闭合仅作一次键输入处理,必须去除抖动影响。

　　通常去抖动影响的方法有硬软件两种。在硬件上是采取在键输出端加 R - S 触发器或单稳态电路构成去抖动电路。如图 6 - 17 所示。

　　如果按键较多,则常用软件方法去抖动,即检测出键闭合后执行一个延时程序产生 5～10ms 的延时,等前沿抖动消失后再一次检测键的状态,如果仍保持闭合状态电平,则确认为真正有键按下。当检测到按键释放后,也要给 5～10ms 的延时,待后沿抖动消失后才能转入该键的处理程序,从而去除了抖动影响。

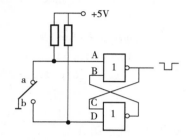

图 6 - 17　硬件消抖电路

　　(2)对按键进行编码以给定键值或直接给出键号

　　任何一组按键或键盘都要通过 I/O 线查询按键的开关状态。根据不同的键盘结构,采用不同的编码方法。但无论有无编码,以及采用什么编码,最后都要转换成为与累加器中数值相对应的键值,以实现按键功能程序的散转转移,因此一个完善的键盘控制程序应能完成下述任务:

● 监测有无按键按下;

● 有按键按下后,在无硬件去抖电路时,应用软件延时方法除去抖动影响;

● 可靠的逻辑处理办法,如 n 键锁定,即只处理一个键,其间任何按下又松开的键不产生影响,不管一次按键持续有多长时间,仅执行一次按键功能程序;

● 输出确定的键号以满足散转指令的要求。

　　3. 按键盘扫描子程序的调用方式分类

　　当按下按键时,则通过执行键盘扫描子程序找出按键的位置,并对按键进行识别。CPU调用键盘扫描子程序的方式有查询工作方式、定时扫描工作方式和中断工作方式 3 种。

　　(1)查询工作方式

　　在主程序中按一定的间隔设置调用键盘扫描子程序的命令。使 CPU 在执行主程序的过程中不断地对键盘进行扫描。

　　(2)定时扫描工作方式

　　在主程序中设置定时器为中断工作方式,键盘扫描子程序作为定时器的中断服务程序,每产生一次定时器中断调用一次键盘扫描子程序,达到定时扫描键盘的目的。

　　(3)中断工作方式

　　在中断方式中,按下按键时所产生的信号一方面送入单片机的端口,另一方面通过组合电路送入单片机的外部中断输入端。当按下按键时,向 CPU 发出中断请求,调用键盘扫描子程序

6.4.2　独立式按键

　　独立式按键是指直接用 I/O 口线构成的单个按键电路。每个独立式按键单独占有一根 I/O 口线,每根 I/O 口线的工作状态不会影响其他 I/O 口线的工作状态,这是一种最简单易懂的按键结构。

1. 独立式按键结构

独立式按键电路结构如图 6-18 所示。

独立式按键电路配置灵活,硬件结构简单,但每个按键必须占有一根 I/O 口线,在按键数量较多时,I/O 口线浪费较大。故只在按键数量较少时采用这种按键电路。

在此电路中,按键输入都采用低电平有效,上拉电阻保证了按键断开时,I/O 口线有确定的高电平。

6.4.3　矩阵式按键

如图 6-19 所示用单片机的 P1 口组成矩阵式键盘电路。图中行线 P1.4～P1.7 为输出状态。列线为

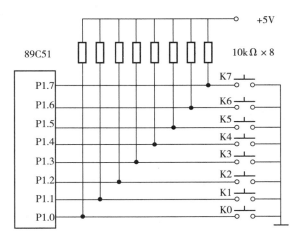

6-18　独立式按键电路

P1.0～P1.3,通过 4 个上拉电阻接+5V,处于输入状态。按键设置在行、列交点上,行、列线分别连接到按键开关的两端。

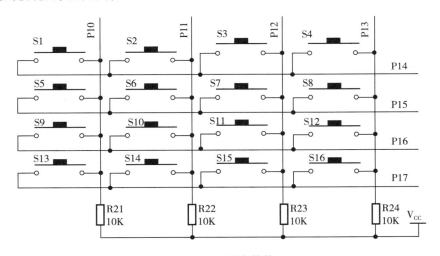

图 6-19　键盘结构

CPU 通过读取行线的状态,即可知道有无按键按下。当键盘上没有键闭合时,行、列线之间是断开的,所有的行线输入全部为高电平。当键盘上某个键被按下闭合时,则对应的行线和列线短路,行线输入即为列线输出。此时若初始化所有的列线输出为低电平,则通过检查行线输入值是否为全"1"即可判断有无按键按下。方法是:

①判断有无按键被按下。键被按下时,与此键相连的行线与列线导通,而列线电平在无键按下时处于高电平。显然,如果让所有的行线处于高电平,那么键按下与否都不会引起列线的变化,所以只有让所有行线处于低电平,当有键按下时,按键所在的列将被拉成低电平,根据此列电平的变化,便能判断一定有键被按下。

② 判断按键是否真的被按下。当判断出有键被按下时,用软件延时的方法延时 5～10ms,再判断键盘的状态,如果仍有键被按下,则认为确实有键被按下,否则,当作键抖动来处理。

③ 判断哪一个按键被按下。当判断出哪一列中有键被按下时,可根据 P1 口的数值来确定哪一个键被按下。

④等待按键释放。键释放之后,可以根据键码转相应的键处理子程序,进行数据的输入或命令的处理。

【例1】电路如图 6－20 所示,编写程序,把 4×4 矩阵键盘的键值利用数码管显示出来。

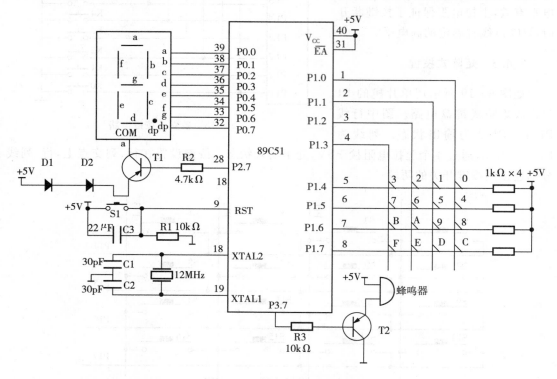

图 6 - 20　键盘键值显示电路

参考程序如下:

```
# include <reg51.h>
# include <intrins.h>
# define uchar unsigned char
# define uint  unsigned int
uchar table[16] = {0xc0,0xf9,0xa4,0xb0,0x99,0x92,0x82,0xf8,0x80,0x90,0x88,0x83,0xc6,0xa1,
0x86,0x8E};                        //数码管代码
sbit BEEP = P3^7;                  //蜂鸣器驱动线
uchar dis_buf;                     //显示缓存
uchar  temp;
uchar  key;                        //键值
```

```
void beep();                    //蜂鸣器
voiddelay0(uchar x);

void  delay(uchar x)            //延时子程序
{ uchar j;
    while((x - -)! = 0)
    { for(j = 0;j<125;j + +)
        {;}
}
}
/ ******************************************************************
键扫描子程序
****************************************************************** /
void  keyscan(void)
  {
    P1 = 0x0F;                  //低四位输入
    delay(1);
    temp = P1;                  //读 P1 口
    temp = temp&0x0F;
    temp = ~(temp|0xF0);
    if(temp = = 1)
        key = 0;
    else if(temp = = 2)
        key = 1;
    else if(temp = = 4)
        key = 2;
    else if(temp = = 8)
        key = 3;
    else
        key = 16;
    P1 = 0xF0;                  //高四位输入
    delay(1);
    temp = P1;                  //读 P1 口
    temp = temp&0xF0;
    temp = ~((temp>>4)|0xF0);
    if(temp = = 1)
        key = key + 0;
    else if(temp = = 2)
        key = key + 4;
    else if(temp = = 4)
        key = key + 8;
    else if(temp = = 8)
```

```
            key = key + 12;
        else
            key = 16;
        dis_buf = table[key];        //查表得键值
}
/ ***************************************************************
判断键是否按下
 *************************************************************** /
void  keydown(void)
{
    P1 = 0xF0;
    if(P1! = 0xF0)
    {
    keyscan();
    beep();
  }
}
/ *******************************************************************
蜂鸣器发声函数
 ******************************************************************* /
void beep()
{
  unsigned char i;
  for (i = 0;i<100;i + +)
    {
    delay0(4);
    BEEP = ! BEEP;              //BEEP 取反
    }
    BEEP = 1;                  //关闭蜂鸣器
    delay(250);                //延时
}
void delay0(uchar x)          //延时函数
{
unsigned char i;
while(x - -)
{
for (i = 0; i<13; i + +) {}
}
}
    main()
{
    P0 = 0xFF;                  //置 P0 口
```

```
P2 = 0xFF;                    //置 P2 口
dis_buf = 0xBF;
while(1)
{
  keydown();
  P0 = dis_buf;               //键值送显示
  delay(2);
  P2 = 0x7F;
}
}
```

习　题

1. 共阴极数码管与共阳极数码管有何区别？

2. 简述 LED 数码管显示的编码方式。

3. 简述 LED 动态显示的过程。

4. 7 段 LED 静态显示和动态显示在硬件连接上分别具有什么特点？实际设计时应如何选择使用？

5. LED 大屏幕显示器一次能点亮多少行？显示的原理怎样？

6. 简述 LCD 显示器的基本工作原理。

7. 参考案例 13，编程实现在 RT-1602C 上的第一行显示"2013 年 1 月 24 日　星期四"，显示的形式为"2013—01—24—4"，第二行显示"10:24:25"。

8. 机械式按钮组成的键盘，应如何消除按键抖动？

9. 独立式按键和矩阵式键盘分别具有什么特点？适用于什么场合？

第7章　51单片机常用的接口技术

学习目标：

● 了解程序存储器和数据存储器扩展；

● 掌握单片机常用接口技术。

技能目标：

● 利用89C51单片机制作消防车报警系统；

● 掌握遥控器的应用。

7.1　存储器的扩展

1.51单片机的存储器扩展能力

由于51单片机的地址总线宽度为16位,可扩展片外程序存储器64KB,地址为0000H~FFFFH。因为程序存储器和数据存储器通过不同的控制信号和指令访问,允许两者的地址重叠,所以片外也可扩展数据存储器64KB。

另外,在51单片机中,扩展的外部设备与片外数据存储器统一编址,即外部设备占用片外数据存储器的地址。因此,片外数据存储器同外部设备的扩展空间是64KB。

2.存储器扩展的一般方法

不论何种存储器芯片,其引脚都呈三总线结构,与单片机连接都是三总线对接。另外,电源线接电源线,地线接地线。

控制线：

程序存储器:ROM芯片输出允许控制线$\overline{OE}$与单片机的$\overline{PSEN}$信号线相连。

数据存储器:RAM芯片输出允许控制线$\overline{OE}$和写控制线$\overline{WE}$分别与单片机的读信号线$\overline{RD}$和写信号线$\overline{WR}$相连。

程序存储器用ROM芯片扩展,数据存储器用RAM芯片扩展。

数据线：

存储器芯片的数据线与单片机的数据总线(P0.0~P0.7)按由低位到高位的顺序顺次相接。

地址线：

存储器芯片的地址线的数目由芯片的容量决定。容量(Q)与地址线数目(N)满足关系式:$Q=2^N$。一般来说,存储器芯片的地址线数目总是少于单片机地址总线的数目,连接时,存储器芯片的地址线与单片机的地址总线(A0~A15)按由低位到高位的顺序顺次相接。连接后,单片机的高位地址线总有剩余。剩余地址线一般作为译码线,译码输出与存储器芯片的片选信号线 CE 相接。片选信号线与单片机系统的译码输出相接后,就决定了存储器芯片的地址范围。

译码有两种方法:部分译码法和全译码法。

部分译码:所谓部分译码就是存储器芯片的地址线与单片机系统的地址线顺次相接后,剩余的高位地址线仅用一部分参加译码。部分译码使存储器芯片的地址空间有重叠,造成系统存储器空间的浪费。

如图 7-1 所示,存储器芯片容量为 2K,地址线为 11 根,与地址总线的低 11 位 A0~A10 相连,用于选中芯片内的单元。地址总线的 A11、A12、A13、A14 根地址线参加译码的选中芯片,设这四根地址总线的状态为 0100 时选中该芯片。地址总线 A15 不参加译码,当地址总线 A15 为 0、1 两种状态都可以选中该存储器芯片。

	地址译码线				与存储器芯片连接的地址线										
A15	A14	A13	A12	A11	A10	A9	A8	A7	A6	A5	A4	A3	A2	A1	A0
•	0	0	1	0	×	×	×	×	×	×	×	×	×	×	×

图 7-1　部分地址译码

当 A15=0 时,芯片占用的地址是 0001000000000000~0001011111111111,即 1000H~17FFH。

当 A15=1 时,芯片占用的地址是 1001000000000000~1001011111111111,即 9000H~97FFH。

部分译码法的一个特例是线译码。所谓线译码就是直接用一根剩余的高位地址线与一块存储器芯片的片选信号 CE 相连。

全译码:所谓全译码就是存储器芯片的地址线与单片机系统的地址线顺次相接后,剩余的高位地址线全部参加译码。这种译码方法存储器芯片的地址空间是唯一确定的,但译码电路相对复杂。

以上这两种译码方法在单片机扩展系统中都有应用。在扩展存储器(包括 I/O 口)容量不大的情况下,选择部分译码,可使译码电路简单,降低成本。

3. 扩展存储器所需芯片数目的确定

若所选存储器芯片字长与单片机字长一致,则只需扩展容量。所需芯片数目按下式确定:

$$芯片数目 = \frac{系统扩展容量}{存储器芯片容量}$$

若所选存储器芯片字长与单片机字长不一致,则不仅需扩展容量,还需字扩展。所需芯片数目按下式确定:

$$芯片数目 = \frac{系统扩展容量}{存储器芯片容量} + \frac{系统字长}{存储器芯片字长}$$

7.1.1 程序存储器的扩展

1. 单片程序存储器的扩展

一片 EPROM 芯片 2764 与单片机 89C51 连接如图 7-2 所示程序存储器芯片用的是 2764。2764 是 8K×8 位的程序存储器,芯片的地址线有 13 根,依次和单片机的地址线A0～A12 相接。由于单片相连接,未用到地址译码器,所以高 3 位地址线 A13、A14、A15 不接,故有 $2^3=8$ 个重叠的 8KB 地址空间。输出允许$\overline{OE}$控制线直接与单片机的$\overline{PSEN}$信号线相连。因只用一片 2764,故其片选信号线$\overline{CE}$直接接地。

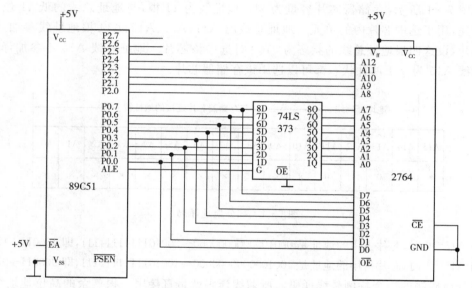

图 7-2 2764 与单片机扩展连接

其 8 个重叠的地址范围为如下:

0000000000000000～0001111111111111,即 0000H～1FFFH;

0010000000000000～0011111111111111,即 2000H～3FFFH;

0100000000000000～0101111111111111,即 4000H～5FFFH;

0110000000000000～0111111111111111,即 6000H～7FFFH;

1000000000000000～1001111111111111,即 8000H～9FFFH;

1010000000000000～1011111111111111,即 A000H～BFFFH;

1100000000000000～1101111111111111,即 C000H～DFFFH;

1110000000000000～1111111111111111,即 E000H～FFFFH。

2. 多片程序存储器的扩展

多片程序存储器的扩展方法较多,芯片数目不多时可以采用部分译码法和线选法,芯片数目较多时,可采用全译码法。

图 7-3 是采用线选法实现的两片 2764 扩展成 16KB 的程序存储器。两片 2764 的地址线 A0～A12 与地址总线的 A0～A12 对应相连,2764 的数据线 D0～D7 与数据总线 A0～A7 对应相连,两片 2764 的输出允许控制线连在一起与 89C51 的$\overline{PSEN}$信号线相连。第一片

2764 的片选信号线$\overline{CE}$与 89C51 的 P2.7 直接相连,第二片 2764 的片选信号$\overline{CE}$与 89C51 的 P2.7 取反后相连,故当 P2.7 为 0 时选中第一片,为 1 时选中第二片。89C51 地址总线的 P2.5 和 P2.6 未用,,故各芯片各有 $2^2=4$ 个重叠的地址空间。

其两片的地址空间分别为:

第一片:

0000000000000000～0001111111111111,即 0000H～1FFFH;

0010000000000000～0011111111111111,即 2000H～3FFFH;

0100000000000000～0101111111111111,即 4000H～5FFFH;

0110000000000000～0111111111111111,即 6000H～7FFFH;

第二片:

1000000000000000～1001111111111111,即 8000H～9FFFH;

1010000000000000～1011111111111111,即 A000H～BFFFH;

1100000000000000～1101111111111111,即 C000H～DFFFH;

1110000000000000～1111111111111111,即 E000H～FFFFH。

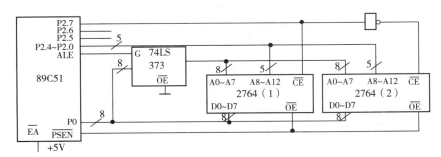

图 7-3　线选法实现两片 2764 与单片机扩展连接

图 7-4 为全译码法实现 4 片 2764 扩展成 32KB 的程序存储器。89C51 的剩余的高 3 位地址线 P2.5、P2.6、P2.7 与 74LS138 译码器的三个输入端相连,74LS138 译码器的八个输出端可分别与 8 片 2764 的片选端相连(上图中只连接了 4 片)。由于采用全译码,每片 2764 的地址空间都是唯一的。

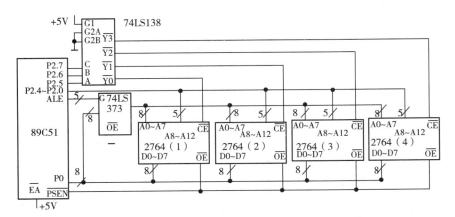

图 7-4　全译码法实现 4 片 2764 与单片机扩展连接

由于采用全译码,每片 2764 的地址空间都是唯一的。它们分别是:

00000000000000000~00011111111111111,即 0000H~1FFFH;

00100000000000000~00111111111111111,即 2000H~3FFFH;

01000000000000000~01011111111111111,即 4000H~5FFFH;

01100000000000000~01111111111111111,即 6000H~7FFFH。

7.1.2 数据存储器的扩展

数据存储器的扩展与程序存储器的扩展原理基本相同,只是数据存储器的控制信号一般有输出允许信号和写控制信号,分别与单片机的片外数据存储器的读控制信号和写控制信号相连,其他信号的连接与程序存储器完全相同。

两片数据存储器芯片 6264 与单片机扩展连接如图 7-5 所示。6264 是 8KB×8 的静态数据存储器芯片,有 13 根地址线、8 根数据线、一根输出允许信号线 $\overline{OE}$ 和一根写控制信号线 $\overline{WE}$,两根片选信号线 $\overline{CE1}$ 和 $\overline{CE2}$,使用时都应为低电平。扩展时 6264 的 13 根地址线与 89C51 的地址总线第 13 位 A0—A12 依次相连,8 根数据线与 89C51 的数据总线相连,输出允许信号线 $\overline{OE}$ 与 89C51 读控制信号线 $\overline{RD}$ 相连,写控制信号线 $\overline{WE}$ 与 89C51 的写控制线 $\overline{WR}$ 相连,两根片选信号线 $\overline{CE1}$ 和 $\overline{CE2}$ 连在一次,第一片与 89C51 的地址线 A13(P2.5) 相连,第二片与 89C51 的 A14(P2.6) 相连,地址总线 A13 为低电平 0 则选中第一片,地址总线 A14 为低电平 0 时则选中第二片,A15(P2.7) 未用,可为高电平,也可为低电平。

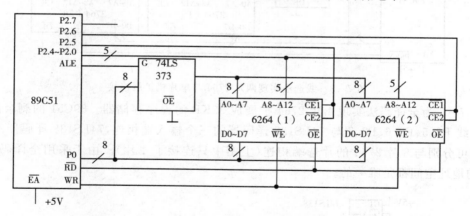

图 7-5 两片 6264 与单片机扩展连接

P2.7 为低电平 0,两片 6264 芯片的地址空间为:

第一片:01000000000000000~01011111111111111,即 4000H~5FFFH;

第二片:00100000000000000~00111111111111111,即 2000H~3FFFH。

P2.7 为高电平 1,两片 6264 芯片的地址空间为:

第一片:11000000000000000~11011111111111111,即 C000H~DFFFH;

第二片:10100000000000000~10111111111111111,即 A000H~BFFFH。

分别用地址线直接作为芯片的片选信号线使用时,要求一片片选信号线为低电平时,另一片的片选信号线就应为高电平,否则会出现两片同时被选中的情况。

7.2 继电器与单片机的接口技术

继电器(英文名称:relay)是一种电控制器件,是当输入量(激励量)的变化达到规定要求时,在电气输出电路中使被控量发生预定的阶跃变化的一种电器。它具有控制系统(又称输入回路)和被控制系统(又称输出回路)之间的互动关系。通常应用于自动化的控制电路中,它实际上是用小电流去控制大电流运作的一种"自动开关"。故在电路中起着自动调节、安全保护、转换电路等作用。

继电器是由线圈和触点组两部分组成的,继电器的触点有 3 种基本形式:

(1)动合型(常开)(H 型):线圈不通电时两触点是断开的,通电后,两个触点就闭合。以合字的拼音字头"H"表示。

(2)动断型(常闭)(D 型):线圈不通电时两触点是闭合的,通电后两个触点就断开。用断字的拼音字头"D"表示。

(3)转换型(Z 型):这是触点组型。这种触点组共有 3 个触点,即中间是动触点,上下各一个静触点。线圈不通电时,动触点和其中一个静触点断开,另一个闭合,线圈通电后,动触点就移动,使原来断开的成闭合,原来闭合的成断开状态,达到转换的目的。这样的触点组称为转换触点。用"转"字的拼音字头"Z"表示。

在单片机控制电路里,通常用单片机连接三极管驱动继电器(如图 7-6 所示)。在继电器没有动作时,端子的触点断开。在继电器动作时,触点闭合。把触点引出,即可控制外部的设备,如彩灯等等。

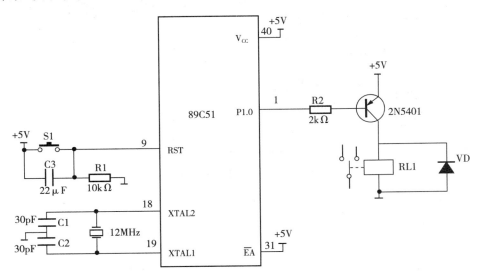

图 7-6 单片机接三极管 2N5401 驱动继电器

将流水灯的程序下载的单片机,即可听到继电器吸合/放开的啪啪声。把端子接线引出,就可以控制外部设备了。

7.3 蜂鸣器与单片机的接口技术

案例 15 消防车报警控制

知识点：

● 了解蜂鸣器发声原理；

● 掌握单片机控制蜂鸣器的方法。

1. 案例介绍

按下启动按钮，蜂鸣器发出消防警报；按下停止按钮、蜂鸣器不发声。

2. 硬件电路

89C51 的 P3.7 口接三极管 2N5401 驱动蜂鸣器，P1.4、P1.5 接两个按钮作为启动和停止。电路如图 7-7 所示。

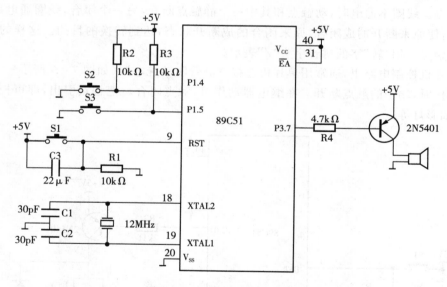

图 7-7 消防车报警控制电路

3. 程序设计

【汇编程序】

```
        SPK BIT P3.7

        K1   EQU   P1.4

        K2   EQU   P1.5

        FRQ  EQU   30H

; ************************************************************************
        ORG   0000H
```

```
        LJMP MAIN
        ORG   000BH
        LJMP TIMER0
        ORG   0080H
; ************************************************************************
MAIN：
        MOV   SP,＃60H
        MOV   TMOD,＃01H
        CLR   A
        MOV   FRQ,A
        MOV   TH0,A
        MOV   TL0,＃0FFH
        MOV   IE,＃082H   ;CT0 开中断,CPU 开中断
LO_HI：
        CALL  Key_Control
        INC   FRQ
        MOV A,FRQ
        XRL A,＃0FFH    ;检测由低到高是否结束
        JZ HI_LO
        MOV   R7,＃10
        LCALL DELAYMS
        SJMP   LO_HI
HI_LO：
        CALL  Key_Control
        DEC FRQ
        MOV A,FRQ
        XRL A,＃00H    ;检测由高到低是否结束
        JZ LO_HI
        MOV R7,＃10
        LCALL DELAYMS
        SJMP HI_LO
; ************************************************************************
TIMER0：
        MOV   TH0,＃0FEH
        MOV   TL0,FRQ
        CPL   SPK
        RETI
; ************************************************************************
Key_Control：
        MOV   P1,＃0FFH
        JB   K1,Key_C1
        JNB   K1,$
```

```
            SETB   TR0
            Key_C1:
            JB    K2,Key_END
            JNB   K2,$
            CLR   TR0
    Key_END:
            RET
;**********************************************************************
DELAYMS:
            MOV R6,#200
DLY_LP:
            NOP
            NOP
            NOP
            DJNZ R6,DLY_LP
            DJNZ R7,DELAYMS
END_DLYMS:
            RET
            END
```

【C 程序】

```c
#include <reg51.h>
#include <intrins.h>
#define uchar unsigned char
#define uint  unsigned int
uchar  Count;
sbit   K1 = P1^4 ;
sbit   K2 = P1^5 ;
sbit   BEEP = P3^7 ;   //蜂鸣器
/**********************************************************************
延时函数
********************************************************************** /
void  delay(void)
{
  uint  k;
  for(k = 1700;k>0;k- -);
}
/**********************************************************************
键控制函数
********************************************************************** /
void key_control()
{
```

```
    P1 = 0xff;
    if(K1 = = 0)
    {
      while(K1 = = 0);
      TR0 = 1;
    }
    if(K2 = = 0)
    {
    while(K2 = = 0);
      TR0 = 0;
    }
}
/ **************************************************************************
主函数
************************************************************************** /
main()
{
  P1 = 0xff;
  P3 = 0xff;
  Count = 0x00;
  BEEP = 1;
  TMOD = 0x01;
  TH0 = 0x00; TL0 = 0xff;
  EA = 1; ET0 = 1;
  while(1)
  {
    do
    {
      Count + + ;
      key_control();
      delay();
    }while(Count!  = 0xff);

    do
    {
      Count - - ;
      key_control();
      delay();
    }while(Count!  = 0x00);
  }
}
/ **************************************************************************
```

Time0 中断函数

```
*************************************************************************** /
void Time0(void) interrupt 1 using 0
{
    TH0 = 0xfe;
    TL0 = Count;
    BEEP = ~BEEP;
}
```

蜂鸣器是一种一体化结构的电子讯响器,采用直流电压供电,广泛应用于计算机、打印机、复印机、报警器、电子玩具、汽车电子设备、电话机、定时器等电子产品中作发声器件。蜂鸣器主要分为压电式蜂鸣器和电磁式蜂鸣器两种类型。蜂鸣器在电路中用字母"H"或"HA"表示。蜂鸣器按原理可分成两类:

1. 压电式蜂鸣器

压电式蜂鸣器主要由多谐振荡器、压电蜂鸣片、阻抗匹配器及共鸣箱、外壳等组成。有的压电式蜂鸣器外壳上还装有发光二极管。多谐振荡器由晶体管或集成电路构成。当接通电源后(1.5～15V 直流工作电压),多谐振荡器起振,输出 1.5～2.5kHz 的音频信号,阻抗匹配器推动压电蜂鸣片发声。压电蜂鸣片由锆钛酸铅或铌镁酸铅压电陶瓷材料制成。在陶瓷片的两面镀上银电极,经极化和老化处理后,再与黄铜片或不锈钢片粘在一起。

2. 电磁式蜂鸣器

电磁式蜂鸣器由振荡器、电磁线圈、磁铁、振动膜片及外壳等组成。接通电源后,振荡器产生的音频信号电流通过电磁线圈,使电磁线圈产生磁场。振动膜片在电磁线圈和磁铁的相互作用下,周期性地振动发声。

有源蜂鸣器与无源蜂鸣器的区别:

注意:这里的"源"不是指电源,而是指震荡源。也就是说,有源蜂鸣器内部带震荡源,所以只要一通电就会叫;而无源内部不带震荡源,所以如果用直流信号无法令其鸣叫。必须用 2K～5K 的方波去驱动它。有源蜂鸣器往往比无源的贵,就是因为里面多个震荡电路。

与继电器类似,在单片机控制电路里,通常用单片机连接三极管驱动蜂鸣器。

7.4 直流电机单片机的接口技术

直流电动机就是将直流电能转换成机械能的电机。

1. 直流电动机的构造

直流电动机是由定子与转子两部分构成的。定子包括:主磁极,机座,换向极,电刷装置等。转子包括:电枢铁芯,电枢绕组,换向器,轴和风扇等。

2. 直流电机的分类

根据励磁方式的不同,直流电机可分为:他励直流电机、并励直流电机、串励直流电机、复励直流电机。

3. 直流电动机的特点

1) 调速性能好。所谓"调速性能",是指电动机在一定负载的条件下,根据需要,人为地改变电动机的转速。直流电动机可以在重负载条件下,实现均匀、平滑的无级调速,而且调速范围较宽。

2) 起动力矩大。可以均匀而经济地实现转速调节。因此,凡是在重负载下起动或要求均匀调节转速的机械,例如大型可逆轧钢机、卷扬机、电力机车、电车等,都用直流电动机拖动。

4. 直流电动机的工作原理

要使电枢受到一个方向不变的电磁转矩,关键在于:当线圈边在不同极性的磁极下,如何将流过线圈中的电流方向及时地加以变换,即进行所谓"换向"。为此必须增添一个叫作换向器的装置,换向器配合电刷可保证每个极下线圈边中电流始终是一个方向,就可以使电动机能连续的旋转。

5. 直流电机调速原理

直流电动机根据励磁方式不同,直流电动机分为自励和他励两种类型。不同励磁方式的直流电动机机械特性曲线有所不同。但是对于直流电动机的转速有以下公式:

$$n = \frac{U}{C_c \phi} - \frac{R_内}{C_r C_c \phi} T$$

其中:U—电压;$R_内$—励磁绕组本身的电阻;ϕ—每极磁通(W_b);C_c—电势常数;C_r—转矩常量。由上式可知,直流电机的速度控制既可采用电枢控制法,也可采用磁场控制法。磁场控制法控制磁通,其控制功率虽然较小,但低速时受到磁极饱和的限制,高速时受到换向火花和换向器结构强度的限制,而且由于励磁线圈电感较大,动态响应较差,所以在工业生产过程中常用的方法是电枢控制法。

电枢控制是在励磁电压不变的情况下,把控制电压信号加到电机的电枢上,以控制电机的转速。传统的改变电压方法是在电枢回路中串联一个电阻,通过调节电阻改变电枢电压,达到调速的目的,这种方法效率低、平滑度差,由于串联电阻上要消耗电功率,因而经济效益低,而且转速越慢,能耗越大。随着电力电子的发展,出现了许多新的电枢电压控制方法。如:由交流电源供电,使用晶闸管整流器进行相控调压;脉宽调制(PWM)调压等等。调压调速法具有平滑度高、能耗少、精度高等优点。在工业生产中广泛使用其中脉宽调制(PWM)应用更为广泛。

6. PWM 脉宽调制原理

PWM 脉冲宽度调制技术就是通过对一系列脉冲的宽度进行调制,来等效地获得所需要波形(含形状和幅值)的技术。占空比计算公式为:

$$D = \frac{t_1}{T} \qquad\qquad (7-1)$$

式(7-1)中 t_1 表示一个周期内开关管导通的时间,T 表示一个周期的时间。

占空比 D 表示了在一个周期里,开关管导通的时间与周期的比值,变化范围为 $0 \leqslant D \leqslant 1$。由上式可知,当电源电压不变的情况下,电枢的端电压的平均值为 $DmaxV = V * D$,

因此改变占空比 D 就可以改变端电压的平均值,从而达到调速的目的,这就是 PWM 调速原理。

在 PWM 调速时,占空比是一个重要参数。以下是 3 种可改变占空比的方法:

(1)定宽调频法:保持 t_1 不变,改变 t,从而改变周期(或频率)。

(2)调宽调频法:保持 t 不变,改变 t_1,从而改变周期(或频率)。

(3)定频调宽法:保持周期(或频率)不变,同时改变 t_1、t。

其中 t 的值为 $T - t_1$。

前 2 种方法由于在调速时改变了控制脉冲的周期(或频率),当控制脉冲的频率与系统的固有频率接近时,将会引起振荡,因此应用较少。目前,在直流电动机的控制中,主要使用第 3 种方法。

定频调宽法是利用一个固定的频率来控制电源的接通或断开,并通过改变一个周期内"接通"和"断开"时间的长短,即改变直流电机电枢上电压的"占空比"来改变平均电压的大小,从而控制电动机的转速,因此,PWM 又被称为"开关驱动装置"。如图 7-8 所示。

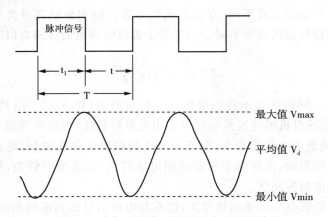

图 7-8 电枢电压占空比和平均电压的关系

单片机控制直流电机可以通过继电器实现,也可通过 L298N 驱动芯片实现。

L298N 是 ST 公司生产的一种高电压、大电流电机驱动芯片。该芯片采用 15 脚封装。主要特点是:工作电压高,最高工作电压可达 46V;输出电流大,瞬间峰值电流可达 3A,持续工作电流为 2A;额定功率 25W。内含两个 H 桥的高电压大电流全桥式驱动器,可以用来驱动直流电动机和步进电动机、继电器线圈等感性负载;采用标准逻辑电平信号控制;具有两个使能控制端,在不受输入信号影响的情况下允许或禁止器件工作有一个逻辑电源输入端,使内部逻辑电路部分在低电压下工作;可以外接检测电阻,将变化量反馈给控制电路。使用 L298N 芯片驱动电机,该芯片可以驱动一台两相步进电机或四相步进电机,也可以驱动两台直流电机。

表 7-1 芯片引脚和功能

EN A(B)	IN1(IN3)	IN2(IN4)	电机运行情况
H	H	L	正转

（续表）

EN A(B)	IN1(IN3)	IN2(IN4)	电机运行情况
H	L	H	反转
H	同 IN2(IN4)	同 IN1(IN3)	快速停止
L	X	X	停止

　　L298N 还可以对电机实现 PWM 控制，如图 7-9 所示，当 IN2 为低电平时，改变 IN1 输入脉宽，可改变电机正转速度；当 IN1 为低电平时，改变 IN2 输入脉宽，可改变电机反转速度。

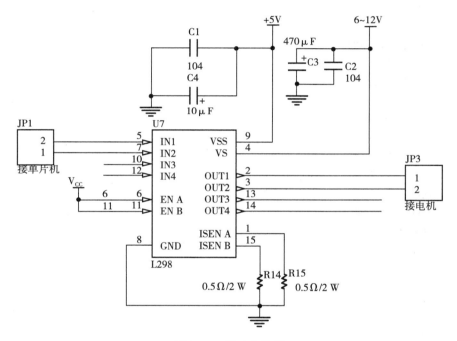

图 7-9　驱动电路图

【汇编程序】

```
KEY1  EQU  P1.0  ;高速按键
KEY2  EQU  P1.1  ;低速按键
S1  EQU  P1.2  ;L298 的 Input 1
S2  EQU  P1.3  ;L298 的 Input 2
ORG  0000H
LJMP  MAIN
ORG  0030H
MAIN:
CLR  S1
CLR  S2
```

```
SCAN：
        JNB  KEY1，  HIGHSPEED;高速运行
        JNB  KEY2，  LOWSPEED;低速运行
        SJMP SCAN
HIGHSPEED：
        JB  KEY1，  SCAN;判断高速按键
        SETB S1
        LCALL DELAY;延时
        CLR  S1
        LCALL DELAY
        SJMP HIGHSPEED
LOWSPEED：
        JB  KEY2，  SCAN;判断低速按键
        SETB S1
        LCALL DELAY
        CLR  S1
        LCALL DELAY
        LCALL DELAY
        LCALL DELAY
        LCALL DELAY
        LCALL DELAY
        SJMP LOWSPEED
DELAY：  ;延时函数
        MOV  R3，  #250
        DJNZ R3，  $
        RET
        END
```

【C程序】

```c
#include<reg51.h>
#include<math.h>
#define uchar unsigned char
#define uint unsigned int
sbit key1 = P1^0;  // 高速按键
sbit key2 = P1^1;  // 低速按键
sbit s1 = P1^2;  //L298 的 Input 1
sbit s2 = P1^3;  //L298 的 Input 2
void delay(uint j) //简易延时函数
{
for(j;j>0;j--);
}
void highspeed()  // 电机高速转动函数
```

```
{
s1 = 1;
s2 = 0;
delay(50);
s1 = 0;
delay(50);
}
voidlowspeed()   //电机低速转动函数
{
s1 = 1;
s2 = 0;
delay(50);
s1 = 0;
delay(500);
}
void main()
{
  while(1)   //电机实际控制演示
    {
    if(key1 = = 0)
      highspeed();
      else if(key2 = = 0)
            lowspeed();
                  else
  {s1 = 0;s2 = 0;}
    }
}
```

7.5　步进电机单片机的接口技术

1. 步进电动机简介

步进电机根据工作原理分为反应式、永磁式、永磁感应式三类。以永磁式步进电机为例,介绍步进电机基本结构和工作原理。

永磁式步进电机的转子是用永磁材料制成的,转子本身就是一个磁源,它的输出转矩大,倒台性能好。断电时有定位转矩,消耗功率较低;转子的级数与定子的级数相同,所以步矩角较大,启动和运行频率较低,并需要正负脉冲信号。但在其相应相序加上反向绕组,就不需要负脉冲。永磁式步进电动机有四相:A、B、C、D。工作方式有:

- 单四拍:即 A−B−C−D 顺序通电;
- 双四拍:即 AB−BC−CD−DA 顺序通电;

- 八拍:即 A—AB—B—BC—C—CD—D—DA 顺序通电。
- 四相步进电动机工作方式的电源通电时序与波形如图 7-10 所示。

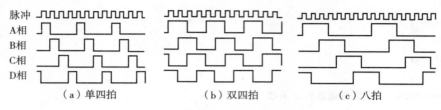

图 7-10　步进电机时序图

2. 控制系统电路

控制系统由 AT89C51 单片机、斯密特反相器 74HC14、达林顿管阵列驱动芯片 ULN2003 和按键电路组成,如图 7-11 所示,相关的关键部分器件名称及其在电路中的主要功能如下。

(1)AT89C51:完成步进电动机的控制方式、状态监测;

(2)ULN2003:驱动步进电机;

(3)74HC14:斯密特反相器;

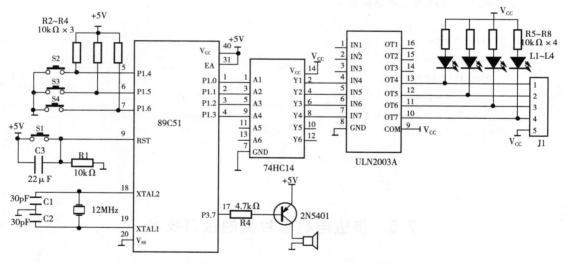

图 7-11　步进电机控制系统电路

3. 软件设计

步进电动机的控制程序能够根据键盘的设定改变电动机的转动方向,转动步数。根据步进电动机与单片机的接口和有效电平方式,输出控制字。表 7-2 给出步进电动机的通电顺序和控制方式字。若通电方向相反,电动机反转。

表 7-2　步进电机通电顺序和控制方式字

	单四拍				双四拍				八拍							
A	1	0	0	0	1	0	0	1	1	1	1	0	0	0	0	0

（续表）

	单四拍				双四拍				八拍							
B	0	1	0	0	1	1	0	0	0	0	1	1	1	0	0	0
C	0	0	1	0	0	1	1	0	0	0	0	0	1	1	1	0
D	0	0	0	1	0	0	1	1	1	0	0	0	0	0	1	1

【汇编语言】

```
;****************************************************************
;步进电机正反转控制器（按键控制）
;描述：步进电机正反转控制器（按键控制）（引用端口：电机接 P1.0 - P1.3）
;步进电机步进角为 7.5 度,一圈 360 度。
;单双八拍工作方式:A - AB - B - BC - C - CD - D - DA(即一个脉冲,转 3.75 度)
;一个取数工作周期,步进电机转 30 度
;步进电机转一圈需要 12 个取数工作周期;
;****************************************************************
        S1  BIT  P1.4  ;步进电机正转
        S2  BIT  P1.5  ;步进电机反转
        S3  BIT  P1.6  ;步进电机停止转动
        BEEP  BIT  P3.7
          ORG 0000H
          LJMP MAIN
          ORG 0080H
MAIN:     MOV  SP,#60H
          MOV  P1,#0F0H  ;关闭步进电机,键输入线置高
MAIN1:    JB S1,MAIN2
          ACALL  BEEP_BL  ;步进电机正转
          ACALL  FFW
MAIN2:    JB  S2,MAIN1
          ACALL  BEEP_BL  ;步进电机反转
          ACALL  REV
          JMP  MAIN1
;****************************************************************
;步进电机正转
;****************************************************************
FFW:      MOV  R3,#60  ;转 5 圈
FFW1:     MOV R0,#00H
FFW2:     JB S3,FFW3  ;终止步进电机运行
          ACALL  BEEP_BL
          LJMP FFW4
FFW3:     MOV P1,#0F0H
          MOV A,R0
```

```
            MOV DPTR,#TABLE_F
            MOVC A,@A+DPTR
            MOV P1,A
            LCALL DELAY
            INC R0
            CJNE  A,#0FFH,FFW2
            DJNZ R3,FFW1
FFW4:       MOV P1,#0F0H
            RET
;*********************************************************************************
;步进电机反转
;*********************************************************************************
REV:     MOV  R3,#60    ;转5圈
REV1:    MOV R0,#00H
REV2:    JBS3,REV3    ;终止步进电机运行
            ACALL   BEEP_BL
            LJMP    REV4
REV3:
            MOV P1,#0F0H
            MOV A,R0
            MOV DPTR,#TABLE_R
            MOVC A,@A+DPTR
            MOV P1,A
            CALL DELAY
            INC R0
            CJNE  A,#0FFH,REV2
            DJNZ R3,REV1
REV4:      MOV P1,#0F0H
            RET
DELAY:    MOV R7,#40   ;步进电机的转速
DEL1:      MOV R6,#248
            DJNZ R6,$
            DJNZ R7,DEL1
            RET
DELAY1:MOV  R5,#20   ;2s延时子程序
DEL2:MOV  R7,#200
DEL3: MOV  R6,#250
            DJNZ  R6,$
            DJNZ  R7,DEL3
            DJNZ  R5,DEL2
            RET
TABLE_F:  ;正转表
```

```
        DB    0F1H,0F3H,0F2H,0F6H,0F4H,0FCH,0F8H,0F9H
        DB    0FFH
TABLE_R:  ;反转表
        DB    0F9H,0F8H,0FCH,0F4H,0F6H,0F2H,0F3H,0F1H
        DB    0FFH


;*********************************************************************
;蜂鸣器响一声子程序
;*********************************************************************
BEEP_BL:  MOV    R6,#100
BL1:      LCALL  DEX1
          CPL    BEEP
          DJNZ   R6,BL1
          RET
DEX1:     MOV    R7,#180
DEX2:     NOP
          DJNZ   R7,DEX2
          RET
        END
```

【C 程序】

```c
#include <reg51.h>    //51 芯片管脚定义头文件
#include <intrins.h>  //内部包含延时函数 _nop_();
#define uchar unsigned char
#define uint  unsigned int
uchar code FFW[8] = {0xf1,0xf3,0xf2,0xf6,0xf4,0xfc,0xf8,0xf9};
uchar code REV[8] = {0xf9,0xf8,0xfc,0xf4,0xf6,0xf2,0xf3,0xf1};
sbit S1   = P1^4;  //正转
sbit S2   = P1^5;  //反转
sbit S3   = P1^6;  //停止
sbit BEEP = P3^7;  //蜂鸣器
/*****************************************************/
/* 延时 t 毫秒
/* 11.0592MHz 时钟,延时约 1ms
/*****************************************************/
void delay(uint t)
{
  uint k;
  while(t--)
  {
    for(k = 0; k<125; k++)
    { }
```

```
        }
    }
/ ******************************************************** /
void delayB(uchar x)   //x * 0.14ms
{
    uchar i;
    while(x - -)
    {
        for (i = 0; i<13; i + +)
        { }
    }
}
/ ********************************************************************
蜂鸣器发声函数
    ******************************************************************** /
void beep()
{
    uchar i;
    for (i = 0; i<100; i + +)
    {
        delayB(4);
        BEEP = ! BEEP;  //BEEP 取反
    }
    BEEP = 1;  //关闭蜂鸣器
}
/ *********************************************************************
步进电机正转函数
    ******************************************************************** /
void  motor_ffw()
{
    uchar i;
    uint  j;
    for (j = 0; j<12; j + +)  //转 1 * n 圈
    {
        if(S3 = = 0)
        {break;}  //退出此循环程序
        for (i = 0; i<8; i + +)  //一个周期转 30 度
        {
            P1 = FFW[i];  //取数据
            delay(15);  //调节转速
        }
    }
```

```
}
/ ********************************************************************
步进电机反转函数
********************************************************************* /
void   motor_rev()
{
  uchar i;
  uint  j;
  for (j = 0; j<12; j + + )   //转 1×n 圈
  {
    if(S3 = = 0)
      {break;}   //退出此循环程序
    for (i = 0; i<8; i + + )   //一个周期转 30 度
    {
      P1 = REV[i];   //取数据
      delay(15);   //调节转速
    }
  }
}
/ ********************************************************
*   主程序
******************************************************** /
main()
{
    uchar r,N = 5;   //N 步进电机运转圈数
  while(1)
  {
    if(S1 = = 0)
    {
    beep();
    for(r = 0;r<N;r + + )
    {
      motor_ffw();   //电机正转
      if(S3 = = 0)
      {beep();break;}   //退出此循环程序
    }
  }
    else if(S2 = = 0)
    {
    beep();
    for(r = 0;r<N;r + + )
    {
```

```
        motor_rev();   //电机反转
        if(S3 = = 0)
        {beep();break;}   //退出此循环程序
    }
}
else
    P1 = 0xf0;
}
}
```

习　题

1. 使用 2764 芯片通过部分译码法扩展 24KB 程序存储器,画出硬件连接图,指明各芯片的地址空间范围。

2. 使用 6264 芯片通过全译码法扩展 24KB 数据存储器,画出硬件连接图,指明各芯片的地址空间范围。

3. 简述 PWM 原理。

4. 四相步进电机的控制时序有哪几种? 选择其中一种,写出用单片机控制的程序代码。

第8章　A/D 与 D/A 转换接口技术

知识目标：

- 了解 A/D 转换原理；
- 掌握 ADC0809 工作原理；
- 掌握 TLV1544 的时序和工作原理；
- 了解 D/A 转换原理；
- 掌握 DAC0832 工作原理；
- 掌握 TLV5616 的时序和工作原理。

技能目标：

- 掌握 DAC0832 构成锯齿波、三角波的方法；
- 掌握 TLV1544 的编程应用；
- 掌握 TLV5616 的编程应用。

8.1　A/D 转换接口技术

案例16　数字电压表制作

知识点：

- 了解电压表的基本原理；
- 掌握单片机控制 A/D 转换器的方法。

1. 案例介绍

8 路数字电压表主要利用 A/D 转换器，处理过程如下：先用 A/D 转换器对各路电压值进行采样，得到相应的数字量，再按数字量与模拟量成正比关系运算得到对应的模拟电压值，然后把模拟值通过显示器显示出来。设计时假设待测的输入电压为 8 路，电压值的范围为 0~5V，要求能在 4 位 LED 数码管上轮流显示或单路选择显示。测量的最小分辨率为 0.019V，测量误差为 ±0.02V。

根据系统的功能要求，控制系统采用 AT89C51 单片机，A/D 转换器采用 ADC0809。ADC0809 是 8 位精度的 A/D 转换器。当输入电压为 5.00V 时，输出的数据值为 255

(0FFH),因此最大分辨率为 0.0196V(5/255)。ADC0809 具有 8 路模拟量输入端口,通过 3 位地址输入端能从 8 路中选择一路进行转换。如每隔一段时间依次轮流改变 3 位地址输入端的地址,就能依次对 8 路输入电压进行测量。LED 数码管显示采用软件译码动态显示。通过按键选择可 8 路循环显示,也可单路显示,单路显示可通过按键选择所要显示的通道数。

2. 硬件电路

8 路数字电压表应用系统硬件电路由单片机、A/D 转换器、数码管显示电路和按键处理电路等组成,电路原理图如图 8-1 所示。

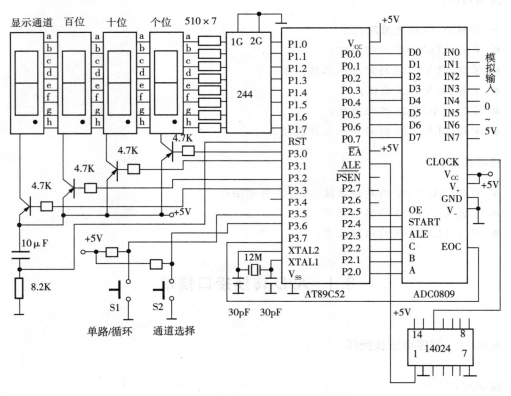

图 8-1　8 路数字电压表电路原理图

ADC0809 具有 8 路模拟量输入通道 IN0～IN7,通过 3 位地址输入端 C、B、A(引脚 23～25)进行选择。引脚 22 为地址锁存控制端 ALE,当输入为高电平时,C、B、A 引脚输入的地址锁存于 ADC0809 内部的锁存器中,经内部译码电路译码选中相应的模拟通道。引脚 6 为启动转换控制端 START,当输入一个 $2\mu s$ 宽的高电平脉冲时,就启动 ADC0809 开始对输入通道的模拟量进行转换。引脚 7 为 A/D 转换结束信号 EOC,ADC0809 为逐次比较型 A/D 转换器,当开始转换时,EOC 信号为低电平,经过一定时间,转换结束,转换结束信号 EOC 输出高电平,转换结果存放于 ADC0809 内部的输出数据锁存器中。引脚 9 为 A/D 转换数据输出允许控制端 OE,当 OE 为高电平时,存放于输出数据锁存器中的数据通过 ADC0809 的数据线 D0～D7 输出。引脚 10 为 ADC0809 的时钟信号输入端 CLOCK。在连接时,

ADC0809 的数据线 D0~D7 与 AT89C51 的 P0 口相连，ADC0809 的地址引脚、地址锁存端 ALE、启动信号 START、数据输出允许控制端 OE 分别与 AT89C51 的 P2 口相连，转换结束信号 EOC 与 AT89C51 的 P3.7 相连。时钟信号输入端 CLOCK 由单片机的地址锁存信号 ALE 通过芯片 14024 二分频后得到，由于单片机的系统时钟为 12MHz，因而 ADC0809 时钟输入端 CLOCK 信号的频率为 1MHz。

　　LED 数码管采用动态扫描方式连接，通过 AT89C51 的 P1 口和 P3.0~P3.3 口控制。P1 口为 LED 数码管的字段码输出端，P3.0~P3.3 口为 LED 数码管的位选码输出端，通过三极管驱动并反相。

　　S1 和 S2 是两个按键开关，与单片机的 P3.5 和 P3.6 相连，S1 键用于单路显示或多路循环显示转换控制，S2 键为单路显示时的通道选择。

　　3. 程序设计

　　多路数字电压表的系统软件程序由主程序、A/D 转换子程序和显示子程序组成。

　　① 主程序

　　主程序包含初始化部分、调用 A/D 转换子程序和调用显示程序，如图 8-2 所示。初始化部分包含存放通道数据缓冲区初始化和显示缓冲区初始化。另外，对于单路显示和循环显示，系统设置了一个标志位 00H 控制，初始化时 00H 位设置为 0，默认为循环显示，当它为 1 时改变为单路显示，00H 位通过单路/循环按键控制。

　　② A/D 转换子程序

　　A/D 转换子程序用于对 ADC0809 的 8 路输入模拟电压进行 A/D 转换，并将转换的数值存入 8 个相应的存储单元中，如图 8-3 所示。A/D 转换子程序每隔一定时间调用一次，即隔一段时间对输入电压采样一次。

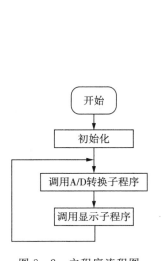

图 8-2　主程序流程图

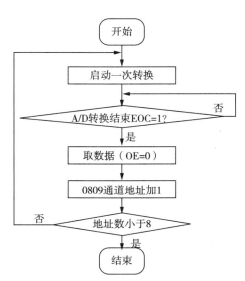

图 8-3　A/D 转换子程序流程图

　　③ 显示子程序

　　LED 数码管采用软件译码动态扫描方式。在显示子程序中包含多路循环显示和单路显示程序。多路循环显示程序把 8 个存储单元的数值依次取出送到 4 位数码管上显示,每一路显示 1s。单路显示程序只对当前选中的一路数据进行显示。每路数据显示时需经过转换变成十进制 BCD 码,放于 4 个数码管的显示缓冲区中。单路显示或多路循环显示通过标志位 00H 控制。在显示控制程序中加入了对单路或多路循环按键和通道选择按键的判断。

程序说明:

● 测量电压最大值为 5V,显示最大值为 5.00V;

● 使用 AT89C51 单片机,12MHz 晶振,P0 口读入 A/D 值,P2 口为 A/D 转换控制口;

● 数码管为共阳极连接,P1 口为字段码口,P3 口为位选口;

● P3.5 为单路/循环显示转换按键,P3.6 为单路显示时当前通道选择按键;

● 70H～77H 存放采样的 8 个数据,78H～7BH 为显示缓冲区,分别为个位、十位、百位和当前通道值;

● 00H 位为单路/循环显示控制位,当为 0 时循环显示,为 1 时单路显示。

【汇编程序】

```
        ORG 0000H
        LJMP  START
        ORG 0030H
        ;主程序
START:  CLR  A
        MOV P2,A
        MOV R0,#70H
        MOV R2,#0DH
LOOPMEM: MOV  @R0,A
        INC  R0
        DJNZ  R2,LOOPMEM
        MOV 20H,#00H
        MOV A,#0FFH
        MOV P0,A
        MOV P1,A
        MOV P3,A
MAIN:   LCALL TEST;A/D 转换
        LCALL DISPLAY;显示
        AJMP MAIN
        NOP
        NOP
        NOP
        LJMP  START
        ;显示子程序
DISPLAY: JB  00H,DISPl1
        MOV R3,#08H
        MOV R0,#70H
```

```
                MOV 7BH,#00H
DISLOOP1: LCALL   TUNBCD
                MOV R2,#0FFH
DISLOOP2: LCALL   DISP
                LCALL   KEYWORK1
                DJNZ    R2,DISLOOP2
                INC   R0
                INC   7BH
                DJNZ    R3,DISLOOP1
                RET
DISP11:     MOV A,7BH
                SUBB   A,#01H
                MOV 7BH,A
                ADD A,#70H
                MOV R0,A
DISLOOP11:LCALL   TUNBCD
                MOV   R2,#0FFH
DISLOOP22:LCALL   DISP
                LCALL   KEYWORK2
                DJNZ    R2,DISLOOP22
                INC   7BH
                RET
                ;显示数据转换子程序
TUNBCD:     MOV A,@R0
                MOV B,#51H
                DIV   AB
                MOV 7AH,A
                MOV A,B
                CLR   F0
                SUBB   A,#1AH
                MOV   F0,C
                MOV A,#10H
                MUL AB
                MOV   B,#51H
                DIV   AB
                JB   F0,LOOP2
                ADD A,#05H
LOOP2:       MOV 79H,A
                MOV A,B
                CLR   F0
                SUBB   A,#1AH
                MOV F0,C
```

```
              MOV A,#10H
              MUL AB
              MOV B,#51H
              DIV  AB
              JB  F0,LOOP3
              ADD A,#05H
LOOP3:        MOV 78H,A
              RET
              ;LED扫描显示子程序
DISP:         MOV  R1,#78H
              MOV  R5,#0FEH
PLAY:         MOV  P1,#0FFH
              MOV A,R5
              ANL  P3,A
              MOV A,@R1
              MOV  DPTR,#TAB
              MOVC A,@A+DPTR
              MOV  P1,A
              JB P3.2,PLAY1
              CLR  P1.7
PLAY1:        LCALL  DL1MS
              INC  R1
              MOV A,P3
              JNB ACC.3,ENDOUT
              RL  A
              MOV R5,A
              MOV  P3,#0FFH
              AJMP  PLAY
ENDOUT:       MOV  P3,#0FFH
              MOV  P1,#0FFH
              RET
              ;字段码表
TAB:          DB0C0H,0F9H,0A4H,0B0H,99H,92H,82H,0F8H,80H,90H,0FFH
              ;延时10ms子程序
DL10MS:       MOV R6,#0D0H
DL1:          MOV R7,#10H
DL2:          DJNZ R7,DL2
              DJNZ R6,DL1
              RET
              ;延时1ms子程序
DL1MS:        MOV R4,#0FFH
DL3:          DJNZ  R4,DL3
```

```
              MOV R4,＃0FFH
DL4：         DJNZ  R4,DL4
              RET
              ;A/D 转换子程序
TEST：        CLRA
              MOV P2,A
              MOV R0,＃70H
              MOV R7,＃08H
              LCALL  TESTART
WAIT：        JB  P3.7,MOVD
              AJMP  WAIT
TESTART：     SETBP2.3
              NOP
              NOP
              CLRP2.3
              SETBP2.4
              NOP
              NOP
              CLRP2.4
              NOP
              NOP
              NOP
              NOP
              RET
MOVD：        SETBP2.5
              MOV A,P0
              MOV@R0,A
              CLR  P2.5
              INC  R0
              MOV A,P2
              INC  A
              MOV P2,A
              CJNE  A,＃08H,TESTEND
TESTEND：     JC  TESTCON
              CLR  A
              MOV P2,A
              MOV A,＃0FFH
              MOVP0,A
              MOVP1,A
              MOVP2,A
              RET
TESTCON：     LCALL  TESTART
```

```
            LJMP    WAIT
            ;按键检测子程序
KEYWORK1：JNB    P3.5,KEY1
KEYOUT：  RET
KEY1：    LCALL   DISP
            JB  P3.5,KEYOUT
WAIT11：  JNB    P3.5,WAIT12
            CPL   00H
            MOV   R2,#0AH
            MOV   R3,#01H
            RET
WAIT12：  LCALLDISP
            AJMPWAIT11
KEYWORK2：JNBP3.5,KEY1
            JNBP3.6,KEY2
            RET
KEY2：    LCALLDISP
            JBP3.6,KEYOUT
WAIT22：  JNBP3.6,WAIT21
            INC   7BH
            MOV   A,7BH
            CJNEA,#08H,KEYOUT11
KEYOUT11：JC   KEYOUT1
            MOV   7BH,#00H
KEYOUT1： RET
WAIT21：  LCALLDISP
            AJMPWAIT22
            END
```

【C 程序】

```c
# include  <reg51.h>
# include  <intrins.h>   //调用_nop_()延时函数用
# define   ad_con   P2 //0809 的控制口
# define   addata   P0 //0809 的数据口
# define   disdata  P1 //数码管的字段码输出口
# define   uchar   unsigned char
# define   uint   unsigned int
uchar  number = 0x00; //存放单通道显示时的当前通道数
sbit   ALE = P2^3; //0809 的地址锁存信号
sbit   START = P2^4;//0809 的启动信号
sbit   OE = P2^5;//0809 的输出允许信号
sbit   KEY1 = P3^5;//循环或单路显示选择按键
```

```
sbit   KEY2 = P3^6;//通道选择按键
sbit   EOC = P3^7;//0809 的转换结束信号
sbit   DISX = disdata^7;//小数点位
sbit   FLAG = PSW^0;//循环或单路显示标志位
uchar code dis_7[11] = {0xC0,0xF9,0xA4,0xB0,0x99,0x92,0x82,0xF8,0x80,0x90,0xff};//共阳极
LED 数码管的字段码
uchar   code   scan_con[4] = {0xfe,0xfd,0xfb,0xf7};//4 个 LED 数码管的位选码
uchar   data   ad_data[8] = {0x00,0x00,0x00,0x00,0x00,0x00,0x00,0x00};
//0809 的 8 个通道转换数据缓冲区
uchar   data   dis[5] = {0x00,0x00,0x00,0x00,0x00};//显示缓冲区
delay1ms(uint t)   //1 ms 延时子函数
{
uint   i,j;
for   (i = 0;i<t;i + + )
    for   (j = 0;j<120;j + + );
}
/ ********************************************************************
检测按键子函数
******************************************************************** /
keytest()
{
if(key1 = = 0)   //检测循环或单路选择按键是否按下
  {
    FLAG = ! FLAG;   //标志位取反,循环、单路显示切换
    While (KEY1 = = 0);
  }
  if (FLAG = = 1)//单路显示方式时,检测通道选择按键是否按下
    {
    if(key2 = = 0)
    {
    number + + ;
    if   (number = = 8){number = 0;}
    while   (KEY2 = = 0);
    }
  }
}
/ ********************************************************************
显示扫描子函数
******************************************************************** /
scan()
{
uchar k,n;
```

```
int    h;
if(FLAG = = 0)//循环显示子程序
{
dis[3] = 0x00;//通道值清 0
for (n = 0;n<8;n + +)//8 路通道,循环 8 次
{
    dis[2] = ad_data[n]/51;//当前通道数据转换为 BCD 码
    dis[4] = ad_data[n]%51;
    dis[4] = dis[4] * 10;
    dis[1] = dis[4]/51;
    dis[4] = dis[4] % 51;
    dis[4] = dis[4] * 10;
    dis[0] = dis[4]/51;
for(h = 0;h<500;h + +)//每个通道显示时间控制为 1s
    {
    for(k = 0;k<4;k + +)//4 位 LED 扫描显示
    {
      disdata = dis_7[dis[k]];
      if(k = = 2){DISX = 0;}
      P3 = scan_con[k];delay1ms(1);P3 = 0xff;
      }
    }
    dis[3] + +;//通道值加 1
    keytest();//检测按键
  }
}
if (FLAG = = 1)//单路显示子程序
    {
    dis[3] = number;//当前通道数送通道显示位
  for (k = 0;k<4;k + +)//4 位 LED 扫描显示
  {
    disdata = dis_7[dis[k]];
    if (k = = 2) {DISX = 0;}
    P3 = scan_com[k];delay1ms(1);P3 = 0xff;
    }
  keytest()//检测按键
  }
}
/ ***************************************************************************
ADC0809 转换子函数
 *************************************************************************** /
test()
```

```
{
uchar m;
uchar s = 0x00;//初始通道为 0
ad_con = s;//第一通道地址送 0809 控制口
for(m = 0;m<8;m + +)
{
ALE = 1;_nop_();_nop_();ALE = 0;//锁存通道地址
START = 1; _nop_();_nop_();START = 0;//启动转换
_nop_();_nop_();_nop_();_nop_();
while(EOC = = 0);//等待转换结束
OE = 1;ad_data[m] = addata;OE = 0;//读取当前通道转换数据
s + +;ad_con = s;//改变通道地址
}
ad_con = 0x00;//通道地址恢复初值
}
/ ********************************************************************
主函数
******************************************************************** /
main()
{
P0 = 0xff;//初始化端口
P2 = 0x00;
P1 = 0xff;
P3 = 0xff;
while(1)
    {
    test();//测量转换数据
    scan();//显示数据
    }
}
```

8.1.1　并行 A/D 转换接口芯片 ADC0809

1. ADC0809 的结构和管脚

AD0809 是 8 位逐次逼近型 A/D 转换器。带 8 个模拟输入通道,芯片内带通道地址译码锁存器,输出带三态数据锁存器,启动信号为脉冲启动方式,每一通道的转换大约 $100\mu s$。

图 8 - 4 是 ADC0809 的结构图。ADC0809 由两大部分组成,一部分为输入通道,包括 8 位模拟开关,三条地址线的锁存器和译码器,可以实现 8 路模拟输入通道的选择。另一部分为一个逐次逼近型 A/D 转换器。

图 8 - 5　是 ADC0809 的管脚图。其功能如下:

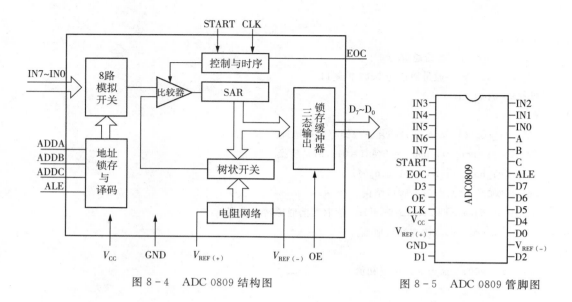

图 8-4   ADC 0809 结构图

图 8-5   ADC 0809 管脚图

- IN7~IN0:8 通道模拟量输入信号。
- D7~D0:8 位数据的输出端,三态输出。
- ADDC、ADDB、ADDA:通道号选择信号,其中 ADDA 是 LSB 位。用于选择 8 路输入之一进行 A/D 转换。
- ALE:地址锁存允许,上升沿将通道选择信号存入地址锁存器。
- START:启动 A/D 转换信号,正脉冲有效,当给出一个 START 信号后。EOC 变为高电平。
- EOC:转换结束信号,START 的上升沿使 EOC 变为低电平,A/D 转换完成,EOC 变为高电平。
- OE:输出使能信号。高电平有效,当此信号有效时,打开输出三态门,将转换后的结果送至数据总线。
- CLK:外接时钟信号,要求频率范围 10kHz~1.2MHz。
- Vcc:工作电源,+5V。
- $V_{REF}(+)$、$V_{REF}(-)$:参考电压输入。

C、B、A 输入的通道地址在 ALE 有效时被封锁。启动信号 START 启动后开始转换,但是 EOC 信号是在 START 的下降沿 $10\mu s$ 后才变无效的低电平,这要求查询程序待 EOC 无效后再开始查询,转换结束后由 OE 产生信号输出数据。ADC0809 模拟通道地址码见表 8-1 所示。

表 8-1   ADC0809 模拟通道地址码

地址码			选通模拟通道
C	B	A	
0	0	0	IN0

（续表）

地址码			选通模拟通道
C	B	A	
0	0	1	IN1
0	1	0	IN2
0	1	1	IN3
1	0	0	IN4
1	0	1	IN5
1	1	0	IN6
1	1	1	IN7

2. ADC0809 的工作流程

ADC0809 的工作流程如图 8-6 所示。

① 输入 3 位地址,并使 ALE＝1,将地址存入地址锁存器中,经地址译码器译码从 8 路模拟通道中选通一路模拟量送到比较器。

② 送 START 一高脉冲,START 的上升沿使逐次逼近寄存器复位,下降沿启动 A/D 转换,并使 EOC 信号为低电平。

③ 当转换结束时,转换的结果送入到输出三态锁存器,并使 EOC 信号回到高电平,通知 CPU 已转换结束。

④ 当 CPU 执行一读数据指令,使 OE 为高电平,则从输出端 D0～D7 读出数据。

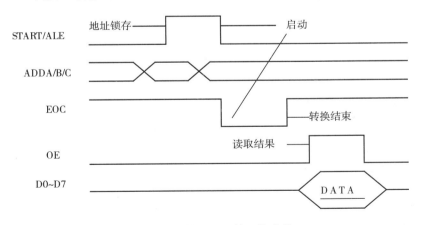

图 8-6　ADC0809 的工作流程

3. ADC0809 与 89C51 的接口

ADC0809 与 89C51 的接口电路如图 8-7 所示。

由图可知,0809 的启动信号 START 由片选 P2.7 与写信号 $\overline{WR}$ 的或非产生,这要求一条向 0809 写操作指令来启动转换。ALE 和 START 相连,即按打入的通道地址接通模拟量并启动转换。输出允许信号 OE 由读信号 $\overline{RD}$ 与片选线 P2.7 或非产生,即一条 0809 的读操作使数据输出。

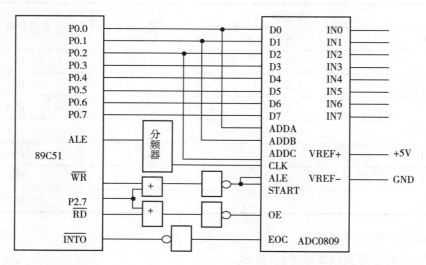

图 8-7　ADC0809 与 89C51 的接口电路

【例 1】　设接口电路用于一个 8 路模拟量输入的巡回检测系统,使用中断方式采样数据,把采样转换所得的数字量按序存于片内 RAM 的 30H～37H 单元中。采样完一遍后停止采集。

按照图中的片选线接法,ADC0809 的模拟通道 0～7 的地址为 7FF8H～7FFFH。

输入电压 $V_{IN} = D * V_{REF}/255 = 5D/255$。其中 D 为采集的数据字节。

【汇编程序】

```
         ORG 0000H
         LJMP MAIN
         ORG  0003H
         LJMP  INT0
         ORG  0100H;主程序
MAIN:    MOV  R0,#30H   ;设立数据存储区指针
         MOV  R2,#08H   ;设置 8 路采样计数值
         SETB  IT0;设置外部中断 0 为边沿触发方式
         SETB  EA;CPU 开放中断
         SETB  EX0   ;允许外部中断 0 中断
         MOV  DPTR,#7FF8H ;送入口地址并指向 IN0
LOOP:    MOVX  @DPTR,A  ;启动 A/D 转换,A 的值无意义
HERE:    SJMP  HERE   ;等待中断
         ORG  0200H   ;中断服务程序
INT0:    MOVX  A,@DPTR  ;读取转换后的数字量
         MOV  @R0,A   ;存入片内 RAM 单元
         INC  DPTR   ;指向下一模拟通道
         INC  R0   ;指向下一个数据存储单元
```

```
        DJNZ  R2,NEXT   ;8 路未转换完,则继续
        CLR   EA   ;已转换完,则关中断
        CLR   EX0   ;禁止外部中断 0 中断
        RETI  ;中断返回
NEXT：  MOVX  @DPTR,A  ;再次启动 A/D 转换
        RETI;中断返回
```

【C 程序】

```
#include  <reg51.h>
#include  <absacc.h>  //定义绝对地址访问
#define  uchar  unsigned  char
#define  IN0  XBYTE[0x7FF8]  //定义 IN0 为通道 0 的地址
static  uchar  data  x[8];  //定义 8 个单元的数组,存放结果
uchar  xdata  * ad_adr;  //定义指向通道的指针
uchar  i = 0;
void  main(void)
{
    IT0 = 1;  //初始化
    EX0 = 1;
    EA = 1;
    i = 0;
    ad_adr = &IN0;  //指针指向通道 0
    * ad_adr = i;  //启动通道 0 转换
    for  (;;){;}  //等待中断
}
/ *********************************************************************
中断函数
 ********************************************************************* /
void  int_adc(void)  interrupt  0
{
    x[i] = * ad_adr;  //接收当前通道转换结果
    i++;
    ad_adr++;  //指向下一个通道
    if (i<8)
    {
    * ad_adr = i;  //8 个通道未转换完,启动下一个通道返回
    }
    else
    {
    EA = 0;EX0 = 0;  //8 个通道转换完,关中断返回
    }
}
```

8.1.2 串行 A/D 转换接口芯片 TLV1544

1. TLV1544 的引脚及功能

引脚排列如图 8-8 所示。引脚功能如见 8-2。

TLV1544/1548 是具有 4/8 个模拟输入通道的 CMOS 开关电容逐次逼近 10 位分辨率 A/D 转换器,每个器件具有芯片选择(CS)、输入输出时钟

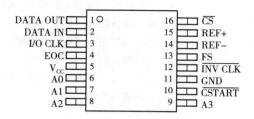

图 8-8 TLV1544 引脚图

(CLK)、数据输入(DATAIN)以及数据输出(DATAOUT),能提供处理器 4 线同步串行外设接口通道选择如表 8-3 所示。除了高速转换器和多种控制能力外,器件片内具有 11 通道多路转换器,它能在 8 个模拟输入通道和 3 个内部测试电压中任意选择一个。采样保持功能是自动的,AD 转换结束时,转换结束 EOC 输出变为高电平以指示转换完成。TLV1544 可工作在宽电源电压范围且具有极低的功耗和极高的转换速率,其转换时间<10μs。

表 8-2 TLV 1544/1548 引脚说明

名称	编号+	符号*	I/O	说　　　明
A0—A3 A4—A7	6—9 —	1—4 5—8	I	模拟输入端。模拟输入在内部是多路复用的。(对于源阻抗大于 1kΩ 的情况,应当采用异步启动以增加采样时间)
$\overline{CS}$	16	15	I	芯片选择端。$\overline{CS}$端高电平至低电平的跳变复位内部计数器,并控制在最大建立时间之内使 DATA IN、DATA OUT 和 I/O CLK 能工作。低电平至高电平的跳变将在建立时间之内禁止 DATE IN、DATE OUT 和 I/O CLK
$\overline{CSTART}$	10	9	I	采样/转换起始控制。$\overline{CSTART}$控制来自所选多路复用通道模拟输入采样的起始。高电平至低电平的跳变启动模拟输入信号采样。低电平至高电平的跳变把采样保持功能置为保持方式并启动转换。$\overline{CSTART}$独立于 I/O CLK 并在$\overline{CS}$为高电平时工作。低电平$\overline{CSTART}$持续期控制开关电容阵列采样周期的持续时间。如果不使用,请把$\overline{CSTART}$接至 V_{CC}
DATA IN	2	17	I	串行数据输入。在正常周期中 4 位带串行数据选择所需的模拟输入和下一个要转换的测试电压。这些位也可设置转换速率和使能掉电方式。当工作在微处理器方式时,输入数据以 MSB 在前的方式出现且在 I/O CLK 的前四个上升($\overline{INV\ CLK}=V_{CC}$)或下降($\overline{INV\ CLK}=GND$)沿送入(在$\overline{CS}$↓之后)。当工作在 DSP 方式时,输入数据以 MSB 在前的方式出现且在 I/O CLK 的前四个下降($\overline{INV\ CLK}=V_{CC}$)或上升($\overline{INV\ CLK}=GND$)沿送入(在 FS↓之后)。在四个输入数据位已被读入输入数据寄存器之后,在当前转换周期的剩余时间内,DATA IN 被忽略

（续表）

名称	编号＋	符号＊	I/O	说　　明
DATA OUT	1	16	O	A/D 转换结果的三态输出端。当 $\overline{\text{CS}}$ 为高电平时，DATA IN 为高阻抗状态，当 $\overline{\text{CS}}$ 为低电平时，此端有效。在具有有效 $\overline{\text{CS}}$ 信号的情况下，DATA OUT 离开高阻状态并被驱动至与先前转换结果的 MSB 或 LSB 值相对应的逻辑电平。DATA OUT 在 I/O CLK 的下降（微处理器方式）或上升（DSP 方式）沿发生改变
EOC	4	19	O	转换结束。EOC 在 I/O CLK 的第十个上升（微处理器方式）或第十个下降（DSP 方式）沿从高逻辑电平变为低逻辑电平，且在转换完成和数据准备好发送之前一直保持低电平。EOC 也能指示转换器是否忙

表 8－3　TLV1544/1548 通道选择

功能选择	输入数据字节		注　　释
	A3～A0		
	二进制	十六进制	
选择 TLV1548 模拟通道 A0	0000b	0h	TLV1544 通道 0
选择 TLV1548 模拟通道 A1	0001b	1h	
选择 TLV1548 模拟通道 A2	0010b	2h	TLV1544 通道 1
选择 TLV1548 模拟通道 A3	0011b	3h	
选择 TLV1548 模拟通道 A4	0100b	4h	TLV1544 通道 2
选择 TLV1548 模拟通道 A5	0101b	5h	
选择 TLV1548 模拟通道 A6	0110b	6h	TLV1544 通道 3
选择 TLV1548 模拟通道 A7	0111b	7h	

2. TLV1544 的时序

TLV1544 的时序如图 8－9 所示。

当器件与微处理器接口时，如果 INVCLK 保持高电平，那么来自 DATAIN 的数据在时钟序列的前四个上升沿由时钟同步输入；如果 INVCLK 保持低电平，那么来自 DATAIN 的数据在时钟序列的前四个下降沿由时钟同步输入。在 CS 的下降沿，上次转换结果的最高位出现在 DATAOUT，剩下的 9 位在时钟信号接下来的 9 个边沿移出，10 个数据位通过 DATAOUT 发送到主机。

为了开始转换，至少需要 9.5 个时钟脉冲。在第 10 个脉冲的上升沿，EOC 输出变为低电平，并在转换完成时变回高电平，然后结果可有主机读出。

3. TLV1544 与单片机的接口

TLV1544 与单片机连接如图 8－10 所示。CS 接单片机的引脚 P2.0，I/O CLK 接单片

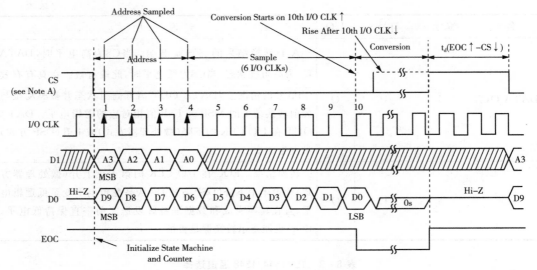

图 8 − 9 TLV1544 时序

机的引脚 P2.1，DATA IN 接单片机的引脚 P2.2，DATA OUT 接单片机的引脚 P2.3。

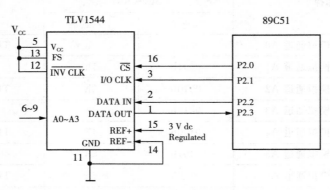

图 8 − 10 TLV1544 与单片机连接图

参考 C 程序如下：

```c
# include <reg51.h>
# include <intrins.h>//库函数头文件,代码中引用了_nop_()函数
# include <string.h>
/ ******************* 定义控制信号端口 ***************************** /
sbit CS_AD = P2^0;
sbit CLK = P2^1;
sbit DATA_IN = P2^2;
sbit DATA_OUT = P2^3;
/ ****************** 声明调用函数 ******************************* /
void delay(unsigned char t);//可控延时函数
void delay1();   //软件实现延时函数,5 个机器周期
void write_1544(unsigned char a);
```

```c
void init_1544();    /*初始化 1544 口线*/
unsigned int read_1544( unsigned char a);
/*************************************************************************
采用软件实现可控延时,延时时间控制参数存入变量 t 中
************************************************************************* /
void delay(unsigned char t)
{
    unsigned char j,i;
    for(i = 0;i<t;i + + )
    for(j = 0;j<250;j + + );
}
/*************************************************************************
采用软件实现延时,5 个机器周期
************************************************************************* /
void delay1()
{
    _nop_();
    _nop_();
    _nop_();
}
/****************** TLV1544 ********************************************* /
void init_1544()    /*初始化 1544 口线*/
{
    CS_AD = 1;
    DATA_OUT = 1;
    DATA_IN = 1;
    CLK = 1;
}
/*************************************************************************
主机把 4 通道地址提供给 DATA_IN;并提供时钟序列给 IO - CLK
************************************************************************* /
void write_1544(unsigned char a)
{
    unsigned char i;
    unsigned char b = 0x08;
    CS_AD = 0;
    CLK = 0;
    for(i = 0;i<10;i + + )
    {
        CLK = 1;    //上升沿触发
        DATA_IN = (bit)(a&b);    //通道号(4 位,如 0010)并转串从 DATA_IN 输入
        b>> = 1;
```

```
        CLK = 0;
    }
    CS_AD = 1;
    DATA_OUT = 1;
}
/* ****************************************************************************
选取被读的通道,10 个数据位通过 DATA_OUT 发送到主机
   **************************************************************************** /
unsigned int read_1544(unsigned char a)
{
    unsigned char i;
    unsigned char b = 0x08;
    unsigned int r_data = 0;   /* 返回转换结果 */
    CS_AD = 0;
    CLK = 0;
    for(i = 0;i<10;i + +)
    {
      r_data<< = 1;
      CLK = 1;// 时序 ,上升沿触发
      DATA_IN = (bit)(a&b);
      b>> = 1;
      CLK = 0;//时序
      if(DATA_OUT = = 1) //串转并输出
      r_data + +;
    }
      delay1();
      CS_AD = 1;
      DATA_IN = 1;
    return r_data;
}
/* **************** 主函数 ********************************************** /
void main()
{
    unsigned int m = 0;
    delay(20);
    while(1)
    {
    init_1544();   //初始化 TLV1544
    write_1544(0x00);
    m = read_1544(0x00);
    }
}
```

8.2　D/A 转换接口技术

案例 17　波形发生器的制作

知识点：

● 了解波形发生器的基本原理；

● 掌握单片机控制 D/A 转换器的方法。

1. 案例介绍

用单片机控制 DAC0832 分别产生三角波、方波和正弦波。

2. 硬件电路

单片机 P0 口接 DAC0832 数据输入引脚，三角波、方波和正弦波按键分别为 P1.1，P1.2，P1.3。RP1 是 10kΩ 排插电阻。图 8-11 为多波形成发生电路图。

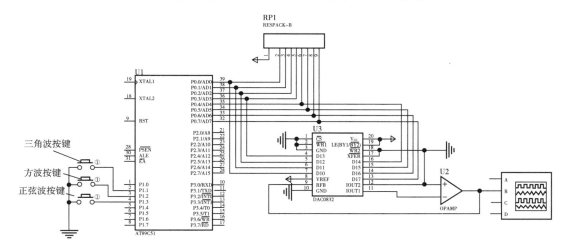

图 8-11　多波形发生电路

3. 程序设计

【汇编程序】

```
        KEY1   EQU   P1.1
        KEY2   EQU   P1.2
        KEY3   EQU   P1.3
        ORG   0000H
        LJMP MAIN
        ORG 0080H
MAIN:
        MOV P1,#0FFH
```

```
        MOV DPTR,#0FFFFH
SCAN：
        JNB   KEY1,  tran   ;三角波
        JNB   KEY2,  square ;方波
        JNB   KEY3,  sin    ;正弦波
        LJMP  SCAN
tran：
        JB  KEY1,  SCAN   ;判断三角波按键
STR1：
        MOV R6,#00H ;通过上升和下降来产生三角波
        ;电压随时间上升
STR2：  MOV A,R6
        MOVX @DPTR,A
        INC R6
        CJNE R6,#0FFH,STR2
        ;电压随时间下降
STR3：  DEC R6
        MOV A,R6
        MOVX @DPTR,A
        CJNE R6,#00H,STR3
        AJMP tran
square：
        JB   KEY2,  SCAN   ;判断方波按键
LOOP1：
        MOV A,0
        MOVX @DPTR,A;向选通地址送低电平
        ACALL DELAY
        MOV A,#0FFH
        MOVX @DPTR,A;向选通地址送高电平
        ACALL DELAY
        AJMP square
DELAY： MOV 30H,#0FFH;延时,通过改变它的大小可以改变占空比
D2：    DJNZ 30H,D2
        RET
sin：
        MOV R1,#00H ;取表格初值
LOOP2：  ;在表格里取数送到指定地址
        JB  KEY3,  SCAN ;判断正弦波按键
        MOV A,R1
        MOV DPTR,#SETTAB
        MOVC A,@A+DPTR
        MOV DPTR,#07FFFH
```

```
        MOVX @DPTR,A
        INC R1;表格加一
        AJMP LOOP2;循环
SETTAB:;正弦表格
        DB 80H,83H,86H,89H,8DH,90H,93H,96H
        DB 99H,9CH,9FH,0A2H,0A5H,0A8H,0ABH,0AEH
        DB 0B1H,0B4H,0B7H,0BAH,0BCH,0BFH,0C2H,0C5H
        DB 0C7H,0CAH,0CCH,0CFH,0D1H,0D4H,0D6H,0D8H
        DB 0DAH,0DDH,0DFH,0E1H,0E3H,0E5H,0E7H,0E9H
        DB 0EAH,0ECH,0EEH,0EFH,0F1H,0F2H,0F4H,0F5H
        DB 0F6H,0F7H,0F8H,0F9H,0FAH,0FBH,0FCH,0FDH
        DB 0FDH,0FEH,0FFH,0FFH,0FFH,0FFH,0FFH,0FFH
        DB 0FFH,0FFH,0FFH,0FFH,0FFH,0FFH,0FEH,0FDH
        DB 0FDH,0FCH,0FBH,0FAH,0F9H,0F8H,0F7H,0F6H
        DB 0F5H,0F4H,0F2H,0F1H,0EFH,0EEH,0ECH,0EAH
        DB 0E9H,0E7H,0E5H,0E3H,0E1H,0DEH,0DDH,0DAH
        DB 0D8H,0D6H,0D4H,0D1H,0CFH,0CCH,0CAH,0C7H
        DB 0C5H,0C2H,0BFH,0BCH,0BAH,0B7H,0B4H,0B1H
        DB 0AEH,0ABH,0A8H,0A5H,0A2H,9FH,9CH,99H
        DB 96H,93H,90H,8DH,89H,86H,83H,80H
        DB 80H,7CH,79H,78H,72H,6FH,6CH,69H
        DB 66H,63H,60H,5DH,5AH,57H,55H,51H
        DB 4EH,4CH,48H,45H,43H,40H,3DH,3AH
        DB 38H,35H,33H,30H,2EH,2BH,29H,27H
        DB 25H,22H,20H,1EH,1CH,1AH,18H,16H
        DB 15H,13H,11H,10H,0EH,0DH,0BH,0AH
        DB 09H,08H,07H,06H,05H,04H,03H,02H
        DB 02H,01H,00H,00H,00H,00H,00H,00H
        DB 00H,00H,00H,00H,00H,00H,01H,02H
        DB 02H,03H,04H,05H,06H,07H,08H,09H
        DB 0AH,0BH,0DH,0EH,10H,11H,13H,15H
        DB 16H,18H,1AH,1CH,1EH,20H,22H,25H
        DB 27H,29H,2BH,2EH,30H,33H,35H,38H
        DB 3AH,3DH,40H,43H,45H,48H,4CH,4EH
        DB 51H,55H,57H,5AH,5DH,60H,63H,66H
        DB 69H,6CH,6FH,72H,76H,79H,7CH,80H
        END
```

【C 程序】

```
#include"reg51.h"
#define uchar unsigned char
sbit ktran = P1^1;   //三角波按键
```

```
        sbit ksquare = P1^2;   //方波按键.
        sbit ksin = P1^3;   //正弦波按键.
        void delay( );
        uchar   code tab[128] = {
        64,67,70,73,76,79,82,85,88,91,94,96,99,102,104,106,
        109,111,113,115,117,118,120,121,123,124,125,126,126,
        127,127,127,127,127,127,127,126,126,125,124,123,121,
        120,118,117,115,113,111,109,106,104,102,99,96,94,91,
        88,85,82,79,76,73,70,67,64,60,57,54,51,48,45,42,39,
        36,33,31,28,25,23,21,18,16,14,12,10,9,7,6,4,3,2,1,
        1,0,0,0,0,0,0,0,1,1,2,3,4,6,7,9,10,12,14,16,18,21,23,
        25,28,31,33,36,39,42,45,48,51,54,57,60};
        void delay( )
        {
          uchar i;
          for(i = 0;i<255;i + +);
        }
        void tran(void)   //三角波
        {
        uchar i;
        while(1)
        {
        for(i = 0;i<255;i + +)
        P0 = i;
        for(i = 255;i>0;i - -)
        P0 = i;
        if(ktran = = 0)
          delay( );
          if(ktran = = 0)
          {
          while(ktran = = 0);
          break;
        }
      }
    }
}
void square(void)   //方波
{
  while(1)
  {
  P0 = 0x00;
  delay();
  P0 = 0xff;
```

```
        delay();
      if(ksquare = = 0)
          delay( );
          if(ksquare = = 0)
          {
          while(ksquare = = 0);
          break;
          }
      }
  }
  void sin( )   //正弦波
  {
     unsigned int   i;
     while(1)
     {
     if( + + i = = 128)
     i = 0;
     P0 = tab[i];
     if(ksin = = 0)
         delay( );
         if(ksin = = 0)
         {
         while(ksin = = 0);
         break;
     }
  }
}
void main(void)   //主函数
{
  if(ktran = = 0)
  {
  delay( );
    if(ktran = = 0)//按键去抖
    {
    while(ktran = = 0);
    tran( );
    }
  }
  if(ksquare = = 0)
  {
  delay( );
  if(ksquare = = 0)
```

```
    {
    while(ksquare = = 0);
    square( );
    }
}
if(ksin = = 0)
{
    delay();
    if(ksin = = 0)
    {
    while(ksin = = 0);
    sin( );
    }
}
}
```

8.2.1 并行 D/A 转换接口芯片 DAC0832

1. DAC0832 的结构和管脚

图 8-12 是 DAC0832 的逻辑结构图。DAC0832 由输入寄存器、8 位 DAC 寄存器、8 位 D/A 转换器所构成。DAC0832 中有两级锁存器,第一级输入寄存器,第二级 DAC 寄存器。因为有两级锁存器,DAC0832 可以工作在双缓冲方式下,这样在输出模拟信号的同时可以采集下一个数字量,可以有效地提高转换速度。另外,有了两级锁存器,可以在多个 D/A 转换器同时工作时,利用第二级锁存信号实现多路 D/A 的同时输出。

DAC0832 既可以工作在双缓冲方式下,也可工作在单缓冲方式下,无论哪种方式,只要数据进入 DAC 寄存器,便启动 D/A 转换。

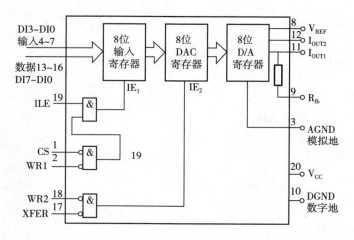

图 8-12 DAC0832 结构图

DAC0832 有 20 个引脚,采用双列直插式封装,如图 8-13 所示。

各管脚定义如下：
- DI7～DI0：8 位数字量输入线，为 TTL 电平。
- ILE：数据锁存允许控制，输入，高电平有效。

$\overline{\text{CS}}$：片选信号，输入，低电平有效。

$\overline{\text{WR1}}$：数据写入信号 1，输入，低电平有效。

$\overline{\text{XFER}}$：数据传送控制信号，输入，低电平有效。用来控制 WR2 是否起作用，在控制多个 DAC0832 同时输出时，特别有用。

$\overline{\text{WR2}}$：数据写入信号 2，输入，低电平有效。当 $\overline{\text{XFER}}$ 和 $\overline{\text{WR}}$ 同时有效时，输入寄存器中的数据被装入 DAC 寄存器，并同时启动一次 D/A 转换。

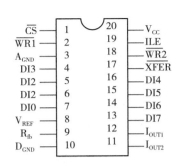

图 8-13　DAC0832 的引脚功能

- I_{OUT1}、I_{OUT2} 电流输出端，$I_{\text{OUT1}} + I_{\text{OUT2}} =$ 常数。
- R_{fb}：反馈信号输入端
- V_{REF}：基准电压输入端。
- V_{CC}：器件中数字电路部分的电源电压。
- D_{GND}：数字地。
- A_{GND}：模拟地。

DAC0832 的输出是电流型的。在单片机应用系统中，通常需要电压信号，电流信号和电压信号之间的转换可由运算放大器实现。输出电压值为 $-D * V_{\text{REF}}/255$。其中 D 为输出的数据字节。

2. 89C51 与 DAC0832 的接口电路

DAC0832 带有数据输入寄存器，是总线兼容型的，使用时可以将 D/A 芯片直接与数据总线相连。

（1）DAC0832 双缓冲接口。

DAC0832 工作于双缓冲方式，输入寄存器的锁存信号和 DAC 寄存器的锁存信号分开控制，这种方式适用于几个模拟量需同时输出的系统，每一路模拟量输出需要一个 DAC0832，构成多个 0832 同步输出系统。例如图 8-14 为二路模拟量同步输出的 51 系统。0832 的输出可分别接图形显示器 X、Y 偏转放大器输入端。

图中两片 0832 的输入寄存器各占一个单元地址，而两个 DAC 寄存器占用同一单元地址。实现两片 0832 的 DAC 寄存器占用同一单元地址的方法，是把两个传送允许信号 $\overline{\text{XFER}}$ 相连后接同一线选端。

转换操作时，先把两路待转换数据分别写入两个 0832 的输入寄存器，之后再将数据同时传送到两个 DAC 寄存器，传送的同时启动 D/A 转换。这样，两个 DAC0832 同时输出模拟电压转换值。

未用的地址线假定为高电平，则两片 0832 的输入寄存器地址分别为 8FFFH 和 A7FFH，两个芯片的 DAC 寄存器地址都为 2FFFH。将数据 data1 和 data2 同时转换为模拟量的函数，如下：

```
# include<absacc. h>
```

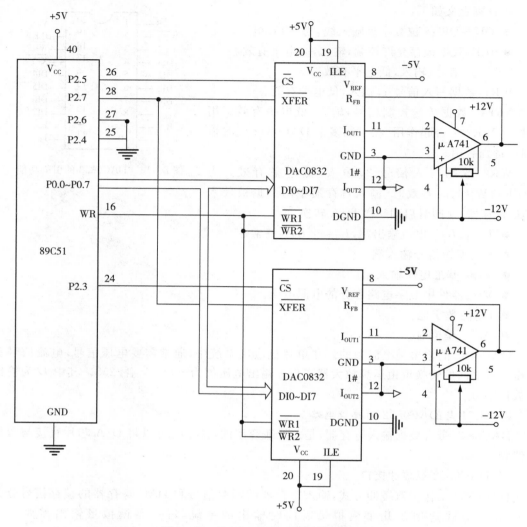

图 8 - 14 DAC0832 的双缓冲接口电路

```
#include<reg51.h>
#define INPUT1 XBYTE[0x8fff]
#define INPUT2 XBYTE[0xa7ff]
#define DAC XBYTE[0x2fff]
#define uchar unsigned char
void dac2b(data1,data2)
uchar data1,data2 ;
{
INPUT1 = data1;   //送数据到一片 0832
INPUT2 = data2;//送数据到另一片 0832
DAC = 0；  //启动两路 D/A 同时转换
}
```

（2）DAC0832 的单缓冲接口

图 8-15 是 DAC0832 与 89C51 的单缓冲方式接口。在单缓冲接口方式下，ILE 接＋5V，始终保持有效。写信号控制数据的锁存，$\overline{WR1}$ 和 $\overline{WR2}$ 相连，接 89C51 的 $\overline{WR}$，即数据同时写入两个寄存器；传送允许信号 $\overline{XFER}$ 与片选 $\overline{CS}$ 相连，即选中 0832 后，写入数据立即启动转换。按图中的连线确定 FFFEH 为该片 0832 的地址。这种单缓冲方式适用于只有一路模拟量输出的场合。

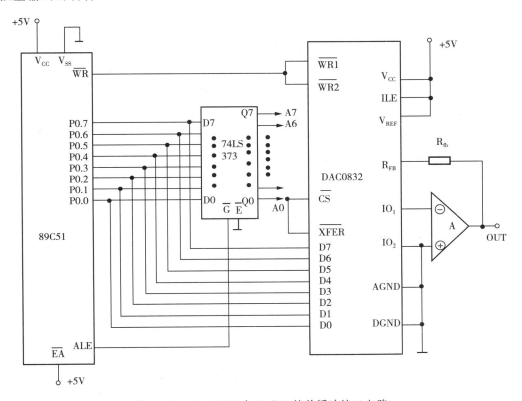

图 8-15　DAC0832 与 89C51 的单缓冲接口电路

如下的函数，可在运放输出端得到一个锯齿波电压信号。

```
# include<absacc. h>
# include<reg51. h>
# # define DA0832 XBYTE[0xfffe]
# define uchar unsigned char
# define uint unsigned int
void stair(void)
{
uchar i;
while(1)
{
for (i = 0;i<= 256;i = i++)   //形成锯齿波输出值,最大 255
```

```
        {DA0832 = i;  // D/A 转换输出
    }
    }
}
```

(3)直通方式

在直通方式下，ILE 接＋5V，$\overline{WR1}$、$\overline{WR2}$、$\overline{XFER}$、$\overline{CS}$均接地，输入寄存器和 DA 寄存器均处于导通状态，当数字量到达输入脚时立即进行 DA 转换。如案例 18 的接法。

8.2.2　串行 D/A 转换接口芯片 TLV5616

1. TLV5616 引脚功能

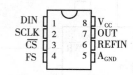

图 8-16　TLV5616 引脚图

TLV5616 是一个带有灵活的 4 线串行接口的 12 位电压输出数模转换器，工作电压在 2.7V 至 5.5V 之间，它内部包含一个并行接口、速度和掉电控制逻辑、一个基准输入缓冲器、电阻串以及一个轨到轨输出缓冲器，可以用一个包括 4 个控制位和 12 个数据位的 16 位串行字符串来编程。TLV5616 引脚排列如图 8-16 所示。输出电压由下式给出：

$$V_{OUT} = 2 * V_{REF} * DATA/4096$$

其中 V_{REF} 是基准电压，$DATA$ 是输入数字量（0～4095）。

表 8-4 所示为 TLV5616 引脚图说明

表 8-4　TLV5616 引脚图说明

引脚名称	编号	I/O	说　　明
A_{GND}	5		模拟地
$\overline{CS}$	3	I	片选。数字输入，用来使能和禁止输入，低有效
DIN	1	I	串行数字数据输入
FS	4	I	帧同步，数字输入用于 4 线串行接口，如 DSP TMS320 接口
OUT	7	O	DAC 模拟输出
REFIN	6	I	基准模拟电压输入
SCLK	2	I	串行数字时钟输入
V_{DD}	8		正电源

2. TLV5616 工作时序

TLV5616 工作时序如图 8-17 所示。

器件工作时，必须使能 CS（低电平有效），然后在 FS 的下降沿启动数据的移位，在 SCLK 的下降沿一位接一位的传入内部寄存器，高位在前，低位在后。在 16 位已经传送后

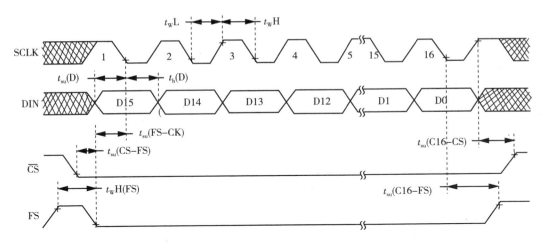

图 8-17　TLV5616 时序

或 FS 升高时,移位寄存器中的内容被移动到 DAC 锁存器,它将输出电压更新为新的电平。
输入数据格式如下:

D15	D14	D13	D12	D11	D10	D9	D8	D7	D6	D5	D4	D3	D2	D1	D0
X	SPD	PWR	X	DAC 新值(12 位)											

D11~D0:数据位

SPD:速度控制位,1 为快速模式,0 为慢速模式

PWR:功率控制位,1 位掉电方式,0 为正常工作

3. TLV5616 与单片机的接口

TLV5616 与单片机连接时,可选择单片机串口传送数据(也可用其他引脚),如图 8-18 所示,串行数据由 RXD 引脚送出,串行时钟由 TXD 引脚送出,P3.4 和 P3.5 分别提供片选和帧同步信号。

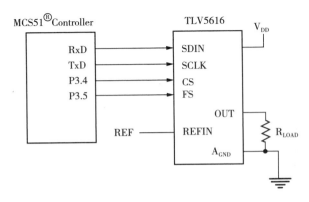

图 8-18　TLV5616 与单片机接口电路

```
//程序功能:单片机控制 TLV5616 输出三级阶梯波形
#include"reg52.h"//头文件
#include"intrins.h"
#define uchar unsigned char
#define uint unsigned int
// ***************** tlv5616 的信号线 ****************
sbittlv5616_DIN = P3^0;//tlv5616 的输入数据端口
sbittlv5616_CLK = P3^1;//tlv5616 的时钟端口
sbittlv5616_CS = P3^4;//tlv5616 的片选端口
sbittlv5616_FS = P3^5;
void delay(unsigned int l)
{
      unsigned int j,r;
      for(j = l;j>0;j - -)
        for(r = 110;r>0;r - -);
}
// ***************** tlv5616 的驱动程序 ****************
//da:要输出的 DA 值
void tlv5616_dat(uint dat)//DA 转换函数
{
    uchar i;
    dat = dat&0xfff + 0x4000;
    tlv5616_CS = 0;
    tlv5616_CLK = 1;
    tlv5616_FS = 0;
    for(i = 0;i<16;i + +)
    {
    _nop_();_nop_();
    tlv5616_DIN = (bit)(dat&0x8000);
    tlv5616_CLK = 0;
    _nop_();
    dat<< = 1;
    tlv5616_CLK = 1;
    _nop_();
    }
    tlv5616_FS   = 1;
    tlv5616_CLK = 1;
    tlv5616_CS   = 1;
    for(i = 0;i<16;i + +);
}
void main(void)
{
```

```
while(1)
{
tlv5616_dat(800);
delay(100);
tlv5616_dat(400);
delay(200);
tlv5616_dat(0);
delay(20);
}
}
```

习　题

1. 试用 TLV5616 产生方波、三角波、矩形波。

2. 12 位 D/A 转换器,输出电压和参考电压的关系是什么?

3. 若 D/A 转换输出锯齿波时,在没有示波器的情况下可采用万用表观察,但需要加适当的延时。延时应加何处? 试编写适当的延时函数。

4. 用 89C51 单片机和 8032 数模转换器产生梯形波。梯形波的斜边采用步幅为 1 的线性波,幅度从 00H 到 80H,水平部分靠调用延时程序来维持,写出梯形波产生的程序。

5. 对于数据采集的模拟电压信号,哪些情况适合于并口 A/D 转换,哪些情况适合于串口 A/D 转换?

6. 用 89C51 内部定时器来控制 0809 的 0 通道信号进行数据采集和处理。连接采用单缓冲方式。每一分钟对 0 通道采集一次数据,连续采集 5 次。若平均值超过 80H,则由 P1 口的 P1.0 输出控制信号 1,否则使 P1.0 输出 0。

7. 对 0809 进行数据采集编程。要求对 8 路模拟量连续采集 24 小时,每隔 10 分钟采集一次,数据存放在外部数据存储器中。

8. 对于图 8-10 的接口电路,编写 TLV1544 连续采集 20 个数据,除去最大值和最小值后求平均值的程序。

第9章　keil μVision4 编译环境

知识目标：

● 了解 keil C51 开发环境；
● 掌握程序调试及仿真方法。

技能目标：

● 会用使用 keil μVision4 软件；
● 会调试单片机程序；
● 会下载程序到单片机芯片中。

keilC51 软件是众多单片机应用开发的优秀软件之一，它集编辑、编译、仿真于一体，支持汇编和 C 语言的程序设计，界面友好，易学易用。本章主要介绍 keil C51 开发环境和程序调试及仿真方法。

9.1　μVision4 集成开发环境

9.1.1　μVision4 集成工具

keil μVision4 支持所有 Keil 89C51 的工具软件，包括 C51 编译器、宏汇编器、链接器/定位器和目标文件至格式转换器。μVision4 可以自动完成编译、汇编和链接程序的操作。

1. C51 编译器和 A51 汇编器

由 μVision4 IDE 创建的源文件，可以被 C51 编译器和 A51 汇编器处理，生成可重定位的文件。Keil C51 编译器遵守 ANSI　C 语言标准，支持 C 语言的所有标准特性。另外，还增加了几个可以支持 89C51 结构的特性。Keil A51 宏汇编器支持 89C51 及派生系列的所有指令集。

2. LIB51 库管理器

LIB51 库管理器允许从由编译器或汇编器生成的目标文件创建目标库。库是一种被特别地组织过并在以后可以被连接重用的对象模块。当连接器处理一个库时，仅仅那些被使用的目标模块才被真正使用。

3. BL51 链接器/定位器

BL51 连接器/定位器利用从库中提取的目标模块和由编译器或汇编器生成的目标模块

创建一个绝对地址的目标模块。一个绝对地址目标模块或文件包含不可重定位的代码和数据。所有的代码和数据被安置在固定的存储器单元中。

此绝对地址目标文件可以用来：

写入 EPROM 或其他存储器件。

通过 μVision4 调试器来模拟和调试。

通过仿真器来测试程序。

4. μVision4 软件调试器

μVision4 软件调试器能十分理想地进行快速、可靠的程序调试。调试器包括一个高速模拟器，可以使用它模拟整个 89C51 系统，包括片上外围器件和外部硬件。当从器件数据库选择器件时，这个器件的属性会被自动配置。

5. μVision4 硬件调试器

μVision4 硬件调试器提供了几种在实际目标上测试程序的方法，安装 MON51 目标监控器到用户的目标系统，并通过 Monitor – 51 接口下载的程序；使用高级 GDI 借口，将 μVision4 调试器同仿真实验仪或者 TKS 系列仿真器的硬件系统相连接，通过 μVision4 得到人机交互环境指挥连接的硬件完成仿真操作。

6. RTX51 实时操作系统

RTX51 实时操作系统是针对 89C51 微控制器系列的一个多任务内核。RTX51 实时内核简化了需要对实时事件进行反应的、复杂应用的系统设计、编程和调试。这个内核完全集成在 C51 编译器中，使用非常简单。任务描述表和操作系统的一致性由 BL51 链接器/定位器自动进行控制。

9.1.2　菜单栏命令、工具栏和快捷方式

安装 keil C51 软件后，会在桌面上出现 Keil μVision4 程序的图标，并在"开始"程序里增加"Keil μVision4"程序项。从"开始"程序里选择"Keil μVision4"程序项或者直接双击桌面上的 Keil μVision4 程序图标（见图 9 – 1 所示），即可进入如图 9 – 2 所示的集成开发环境，整个编程界面主要包括菜单栏、工具栏、项目管理区、源代码工作区和输出信息窗口。另外，还有一些功能窗口将在后面逐步介绍。

图 9 – 1
keil μVision4
快捷图标

需要注意的是，刚刚安装完的版本是试用版（Evaluation Version），代码长度有 2KB 限制。如果代码长度超过 2KB，编译会提示错误。

Keil μVision4 的菜单栏提供了项目操作、编辑操作、编译调试及帮助等各种常用操作。所有的操作基本上都可以通过菜单命令来实现。为了快速执行 Keil μVision4 的许多功能，有些菜单命令在工具栏上还具有工具条。为了更快速执行一些功能，Keil μVision4 提供了比工具栏上的工具条更为快捷的操作，即快捷键。在 Keil μVision4 集成开发环境中不仅提供了常用功能的默认快捷键，同时用户也可以根据自己的需要自定义快捷键。下面就菜单命令、工具条、快捷键分别进行介绍。

工具栏　　　　　　菜单栏　　　　　　项目栏名称

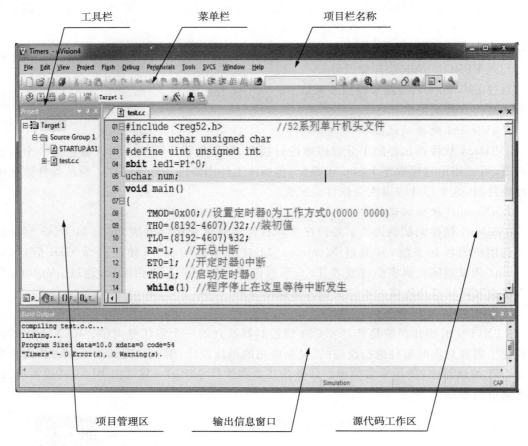

项目管理区　　　　　输出信息窗口　　　　源代码工作区

图 9 - 2　μVision4 操作界面

1. File 菜单(文件菜单和文件命令)

File 菜单和标准的 Windows 软件的 File 菜单类似,提供了项目和文件的操作功能。File 菜单各个命令的功能见表 9 - 1。

表 9 - 1　File 菜单

菜单命令	工具条	快捷键	功能说明
New		Ctrl+N	创建一个新的源文件或文本文件
Open		Ctrl+O	打开已有的文件
Close			关闭当前的文件
Save		Ctrl+S	保存当前的文件
Save all			保存所有打开的源文件或文本文件
Save as...			保存并重新命名当前的文件
Device Database			维护 μVision4 器件数据库

（续表）

菜单命令	工具条	快捷键	功能说明
LicenseManagement			产品注册管理
Print Setup...			设置打印机
Print	🖨	Ctrl＋P	打印当前的文件
Print Preview			打印预览
1..10			最近打开的源文件或文本文件
Exit			退出 KeilμVision4

2. Edit 菜单（编辑菜单和编辑器命令）

Edit 菜单提供了常用的代码编辑操作命令。Edit 菜单各个命令的功能见表 9-2。

表 9-2　Edit 菜单

菜单命令	工具条	快捷键	功能说明
		Home	将光标移到行的开始处
		End	将光标移到行的结尾处
		Ctrl＋Home	将光标移到文件的开始处
		Ctrl＋End	将光标移到文件的结尾处
		Ctrl＋←	将光标移到上一个单词
		Ctrl＋→	将光标移到下一个单词
		Ctrl＋A	选中当前文件中的所有文字
Undo	↺	Ctrl＋Z	撤销上一次操作
Redo	↻	Ctrl＋Y	恢复上一次撤销的命令
Cut	✂	Ctrl＋X	将选中的文字剪切到剪贴板
Copy		Ctrl＋C	将选中的文字复制到剪贴板
Paste		Ctrl＋V	粘贴剪贴板的文字
Navigate Backwards	←	Alt＋Left	光标跳转到使用跳转命令之前的位置
Navigate Forwards	→	Alt＋Right	光标跳转到使用跳转命令之后的位置
Insert/Remove Bookmark		Ctrl＋F2	设置/取消当前行的标签
Go to Next Bookmark		F2	光标移动到下一个标签
Go to Previous Bookmark		Shift＋F2	光标移动到上一个标签
Clear All Bookmarks		Ctrl＋Shift＋F2	清除当前文件的所有标签

（续表）

菜单命令	工具条	快捷键	功能说明
Find		Ctrl＋F	在当前文件中查找
Replace		Ctrl＋H	替换
Find in Files		Ctrl＋Shift＋F	在多个文件中查找
Incremental Find		Ctrl＋I	渐进式寻找
Outlining			源代码概要显示模式
Advanced			各种高级编辑命令
Configuration			颜色、字体等高级配置

3. View 菜单（选择文本命令）

View 菜单提供了在源代码编辑和仿真调试过程中，各个窗口和工具栏的显示和隐藏命令。View 菜单各个命令的功能见表 9－3。

表 9－3　View 菜单

菜单命令	工具条	快捷键	功能说明
Status Bar			显示/隐藏状态条
Toolbars			显示/隐藏工具栏
Project Window			显示/隐藏项目管理窗口
Books Window			显示/隐藏参考书窗口
Functions Window	{}		显示/隐藏函数窗口
Templates Window			显示/隐藏模板窗口
Source Browser Window			显示/隐藏资源浏览器窗口
Build Output Window			显示/隐藏输出信息窗口
Find in Files Window			显示/隐藏在所有文件中查找文本窗口
调试模式下的菜单命令			
Command Window			显示/隐藏命令行窗口
Disassembly Window			显示/隐藏反汇编窗口
Symbols Window			显示/隐藏字符变量窗口
Registers Window			显示/隐藏寄存器窗口
Call Stack Window			显示/隐藏堆栈窗口
Watch Windows			显示/隐藏变量子菜单观察窗口
Memory Windows			显示/隐藏存储器子菜单窗口
Serial Windows			显示/隐藏串行口观察子菜单窗口

（续表）

菜单命令	工具条	快捷键	功能说明
Analysis Windows			显示/隐藏分析子菜单窗口
Trace			显示/隐藏跟踪子菜单窗口
System Viewer			显示/隐藏外设子菜单窗口
Toolbox Window	⚒		显示/隐藏自定义工具条窗口
Periodic Window Update			在程序运行时刷新调试窗口

4. Project 菜单（工程菜单和工程命令）

Project 菜单提供了 MCU 项目的创建、设置和编译等命令。Project 菜单各个命令的功能见表 9－4。

表 9－4　Project 菜单

菜单命令	工具条	快捷键	功能说明
New Project...			创建一个新的工程
New Multi－ProjectWorkspace…			创建多项目工作空间
Open Project...			打开一个已存在的项目
Close Project			关闭当前项目
Export			导出当前一个或多个项目为 μVision3 格式
Manage			管理项目的包含文件、库的路径及多项目工作空间
Select Device for Target name...			为当前项目选择一个 MCU 类型
Remove object			从当前项目中移除选择的文件或项目组
Options for object	🔧	Alt＋F7	设置当前文件、项目或项目组的配置选项
Clean target			清除编译过程中创建的中间文件
Build target	🔳	F7	编译文件并生成应用文件
Rebuild all target files	🔳		重新编译所有文件并生成应用文件
Batch Build...	📚		批量编译文件并生成应用文件
Translate file	📥	Ctrl＋F7	编译当前文件
Stop build	🔳		停止编译当前项目
1..10			列出最近打开的项目（最多 10 个）

5. Flash 菜单

Flash 菜单提供了下载程序、擦除 MCU 程序存储器等操作。这里的命令需要外部的编程器支持才可以使用。Flash 菜单各个命令的功能,见表 9-5。

表 9-5　Flash 菜单

菜单命令	工具条	快捷键	功能说明
Download	LOAD↓↓		下载 MCU 程序
Erase			擦除程序存储器
Configure Flash Tools...			打开配置工具

6. Debug 菜单(调试菜单和调试命令)

Debug 菜单中的命令大多用于仿真调试过程中,提供了断点、调试方式及逻辑分析等功能。Debug 菜单各个命令的功能见表 9-6。

表 9-6　Debug 菜单

菜单命令	工具条	快捷键	功能说明
Start/Stop Debug Session	⊕	Ctrl+F5	开始/停止仿真调试模式
Reset CPU	RST		复位 CPU(MCU)
Run	▤↓	F5	运行程序,直到遇到一个断点
Stop	✖		停止运行程序
Step	{↓}	F11	单步执行程序,遇到子程序则进入
Step over	{}↓	F10	单步执行程序,跳过子程序
Step out	{↑}	Ctrl+F11	程序执行到当前函数的结束
Run to Cursor line	↑{}	Ctrl+F10	程序执行到光标所在行
Show Next Statement	⇨		显示下一条指令
Breakpoints		Ctrl+B	打开断点对话框
Insert/Remove Breakpoint	●	F9	设置/取消当前行的断点
Enable/Disable Breakpoint	○	Ctrl+F9	使能/禁止当前行的断点
Disable All Breakpoints	◌		禁用所有断点
Kill All Breakpoints	🐞	Ctrl+Shift+F9	取消所有断点
OS Support			打开查看事件、任务及系统信息的子菜单
Execution Profiling			打开一个带有配置选项的子菜单
Memory Map			打开存储器空间配置对话框
Inline Assembly			对某一行进行重新汇编,可以修改汇编代码

（续表）

菜单命令	工具条	快捷键	功能说明
Function Editor (Open Ini File)			编辑调试函数和调试配置文件
Debug Settings			设置调试参数

7. Peripherals 菜单（外围器件菜单）

Peripherals 菜单提供了 MCU 各种硬件资源的仿真对话框。这里的所有命令都只在仿真调试环境下才显示并可以使用，而且显示的资源内容随用户选择的 MCU 型号的不同而不同。这里列出一些常用到的 Peripherals 菜单命令的功能，见表 9-7。

表 9-7　Peripherals 菜单

菜单命令	工具条	快捷键	功能说明
Interrupt			打开中断仿真对话框
I/O Ports			打开并行端口仿真对话框
Serial			打开串口仿真对话框
Timer			打开定时器仿真对话框
Watchdog			打开看门狗仿真对话框
A/D Converter			打开 A/D 转换器仿真对话框
D/A Converter			打开 D/A 转换器仿真对话框
I2C Controller			打开 I2C 总线控制器仿真对话框
CAN Controller			打开 CAN 总线控制器仿真对话框

8. Tools 菜单（工具菜单）

Tools 菜单提供了一些第三方软件的支持，例如 PC-Lint。用户需要额外安装相应的软件才可以使用。Tools 菜单一般使用得比较少，这里仅列出各个命令的功能，见表 9-8。

表 9-8　Tools 菜单

菜单命令	工具条	快捷键	功能说明
Set-up PC-Lint			配置 PC-Lint 程序
Lint			用 PC-Lint 程序处理当前编辑的文件
Lint All C-Source Files			用 PC-Lint 程序处理项目中 所有的 C 源代码文件
Customize Tools Menu...			自定义工具菜单

9. SVSC 菜单

SVSC 菜单提供了程序的版本控制，该菜单下仅包括"Configure Version Control"一个命令，用于配置软件版本。

另外，Windows 菜单下提供了对工作区窗口布局的管理，Help 菜单提供了一些帮助信息，这里不再具体介绍。

9.1.3 配置工程

Keil μVision4 允许用户为目标硬件设置选项。可以通过单击工具条🔨图标、菜单"Project"的"Options for Target 'Target 1'…"项或者在"Project Workspace"窗口的"Target 1"上单击鼠标右键，打开"Options for Target 'Target 1'…"对话框。在各选项卡中，可以修改与目标硬件及所选 MCU 的片上集成器件的所有参数，如图 9-3 所示。其中包括 Device、Target、Output、Listing、C51、A51、Bl51 Locate、BL51 Misc 和 Debug 等多个选项卡，大部分选项直接为默认值，必要时可进行适当调整。

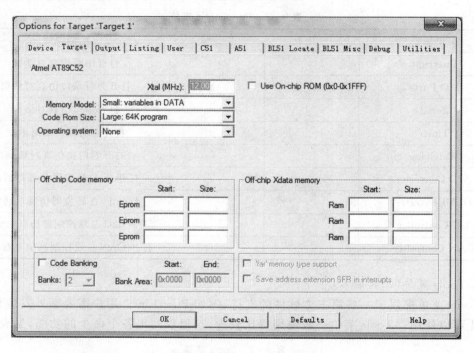

图 9-3 Target 选项卡

1. 设置"Target"选项卡，如图 9-3 所示。

(1)Xtal(MHz)：设置单片机软件仿真时的工作频率，默认选择 12MHz。

(2)Use On-chip ROM(0X0～0XFFF)：表示使用片上的 Flash ROM，AT89C51 有4KB 的可重复编程的 Flash ROM，该选项取决于单片机应用系统，如果单片机 EA 接高电平，则选中该复选框，表示使用内部的 ROM；如果单片机 EA 接低电平，表示使用外部的 ROM，则取消选中该复选框。

(3)Off-chip Code memory：表示片外 ROM 的开始地址和大小，如果没有外接程序存储器，那么不需要填写任何数据。这里假设使用一个片外 ROM，地址从 0x8000 开始，一般填写十六进数，Size 为片外 ROM 的大小。假设外接 ROM ROM 的大小为 0x1000 字节，则最多可外接 3 块 ROM。

（4）Off－chip Xdata memory：表示可以填写上外接 Xdata 外部数据存储器的起始地址和大小，一般应为 62256。

（5）Code Banking：表示使用 Code Banking 技术。Keil 可以支持程序代码超过 64KB 的情况，最大可以有 2MB 的程序代码。如果超过 64KB，那么就要使用 Code Banking 技术，以支持更多的程序空间。Code Banking 支持自动的 Bank 切换，这在建立一个大型系统是必需的。例如，要在单片机里实现汉字字库和汉字输入法就都要用到该技术。

（6）Memory Model：单击 Memory Model 后面的三角符号，将弹出带有 3 个选项的下拉列表，如图 9－4 所示。

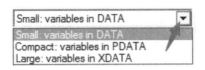

图 9－4　Memory Model

- Small：variables in DATA，表示变量存储在内部 RAM 中。
- Compact：variables in PDATA，表示变量存储在外部 RAM 中，使用 8 位间接寻址。
- Large：variables in XDATA，表示变量存储在外部 RAM 中，使用 16 位间接寻址。

一般使用 Small 来存储变量，此时单片机优先将变量存储在内部 RAM 中，如果内部的 RAM 空间不够，才会存到外部 RAM 中。Compact 模式要通过程序来指定页的高位地址，编程比较复杂，如果外部 RAM 很少，只有 256B，那么对该 256B 的读取就比较快。如果超过 256B，而且需要不断地进行切换，就比较麻烦。Compact 模式适用用比较少的外部 RAM 的情况。Large 模式指变量会优先分配到外部 RAM 中。需要注意的是，3 种存储方式都支持内部 256B 和外部 64KB 的 RAM。因为变量存储在内部 RAM 中，运算速度比存储在外部 RAM 要快得多，所以大部分应用都是选择 Small 模式。

使用 Small 模式时，并不说明变量就不可以存储在外部，只是需要特别指定，例如下面两种情况。

- unsigned char xdata a：变量 a 存储在外部的 RAM。
- unsigned char a ：变量 a 存储在内部的 RAM

这就是它们之间的区别，可以看出，这几个选项只影响没有特别指定变量的存储空间的情况，此时变量会存储在所选模式默认的存储空间，比如上面定义 unsigned char a。

（7）Code Rom Size：单击 Code Rom Size 后面的三角符号，将弹出带有 3 个选项的下拉列表，如图 9－5 所示。

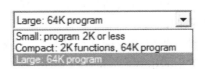

图 9－5　Code Rom Size 选项

Small：program 2K or less，适用于 AT89C2051 芯片。AT892051 只有 2KB 的代码空

间,所以跳转地址只有 2KB,编译时会使用 ACALL、AJMP 这些短跳转指令,而不会使用 LCALL、LJMP 指令。如果代码地址跳转超过 2KB,则会出错。

Compact:2K functions,64K program,表示每个子函数的代码大小不超过 2KB,整个项目可以有 64KB 的代码。即在 main()里可以使用 LCALL、LJMP 指令。但在子程序中只会使用 ACALL、AJMP 指令。只有确定每个子程序不会超过 2KB,才可以使用 Compact 方式。

Large:64K program,表示程序或子函数代码都可以达到 64KB,使用 code bank 还可以更大,通常选用该方式。选择 Large 方式速度不会比 Small 慢很多,所以一般没有必要选择 Compact 和 Small 方式。这里选择 Large 方式。

(8)Operating:单击 Operating 后面的三角符号,将弹出带有 3 个选项的下拉列表,如图 9-6 所示。

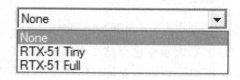

图 9-6　Operating 选项

● None:表示使用操作系统。
● RTX-51 Tiny:表示使用 Tiny 操作系统。
● RTX-51 Full:表示使用 Full 操作系统。

Tiny 是一个多任务操作系统,使用定时器 0 做任务切换。在 11.0592MHz 时,切换任务的速度为 30ms。如果有 10 个任务同时运行,那么切换时间为 300ms。不支持中断系统的任务切换,也没有优先级,因为切换的时间太长,实时性大打折扣。例如,多任务情况下,如 5 个任务,轮循一次需要 150ms,即 150ms 才处理一个任务,这连键盘扫描都实现不了,更不说串口接收、外部中断了。同时切换需要大概 1000 个机器周期,对 CPU 的浪费很大,对内部 RAM 的占用也很严重。实际上用到多任务操作系统的情况很少。

Keil C51 Full Real-Time OS 是比 Tiny 要好一些的系统(但需要用户使用外部 RAM),支持中断方式的多任务和任务优先级,但是 Keil C51 里不提供运行库,需要另外购买,这里选择 None。

2. 设置"Output"选项卡

"Output"选项卡如图 9-7 所示。

(1)Select Folder for Objects:单击该按钮可以选择编译后的目标文件的存储目录,如果不设置,就存储在项目文件的目录中。

(2)Name of Executable:设置生成的目标文件的名字,缺省情况下和项目名字一样。目标文件将会生成库或者 obj、HEX 的格式。

(3)Create Executable:如果要生成 OMF 和 HEX 文件,一般选中 Debug Information 和 Browse Information 复选框,这样才能调试所需的详细信息,比如要调试 C 语言程序,如果不选中这两个复选框,调试时将无法看到高级语言写的程序。

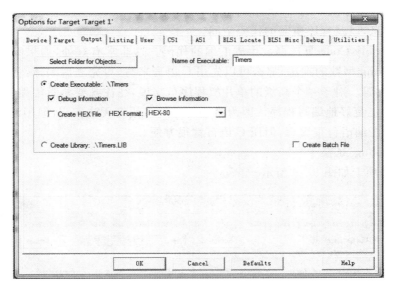

图 9 - 7　Output 选项卡

（4）Create HEX File：要生成 HEX 文件，一定要选中该复选框，如果编译之后没有生成 HEX 文件，就是因为这个复选框没有被选中。默认是取消选中的。

（5）Create Library：选中该单选按钮时将生成 lib 库文件。根据需要决定是否要生成库文件，一般的应用是不生成库文件的。

3. 设置"Listing"选项卡

"Listing"选项卡如图 9 - 8 所示。

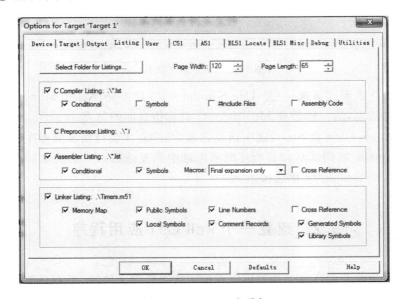

图 9 - 8　Listing 选项卡

Keil C51 在编译之后除了生成目标文件之外，还生成了 ＊lst 和 ＊.m51 的文件。这两个文件可以通知程序员程序中所用的 idata、data、bit、xdata、code、pdata、RAM、ROM 和 stack 等相关信息,以及程序所需的代码空间。

选中 Assembly Code 复选框会生成汇编的代码。这非常有好处,如果不知道如何用汇编来编写一个 long 型数的乘法,那么可以先用 C 语言来写,写完之后编译,就可以得到用汇编语言实现的代码。对于一个高级的单片机程序员来说,往往既要熟悉汇编语言,同时也要熟悉 C 语言,才能更好地编写程序。因为某些地方用 C 语言无法实现,但用汇编语言却很容易;有些地方用汇编语言很繁琐,但用 C 语言就很方便。

4. 设置"Debug"选项卡

"Debug"选项卡如图 9 - 9 所示。

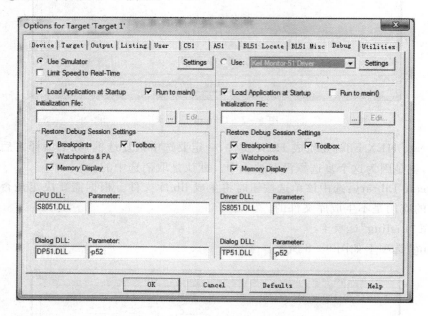

图 9 - 9   Debug 选项卡

这里有两类仿真形式可选:一是 Use Simulator,二是 Use:Keil Monitor - 51 Driver。前一种是纯软件仿真,后一种带有 Monitor - 51 目标仿真器的仿真。

(1)Load Application at Start:选中该复选框后,Keil 才会自动装载程序代码。

(2)Go till main():调试 C 语言程序时可以选中该复选框,PC 会自动运行到 main 程序处。这里选中 Use Simulator 单选按钮。

9.2   建立一个 keil C51 应用程序

在 keil C51 集成开发环境下是使用工程的方式来管理文件的,而不是单一文件的模式。所有的文件包括源文件(C 程序和汇编程序)、头文件以及说明性的技术文档,它们都可以放在工程项目文件里统一管理。在使用 keil C51 前,应该习惯这种用工程的管理方式。对于第一次使用 keil C51 的用户来说,一般可以按照下面的步骤来建立一个自己的 keil C51 应用程序。

(1)新建一个工程项目文件;

(2)为工程选择目标器件(比如选择 ATMEL 的 AT89C51);

(3)为工程项目设置软硬件调试环境;

(4)创建源程序文件并输入程序代码;

(5)保存创建的源程序项目文件;

(6)把源程序文件添加到项目中。

下面以创建一个新的工程文件 First 为例,详细介绍如何建立一个 keil C51 的应用程序。

(1)双击桌面的 keil μVision4 快捷图标,进入如图所示 9 - 10 的 keil C51 集成开发环境。也许与读者打开的 keil C51 界面有所不同,这是因为启动 μVision4 后,μVision4 总是打开用户前一次正确处理的工程,可以单击工具栏 Project 的选项中的 Close Project 命令关闭该项目。

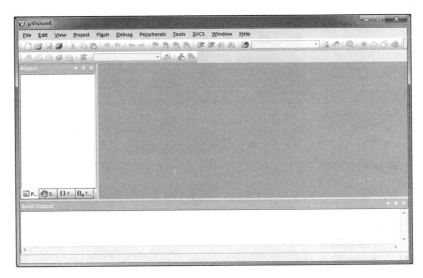

图 9 - 10　keil C51 集成开发界面

(2)单击工具栏的"Project"选项,在弹出如图 9 - 11 所示的下拉菜单中选择"New Project"命令,建立一个新的 μVision4 工程,这时可以看到如图 9 - 12 所示的项目文件保存对话框。

这时要注意以下几点:

① 为新建工程取一个名称,工程名应便于记忆且文件名不易太长;

② 选择工程存放的路径,最好是一个工程对应一个文件夹,并且工程中需要的所有文件都放在这个目录下(以 E 盘 Test 文件夹为例);

③ 选择工程目录和输入项目名 First 后,单击"保存"返回。

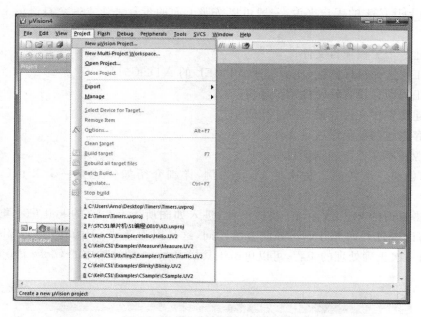

图 9-11　新建工程项目下拉菜单

图 9-12　新建工程项目对话窗口

(3)在工程建立完毕后,μVision4 会弹出如图 9-13 所示的器件选择窗口。器件选择的目的是为 μVision4 指明所使用的 89C51 芯片的型号是哪一个公司的哪一种型号。因为不同型号的 51 芯片内部资源是不同的,μVision4 可以选择进行 SFR 的预定义,在软硬件仿真中提供易于操作的外设浮动窗口等。

由图 9-13 可以看出,μVision4 支持的所有 CPU 器件的型号根据生产厂家形成器件组,用户可以根据需要选择相应的器件组并选择相应的器件型号,如 Atmel 器件组内的

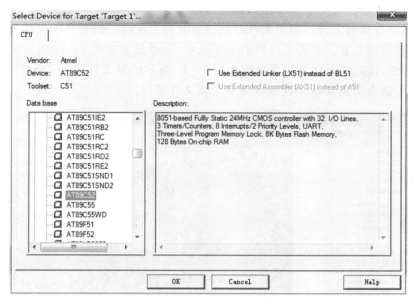

图 9 - 13　选择单片机器件的型号

P89C52 CPU。另外,如果在选择完目标器件后想重新改变目标器件,可单击工具栏 Project 选项,在弹出的如图 9 - 14 所示的下拉菜单中选择 Select Device for Target 'Target1'命令, 也可出现如图 9 - 13 所示的对话窗口,然后重新加以选择。由于不同厂家的许多型号性能 相同或相近,因此如果用户的目标器件型号 μVision4 中找不到,可以选择其他公司的相近 的型号。

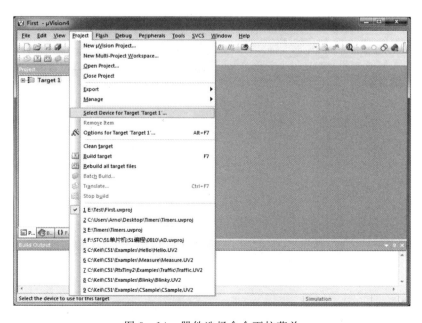

图 9 - 14　器件选择命令下拉菜单

（4）至此，用户已经建立了一个空白的工程项目文件，并为工程选择好了目标器件。但是这个工程里没有任何文件。程序文件的添加必须人工进行。如果程序文件在添加前还没创立，则必须首先建立它。单击工具栏的 File 选项，在弹出的如图 9 - 15 所示的下拉菜单中选择"New"命令，这时在文件窗口会出现如图 9 - 16 所示的新文件窗口 Text1。如果多次执行"New"命令，则会出现 Text2、Text3 等多个新文件窗口。

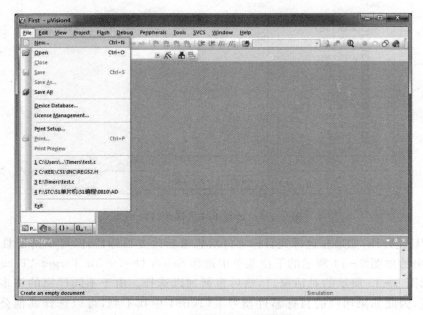

图 9 - 15　新建源程序下拉菜单

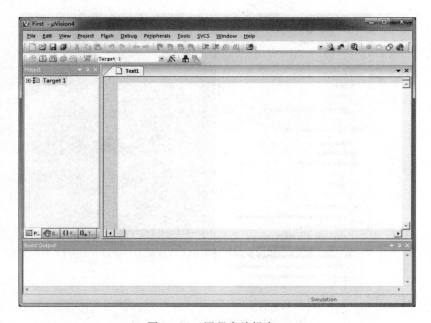

图 9 - 16　源程序编辑窗口

（5）现在，First 项目中有了一个名字 Text1 为新文件框架，在这个源程序编辑框内输入源程序 hello.asm 中的指令。在 μVision4 中，文件的编辑方法同其他文本编辑器是一样的，可以执行输入、删除、选择、拷贝和粘贴等基本文字处理命令。

（6）输入完毕后单击工具栏的选项，在弹出的下拉菜单中选择"保存"命令存盘源程序文件，这时会弹出如图 9-17 所示的存盘源程序画面。在文件名栏内输入源程序的文件名，在此示范中把 Text1 保存成 hello.asm。注意：由于 Keil C51 支持汇编和 C 语言，且 μVision4 要根据后缀判断文件的类型来自动进行处理，因此存盘时应注意输入的文件名应带扩展名 .asm 或 .C。源程序文件 hello.asm 是一个汇编语言程序，如果用户想建立的是一个 C 程序，则输入文件名称 hello.c。保存完毕后请注意观察，保存前后源程序有哪些不同，立即数和直接地址变颜色是否发生变化。

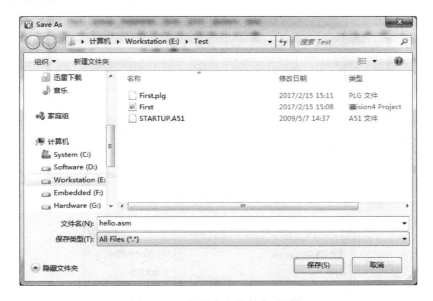

图 9-17　源程序文件保存对话框

（7）到现在为止，建立的程序文件 hello.asm 同 First 工程还没建立起任何关系。此时，应该把 hello.asm 添加到 First 工程中，构成一个完整的工程项目。在 Project Windows 窗口内，选中"Source Group1"后并右击，在弹出如图 9-18 所示的快捷菜单中选择"Add Files to Group 'Source Group1'"命令，此时会出现如图 9-19 所示的添加源程序文件窗口；选择刚才编辑的源程序文件 hello.asm，单击 Add 命令即可把源程序文件添加到项目中。

hello.asm 源程序文件：

```
        ORG 0000H
        AJMP MAIN
        ORG 0030H
MAIN:   MOV 40H,♯56H
        MOV 41H,♯12H
        ANL 40H,♯0FH
        MOV A,40H
```

```
SWAP A
ANL 41H,#0FH
ORL A,41H
MOV 42H,A
SJMP $
END
```

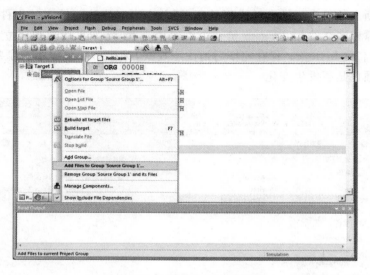

图 9-18　添加源程序快捷菜单

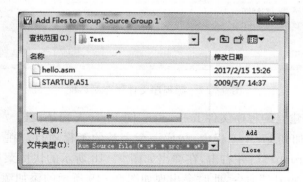

图 9-19　添加源程序文件窗口

9.3　程序文件的编译、链接

9.3.1　编译、链接环境设置

μVsion4 调试器可以测试用 C51 编译器和 A51 宏汇编器开发的应用程序。μVsion4 调

试器有 2 种工作模式。可以通过单击工具栏"Project"选项，在弹出如图 9 - 20 所示的下拉
菜单中选择"Options for Target 'Target 1'"命令为目标设置工具选项，这时会出现如图 9 -
21 所示的调试环境设置界面，选择 Debug 选项会出现如图 9 - 22 所示的工作模式选择窗
口。选择"Output"选项会出现如图 9 - 23 所示的输出形式选择窗口。

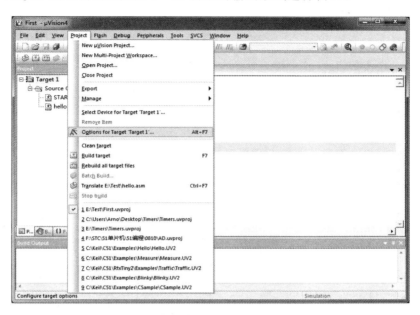

图 9 - 20　调试环境下设置命令下拉菜单

图 9 - 21　Keil C51 调试环境设置窗口

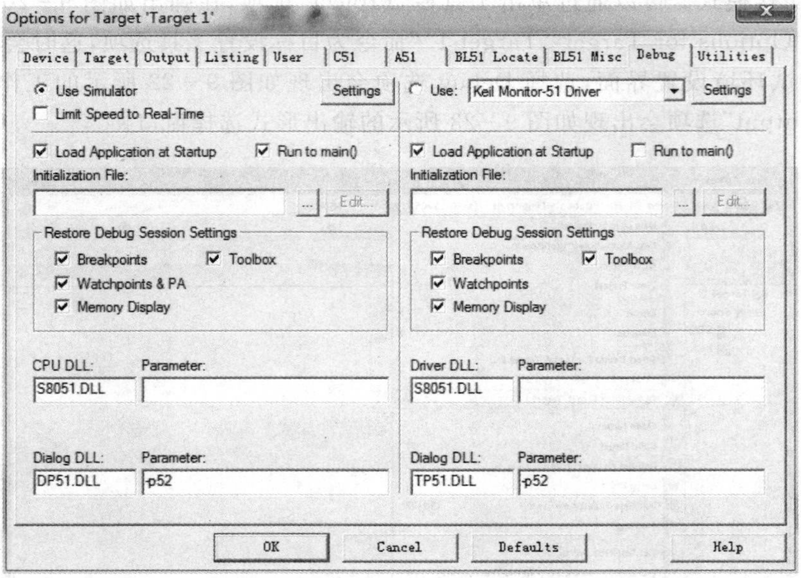

图 9-22　Debug 设置窗口

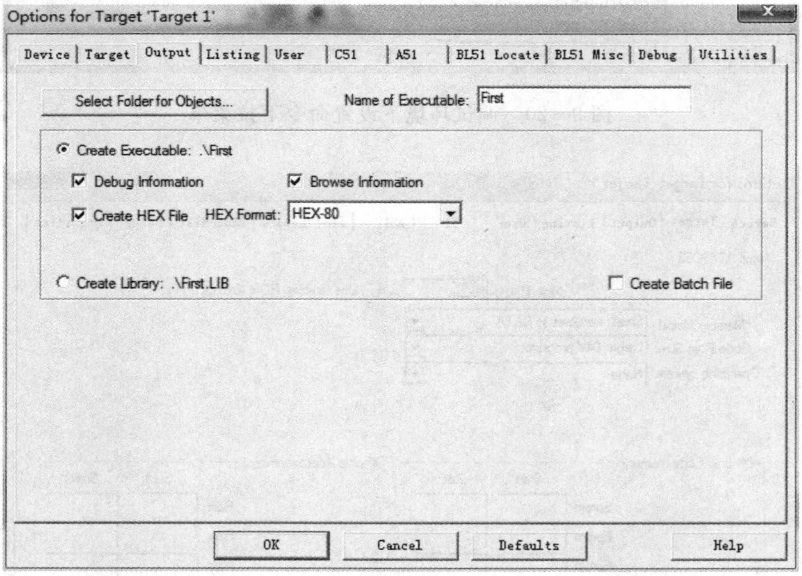

图 9-23　Outout 设置窗口

从图 9-22 可以看出,的两种工作模式分别是:Use Simulator(软件模拟)和 Use(硬件仿真)。其中"Use Simulator"选项是将调试器设置成软件模拟仿真模式,在此模式下不需要实际的目标硬件就可以模拟 89C51 微控制器的很多功能,在准备硬件之前就可以测试用户的应用程序,这是很有用的。

Use 选项有高级 GDI 驱动(用户仿真器)和 Monitor-51 驱动(仿真实验仪的用户目标

系统)两种方式。运用此功能,高级用户可以把 Keil C51 嵌入到自己的系统中,从而实现在目标硬件上调试程序。

由于本节只需要调试程序,因此应选择软件模拟仿真。在图 9 - 22 中的栏内选择选项,单击"确定"按钮加以确认,此时调试器即配置为软件仿真。

在图 9 - 23 中,选中"Create HEX File:"这一项,才能生成目标文件;Name of Executable 右边方框里是目标文件名,默认的扩展名是 . hex,一般与源程序文件名相同;通过"Select Folder for Objects"可选择目标文件所存放的路径,一般也应与源程序文件相同。

9.3.2　程序的编译、链接

经过以上的工作就可以编译程序了。单击工具栏"Project"选项,在弹出的如图 9 - 24 所示的下拉菜单中选择"Built target"命令对源程序文件进行编译,当然也可以选择"Rebuild all target files"命令对所有的工程文件进行重新编译,此时会在 Output Windows 信息输出窗口输出一些相关的信息,如图 9 - 25 所示。

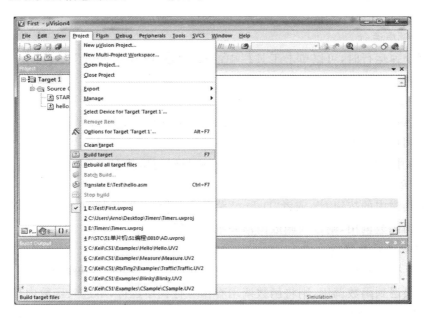

图 9 - 24　编译命令菜单

图 9 - 25　输出提示信息

其中,第 2 行 assembling hello. asm 表示此时正在编译源程序 hello. asm;第 3 行 linking... 表示此时正在链接工程项文件;第 5 行 creating hex file from "hello"... 说明已

生成目标文件,最后一行说明项目在编译过程中不存在错误和警告,编译链接成功。若在编译过程中出现错误,系统会给出错误所在的行和该错误提示信息。用户应根据这些提示信息,更正程序中出现的错误,重新编译直至完全正确为止。

9.3.3 调试方法与技巧

通过上面的学习,我们对软件有了一些基本的了解,掌握了在集成开发环境下用户工程的创建、源程序的编辑及项目文件的编译、链接等基本技能和使用方法。应该注意:这些命令和窗口只是在调试时才是可见的和有效的。

单击工具栏中的"Start/Stop Debug Session"按钮 ,或者从"Debug"菜单中选中"Start/Stop Debug Session"项(其快捷键为 Ctrl+F5),开始模拟调试过程。在调试过程中,可以进行如下操作:

1. 连续运行

单击工具栏中的按钮 ,或者"Debug"菜单中的"Run"(快捷键 F5),可以使程序全速运行。

2. 停止程序运行

当程序全速运行时,可以单击工具栏中的按钮 ,或者"Debug"菜单中的"Stop",使程序停止运行。

3. 复位 CPU

当程序运行过一次以上后,累加器 A、某些寄存器或者其他资源的值修改了,而再次运行需要恢复到初始状态,这时就需要执行复位 CPU 的命令。单击工具栏中的按钮 ,或者"Debug"菜单中的"Reset CPU",可以使 MCU 恢复到初始状态。

4. 单步运行

单击工具栏中的按钮 ,或者"Debug"菜单中的"Step"(快捷键 F11),可以执行一行程序。如果遇到函数调用,则进入函数内部并单步运行。

5. 单步跳过函数运行

单击工具栏中的按钮 ,或者"Debug"菜单中的"Step Over"(快捷键 F10),可以执行一行程序。如果遇到函数调用,则将函数调用看作一行程序运行,不进入函数内部运行。

6. 运行到当前函数的结束

这种情况出现在单步运行后进入到函数内部运行程序,通过单击工具栏中的按钮 ,或者"Debug"菜单中的"Step Out"(快捷键 Ctrl+F11),以运行到当前函数的结束。

7. 运行到光标行

单击工具栏中的按钮 ,或者"Debug"菜单中的"Run to Cursor Line"(快捷键 Ctrl+F10),可以执行到光标所在的程序行。

8. 设置断点

在要设置断点的程序行上双击鼠标左键,或者单击工具栏上的按钮 ,或者"Debug"菜单中的"Insert/Remove Breakpoint"(快捷键 F9),可以在当前行上插入或者删除断点。只要在当前行上设置了断点,则在当前行的最左边显示一个红色的小方块。连续运行程序后,执行到该行时,程序会暂停运行。此时用户可以查看程序运行的一些中间状态和结果(累加器A、工作寄存器、SFR、数据存储器等)。

　　9. 查看寄存器

　　当进入调试状态后,Keil μVision4 集成开发环境中左侧的项目管理器,变成寄存器查看器。如图 9 - 26 所示。用户可以通过这个窗口观察工作寄存器、部分 SFR 的内容。

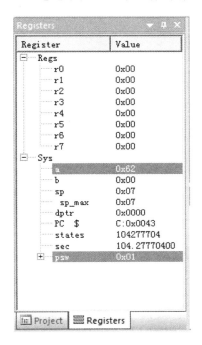

图 9 - 26　观察寄存器的内容

　　10. 查看变量及堆栈

　　在调试状态中,在 Keil μVision4 集成开发环境中的右下侧会出现如图 9 - 27 所示的窗口,即调用堆栈和变量查看窗口(使用 C 语言编程调试的时候常用)。

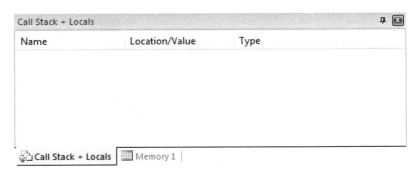

图 9 - 27　调用堆栈和变量查看窗口

　　11. 查看存储器

　　在图 9 - 28 中单击 Memory1 选项卡则在 Keil μVision4 集成开发环境中的右下侧会出

现如图 A-21 所示的窗口，即存储器查看窗口。

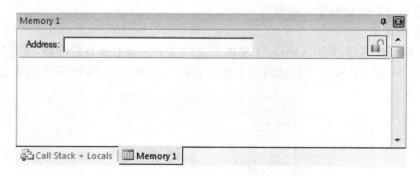

图 9-28　存储器查看窗口

默认情况下，想查看内部 RAM（片内数据存储器）中的内容，需在"Address"编辑框中输入"D:0"并按回车键即可。拖动窗口的左边框可以调整窗口的大小，经过调整，最佳的显示范围如图 9-29 所示。

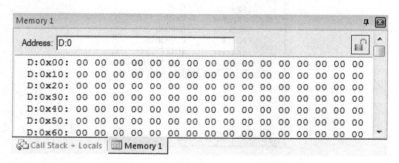

图 9-29　片内数据存储器查看窗口

可以通过"View"菜单中的"Memory Windows"项，添加存储器查看窗口，这样可通过不同的窗口查看不同存储器的内容。例如，可再增加一个窗口查看外部 RAM 中的内容。如图 9-30 所示，在"Address"编辑框中输入"X:0"并按回车键即可。

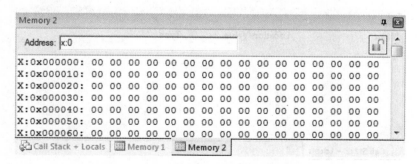

图 9-30　片外数据存储器查看窗口

要改变某个地址单元中的内容，可在上面双击鼠标左键即可修改；或者在要修改内容的单元上单击鼠标右键，弹出菜单，选择"Modify Memory at …"修改。通过弹出菜单，还可修改进制、有符号数、无符号数、ASCII 码等。

"Address"编辑框一般输入格式如下：

X:XXXX

其中 X 为：

D，查看内部 RAM；

X，查看外部 RAM；

I，查看间接访问的内部 RAM；

C，查看程序 ROM。

XXXX 为：查看的起始地址（0000H～FFFFH）。

12. 查看外部设备

单击菜单"Peripherals"可选择查看所选 MCU 集成的不同外部设备。例如：

(1)"Interrupt"打开中断向量表窗口，在窗口里显示了所有的中断向量。如图 9 - 31 所示。对选定的中断向量可以用窗口下面的复选框进行设置。

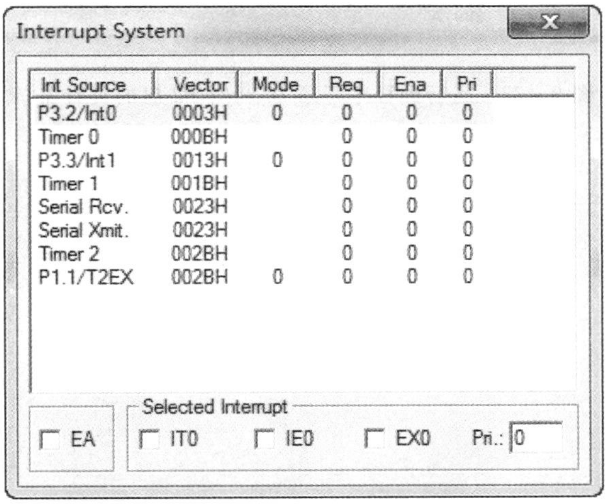

图 9 - 31　中断向量表窗口

(2)"I/O - Ports"：打开 I/O 端口（P0～P3）的观察窗口，在窗口里显示了程序运行时的端口状态。可以随时查看并修改端口的状态，从而模拟外部的输入。例如，要查看 P2 口的状态，可打开 P2 口的观察窗口，如图 9 - 32 所示。当运行到第 10 行时，则如图 9 - 33 所示。图中标有"√"的复选框表示这一位的值是 1，没有的为 0。对于不同的 MCU，可能图 9 - 32、图 9 - 33 的显示略有不同。

(3)"Serial"：打开串行口的观察窗口，可以随时修改窗口里显示的不同状态。

(4)"Timer"：打开定时器的观察窗口，可以随时修改窗口里显示的不同状态。

除此以外，对于不同公司生产的 MCU，在"Peripherals"菜单中会出现很多与该型号 MCU 相关的外部设备资源菜单项。

掌握了上述的操作过程，就可以进行基本的程序调试工作了。只有不断调试程序，才能逐步积累经验，增强对 MCU 的使用，做到灵活运用，熟练掌握。

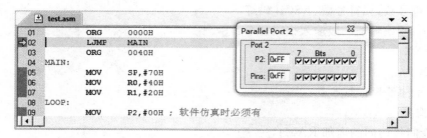

图 9 - 32   刚进入调试状态时 P2 口的查看窗口

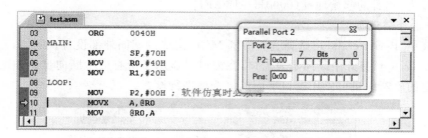

图 9 - 33   运行到程序行第 10 行时 P2 口的查看窗口

第10章 单片机应用系统设计实例

知识目标：

- 了解单片机应用系统的设计流程；
- 掌握单总线接口芯片 DS18B20 的应用。

技能目标：

- 掌握单总线接口芯片的应用方法；
- 掌握定时/计数器的定时和计数的方法；
- 掌握霍尔传感器的应用。

单片机广泛应用于家庭、工业控制等各个方面，下面以几个简单的例子来介绍它的应用。

10.1 单片机数字显示温度计

温度测量通常可以使用两种方式来实现：一种是用热敏电阻之类的器件，由于感温效应，热敏电阻的阻值能够随温度发生变化，当热敏电阻接入电路，则流过它的电流或其两端的电压就会随温度发生相应的变化。再将随温度变化的电压或电流采集过来，进行 A/D 转换后，发送到单片机进行数据处理，通过显示电路，就可以将被测温度显示出来。这种设计需要用到 A/D 转换电路，其测温电路比较麻烦。第二种方法是用温度传感器芯片。温度传感器芯片能把温度信号转换成数字信号，直接发送给单片机，转换后通过显示电路显示即可。这种方法电路结构简单，设计方便，现在使用非常广泛，下面介绍的就是采用第二种方法设计的单片机数字显示温度计。要求温度测量范围为 $-55℃\sim99℃$，精度误差小于 $0.5℃$。

10.1.1 DS18B20 引脚及内部结构

1. DS18B20 的封装

DS18B20 的封装采用 TO-92 和 8-pinSOIC 封装。外形及引脚排列如图 10-1 所示。

DS18B20 引脚定义：

- DQ：数字信号输入/输出端。

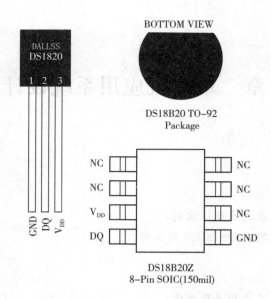

图 10 - 1　DS18B20 引脚及封装

- GND:电源地。
- VDD:外接供电电源输入端(在寄生电源接线方式时接地)。
- NC:空引脚。

2. DS18B20 的构成

DS18B20 内部结构图如图 10 - 2 所示。主要包含寄生电源、64 位只读存储器 ROM、温度传感器、内部存储器、配置寄存器等五个部分。

(1)寄生电源

寄生电源由二极管 VD1、VD2、寄生电容 C 和电源检测电路组成。电源检测电路用于判定供电方式,DS18B20 有两种供电方式:3～3.5V 的电源供电方式和寄生电源供电方式(直接从数据线获取电源)。寄生电源供电时,V_{DD} 端接地,器件从单总线上获取电源。当 I/O 总线呈低电平时,由电容 C 上的电压继续向器件供电。该寄生电源有两个优点:一是检测远程温度时无须本地电源;二是缺少正常电源时也能读 ROM。

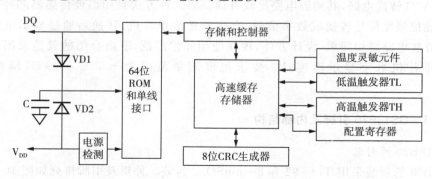

图 10 - 2　DS18B20 内部结构

(2)64 位只读存储器

ROM 中的 64 位序列号是出厂前被光刻好的,它可以看作是该 DS18B20 的地址序列码。光刻 ROM 的作用是使每一个 DS18B20 都各不相同,这样就可以实现一根总线上挂接多个 DS18B20 的目的。64 位光刻 ROM 序列号的排列是:开始 8 位(28H)是产品类型标号,接着的 48 位是该 DS18B20 自身的序列号,最后 8 位是前面 56 位的循环冗余校验码。

(3)温度传感器

DS18B20 中温度传感器可以完成对温度的测量。温度测量范围为 −55℃ ～ +125℃,可编程为 9～12 位 A/D 转换精度,测温分辨率可达 0.0625℃,被测温度用符号扩展的 16 位数字量方式串行输出。

转换后的温度用符号扩展的二进制补码数表示,S 为符号位。表 10 − 1 是 12 位转化后得到的 16 位数据,高字节的前面 5 位是符号位,如果测得的温度大于 0,这 5 位为 0,只要将测到的数值乘以 0.0625 即可得到实际温度;如果温度小于 0,这 5 位为 1,测到的数值需要取反加 1,再乘以 0.0625 即可得到实际温度。DS18B20 部分温度数据关系见表 10 − 2。

表 10 − 1 温度转换结果

	D7	D6	D5	D4	D3	D2	D1	D0
LS Byte	2^3	2^2	2^1	2^0	2^{-1}	2^{-2}	2^{-3}	2^{-4}
	D7	D6	D5	D4	D3	D2	D1	D0
MS Byte	S	S	S	S	S	2^6	2^5	2^4

(4)内部存储器

DS18B20 温度传感器的内部存储器包括一个高速暂存 RAM 和一个非易失性的可电擦除的 EEPROM,EEPROM 用于存放高温度和低温度触发器 TH、TL 和配置寄存器的内容。高速暂存器由 9 个字节组成,其分配见表 10 − 3。

第 0 和第 1 字节是测得的温度信息,第 0 字节的内容是温度的低 8 位;第 1 字节是温度的高 8 位;第 2 和第 3 字节是 TH 和 TL 的易失性复制,在每一次上电复位时被刷新(从 EEPROM 中复制到暂存器中);第 4 字节是配置寄存器,每次上电后配置寄存器也会刷新;第 5～7 字节保留;第 8 字节是冗余校验码。

表 10 − 2   DS18B20 部分温度数据表

温度/℃	16 位二进制编码	十六进制表示
+125	0000 0111 1101 0000	07D0H
+85	0000 0101 0101 0000	0550H
+25.0625	0000 0001 1001 0001	0191H
+10.125	0000 0000 1010 0010	00A2H
0	0000 0000 0000 0000	0000H
−0.5	1111 1111 1111 1000	FFF8H

（续表）

温度/℃	16 位二进制编码	十六进制表示
−10.125	1111 1111 0101 1110	FF5EH
−25.0625	1111 1110 0110 1111	FE6FH
−55	1111 1100 1001 0000	FC90H

表 10 - 3　内部存储器分配表

字节序号	功　能
0	温度转换后的低字节
1	温度转换后的高字节
2	高温度触发器 TH
3	低温度触发器 TL
4	配置寄存器
5	保留
6	保留
7	保留
8	CRC 校验寄存器

（5）配置寄存器

配置寄存器用于确定温度值的数字转换分辨率，该字节各位的意义见表 10 - 4。

表 10 - 4　配置寄存器位定义

D7	D6	D5	D4	D3	D2	D1	D0
TM	R1	R0	1	1	1	1	1

低 5 位一直都是 1，TM 的测试模式位，用于设置 DS18B20 在工作模式还是测试模式。在 DS18B20 出厂时该位被设置为 0，用户不要去改动。R1 和 R0 用来设置 DS18B20 的分辨率，分辨率的默认值为 12 位，见表 10 - 5。

表 10 - 5　分辨率配置

R1	R0	分辨率/位	温度最大转换时间/ms
0	0	9	93.75
0	1	10	187.5
1	0	11	275.00
1	1	12	750.00

3. DS18B20 的使用方法

主机控制 DS18B20 完成温度转换必须经过三个步骤：初始化、ROM 操作指令、存储器操作指令。必须先启动 DS18B20 开始转换,再读出温度转换值。本程序仅挂接一个芯片,使用默认的 12 位转换精度,外接供电电源,读取的温度值高位字节送 WDMSB 单元,低位字节送 WDLSB 单元,再按照温度值字节的表示格式及其符号位,经过简单的变换即可得到实际温度值。ROM 指令见表 10 - 6,RAM 指令见表 10 - 7。

表 10 - 6　ROM 指令表

指令	约定代码	功　能
读 ROM	33H	读 DS18B20 温度传感器 ROM 中的编码(即 64 位地址)
匹配 ROM	55H	发出此命令之后,接着发出 64 位 ROM 编码,访问单总线上与该编码相对应的 DS18B20 使之做出响应,为下一步对该 DS18B20 的读写作准备
搜索 ROM	0F0H	用于确定挂接在同一总线上 DS18B20 的个数和识别 64 位 ROM 地址,为操作各器件做好准备
跳过 ROM	0CCH	忽略 64 位 ROM 地址,直接向 DS1820 发温度变换命令。适用于单片工作
告警搜索命令	0ECH	执行后只有温度超过设定值上限或下限的片子才做出响应

表 10 - 7　RAM 指令表

温度变换	44H	启动 DS18B20 进行温度转换,12 位转换时最长为 750ms(9 位为 93.75ms)。结果存入内部 9 字节 RAM 中
读暂存器	0BEH	读内部 RAM 中 9 字节的内容
写暂存器	4EH	发出向内部 RAM 的 3、4 字节写上、下限温度数据命令,紧跟该命令之后,是传送两字节的数据
复制暂存器	48H	将 RAM 中第 3、4 字节的内容复制到 EEPROM 中
重调 EEPROM	0B8H	将 EEPROM 中的内容恢复到 RAM 中的第 3、4 字节
读供电方式	0B4H	读 DS18B20 的供电模式。寄生供电时 DS18B20 发送"0",外接电源供电时 DS18B20 发送"1"

4.DS18B20 的通信协议及时序

由于 DS18B20 采用的是 1 - Wire 总线协议方式,即在一根数据线实现数据的双向传输,而对 AT89S51 单片机来说,硬件上并不支持单总线协议,因此,我们必须采用软件的方法来模拟单总线的协议时序来完成对 DS18B20 芯片的访问。

由于 DS18B20 是在一根 I/O 线上读写数据,因此,对读写的数据位有着严格的时序要求。DS18B20 有严格的通信协议来保证各位数据传输的正确性和完整性。该协议定义了几种信号的时序:初始化时序、读时序、写时序。所有时序都是将主机作为主设备,单总线器件作为从设备。而每一次命令和数据的传输都是从主机主动启动写时序开始,如果要求单总线器件回送数据,在进行写命令后,主机需启动读时序完成数据接收。数据和命令的传输都是低位在先。

（1）DS18B20 的复位时序

DS18B20 的复位时序如图 10-3 所示。单片机先将 DQ 设置为低电平,延时至少 $480\mu s$ 后再将其变成高电平。等待 $15\sim60\mu s$ 后,检测 DQ 是否变为低电平,若已变为低电平则表明复位成功,然后可进入下一操作。否则可能发生器件不存在、器件损坏或者其他故障。

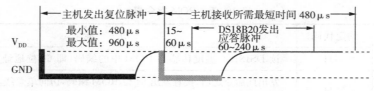

图 10-3 DS18B20 的复位时序图

（2）DS18B20 的读时序

对于 DS18B20 的读时序分为读 0 时序和读 1 时序两个过程。

对于 DS18B20 的读时隙是从主机把单总线拉低之后,在 $15\mu s$ 之内就得释放单总线,以让 DS18B20 把数据传输到单总线上。DS18B20 在完成一个读时序过程,至少需要 $60\mu s$ 才能完成。DS18B20 的读时序流程如图 10-4 所示。

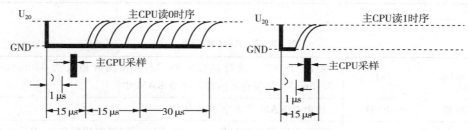

图 10-4 DS18B20 的读时序图

（3）DS18B20 的写时序

对于 DS18B20 的写时序仍然分为写 0 时序和写 1 时序两个过程。

对于 DS18B20 写 0 时序和写 1 时序的要求不同,当要写 0 时序时,单总线要被拉低至少 $60\mu s$,保证 DS18B20 能够在 $15\mu s$ 到 $45\mu s$ 之间正确地采样 IO 总线上的"0"电平,当要写 1 时序时,单总线被拉低之后,在 $15\mu s$ 之内就得释放单总线。DS18B20 的写时序流程如图 10-5 所示。

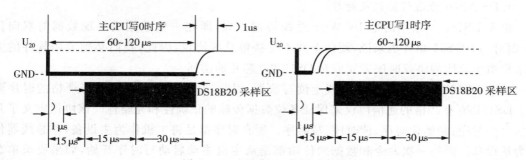

图 10-5 DS18B20 的写时序图

5.DS18B20 使用中的注意事项

(1)较小的硬件开销需要相对复杂的软件进行补偿,由于 DS18B20 与微处理器间采用串行数据传送,因此,在对 DS18B20 进行读写编程时,必须严格地保证读写时序,否则将无法读取测温结果。对 DS18B20 操作最好采用汇编语言实现。

(2)在 DS1820 的有关资料中均未提及单总线上所挂 DS18B20 数量的问题,容易使人误认为可以挂任意多个 DS18B20,在实际应用中却并非如此。当单总线上所挂 DS18B20 超过 8 个时,就需要解决微处理器的总线驱动问题,这一点在进行多点测温系统设计时要加以注意。

(3)连接 DS18B20 的总线电缆是有长度限制的。普通信号电缆 50m,双绞线带屏蔽电缆可达 150m。

(4)在 DS18B20 测温程序设计中,向 DS18B20 发出温度转换命令后,程序总要等待 DS18B20 的返回信号,一旦某个 DS18B20 接触不好或断线,当程序读该 DS18B20 时,将没有返回信号,程序进入死循环。

10.1.2　系统硬件电路的设计

DS18B20 与单片机、数码管接口电路如图 10-6 所示,根据本实训测量的温度精度要求,选择了 4 联装共阳极数码管,根据选择的 4 联装数码管的管脚结构,我们知道数码管 11、7、4、2、1、10、5、3 是段码,对应 a、b、c、d、e、f、g、dp,连接到单片机的 P1 口。数码管 12、9、8、6 管脚是位码,其中 12 脚是高位,6 脚是低位,分别连接到 T1、T2、T3、T4 的集电极,T1、T2、T3、T4 的基极分别连接到 P2.7、P2.6、P2.5、P2.4,低电平有效。DS18B20 的 DQ 连单片机的 P3.7。

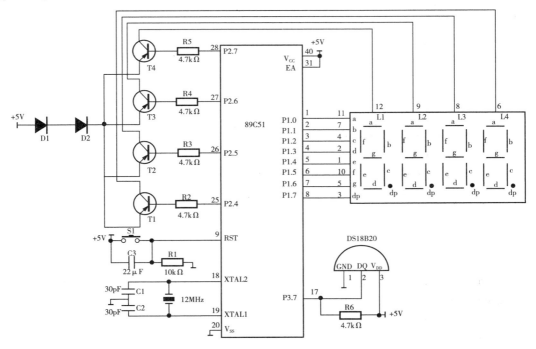

图 10-6　硬件电路图

10.1.3 系统软件程序的设计

【C程序】

```c
           #include<reg52.h>
#define uchar unsigned char
#define uint unsigned int
sbit DQ = P2^0;//ds18b20与单片机连接口
uchar code dispbitcode[] = {0x7f,0xbf,0xdf,0xef};//位选信号
//共阳极码型
uchar code sled_mun_to_char[] = {0xc0,0xf9,0xa4,0xb0,0x99,0x92,0x82,0xf8,0x80,0x90};
uint temp,t;
uchar data disdata[5];
//延时程序
void delay_18B20(unsigned int i)
{
    while(i--);
}
void delay1ms(unsigned int ms)//延时1ms
{
    unsigned int i,j;
    for(i=0;i<ms;i++)
      for(j=0;j<100;j++);
}
// DS18B20初始化
void Init_DS18B20(void)
{
    unsigned char x = 0;
    DQ = 1;  //DQ复位
    delay_18B20(80);//稍做延时
    DQ = 0;  //单片机将DQ拉低
    delay_18B20(800);//精确延时大于480us
    DQ = 1;  //拉高总线
    delay_18B20(140);
    x = DQ;
    delay_18B20(200);
}
//从DS18B20读取一个char数据
unsigned char ReadOneChar(void)
{
  uchar i = 0;
  uchar dat = 0;
```

```
  for (i = 8;i>0;i--)
  {
    DQ = 0; //将 DQ 拉低
    dat>>= 1;
    DQ = 1; //给脉冲信号
    if(DQ)
    dat| = 0x80;
    delay_18B20(40);
  }
  return(dat);
}
//向 DS18B20 写一个 char 数据
void WriteOneChar(uchar dat)
{
  unsigned char i = 0;
  for (i = 8; i>0; i--)
  {
    DQ = 0;
    DQ = dat&0x01;
    delay_18B20(50); //50
    DQ = 1;
    dat>>= 1;
  }
}
//从 DS18B20 读温度值
unsigned int ReadTemp(void)
{
  unsigned char a = 0;
  unsigned char b = 0;
  unsigned int temp_value = 0;
  Init_DS18B20();
  WriteOneChar(0xCC);
  WriteOneChar(0x44);
  delay_18B20(100);
  Init_DS18B20();
  WriteOneChar(0xCC);
  WriteOneChar(0xBE);
  delay_18B20(100);
  a = ReadOneChar();   //读取温度值低位
  b = ReadOneChar();   //读取温度值高位
  temp_value = b<<8;
  temp_value | = a;
```

```
        return temp_value;
    }
```

//温度值显示,用数码管。由于是 4 联装数码管,不能显示符号位,代码中有符号位判断

```
void disp_led(uint t)
{
    uchar count;
    disdata[0] = t /100;//百位数
    disdata[1] = t %100/10;//十位数
    disdata[2] = t %10;//个位数
    disdata[3] = t %10;
    for(count = 0; count <4;count + + )
    {
        P2 = dispbitcode[count];//送位选信号
        P1 = sled_mun_to_char[disdata[count]];//送段码
        if(count = = 1)   //小数点
        {
            P1 = sled_mun_to_char[disdata[count]]&0x7f;//01111,1111
        }
        delay1ms(1);
    }
}
/ ******************* 主程序 ************* /
void main()
{
uchar tflag;   //温度正负标志
while(1)
{
    temp = ReadTemp();
    if(temp <0x7ff)
    {
    tflag = 0;   //正温度
    }
    else
    {
    tflag = 1;   //负温度
    temp = (~temp) + 1;
    }
    t = temp * 0. 625;
    disp_led (t);//4 联装数码管显示温度
    }
}
```

10.2 出租车计价器的设计

本设计采用单片机内部定时器 T0 控制时钟,灵敏的霍尔传感器实现测距,LCD1602 实现显示功能,2 个按键实现控制功能。

10.2.1 设计的基本原理

以 89C51 单片机为核心,采用 A3144E 霍尔传感器测距,实现对出租车的不同时段计价统计,采用 LCD1602 液晶显示屏显示费用和里程。上车按键后开始计价,有再次计价的功能。在确定硬件的基础上,要进行软件的总体设计,

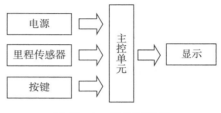

图 10 - 7 系统结构图

包括软件主流程的设计以及各子程序的设计,同时,要写出详细的操作说明,如时间的调整方法、显示窗口的时间切换等,以配合软件的设计。控制系统结构如图 10 - 7 所示。

10.2.2 系统硬件电路的设计

通过前述可知本系统的硬件主要包括单片机芯片、LCD1602 显示、按键开关、霍尔测速模块等电路,它的硬件电路如图 10 - 8 所示,单片机采用应用广泛的 89C51,系统时钟采用 12MHz 的晶振,LCD1602 显示,P2 口为数据输出端,与液晶数据端 D0－D7 相连,P1.5～1.7 口为位指令输出端,分别与 RS、RW、E15 相连。按键开关设置了 2 个,即 S1、S2,分别与 P1 口的 P1.1、P1.2 相连。霍尔模块输出数字量 D0 与计数引脚 P3.5 引脚相连。

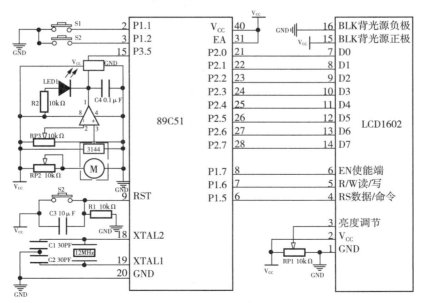

图 10 - 8 出租车计价器电路原理图

电路中测速用的是霍尔模块,下面介绍霍尔传感器 A3144E 的工作原理,其电路图如图 10-9 所示。霍尔传感器 A3144E 是一种磁传感器。用它可以检测磁场及其变化,可在各种与磁场有关的场合中使用。霍尔电压随磁场强度的变化而变化,磁场越强,电压越高,磁场越弱,电压越低,霍尔电压值很小,通常只有几个毫伏,但经集成电路中的放大器放大,就能使该电压放大到足以输出较强的信号。

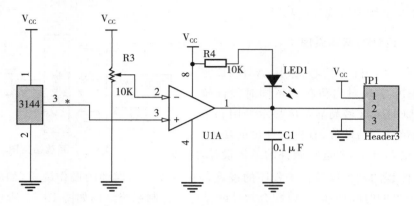

图 10-9 霍尔传感器电路图

输出方式:模拟量输出;

使用方法:与磁铁靠近即可以造成感应;

使用最佳距离:A3144E 距离磁铁<1CM。

通过 A3144E 感应到磁场变化,输出一个模拟量,然后与电压比较器的预设置进行比较,若电压比预设置大则输出一个高电平(信号),同时指示灯亮起,说明输出成功。

模块使用方法:Vcc 接电源,GND 接地,D0 接计数管脚,A0 代表实时电压输出。

注意事项:

① 供电电压范围 0~5V

② 传感器地应该与电机、单片机共地

1. 功能方框图(图 10-10)

2. 电磁转换特性(图 10-11)

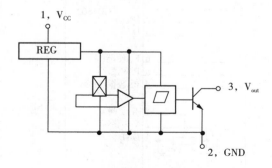

图 10-10 功能框图

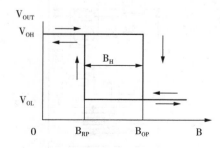

图 10-11 电磁转换特性图

3. 极限参数,见表 10 - 8

表 10 - 2 - 1 极限参数

参数	符号		量值	单位
电源电压	V_{CC}		28	V
输出截止态电压	V_0		28	V
输出电流	I_0		25	mA
工作环境温度	T_A	后缀 E	$-40 \sim 85$	℃
		后缀 L	$-40 \sim 150$	
贮存温度范围	T_s		$-65 \sim 150$	℃

4. 电特性 $T = 25℃$,见表 10 - 9

表 10 - 9 电特性

参数	符号	测试条件	量值			单位
			最小	典型	最大	
电源电压	V_{CC}	$V_{CC} = 4.5V \sim 24V$	4.5	-24	V	
输出低电平电压	V_{CL}	$V_{CC} = 4.5V, V_0 = 24V,$ $I_0 = 20mA, B \geqslant B_{OP}$	—	175	400	mW
输出漏电流	I_{OH}	$V_0 = 24V, BRP$	—	<1.0	10	μA
电源电流	I_{CC}	$V_{CC} = 24V, V_0$ 开路	—	30	9.0	mA
输出上升时间	t_r	$V_{CC} = 12V, R_L = 820\Omega,$	—	0.2	2.0	μS
输出下降时间	r_r	$C_L = 20PF$	—	0.18	2.0	μS

5. 磁特性 $V_{CC} = 4.5 \sim 24V$,见表 10 - 10

表 10 - 10 磁特性

参数	符号	测试条件	量值			单位
			最小	典型	最大	
工作点	B_{CP}	$T_A = preflx = st1$ 25℃	7.0	—	23.0	mT
		全工作温度范围	3.5	—	24.5	
释放点	B_{RP}	$T_A = 25℃$	5.0	—	17.5	
		全工作温度范围	2.5	—	19.0	
回差	B_H	$T_A = 25℃$	2.0	5.5	—	
		全工作温度范围	2.0	5.5	—	

6. 管脚图(图 10-12)

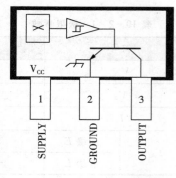

图 10-12　管脚图

10.2.3　系统软件程序的设计

本设计是采用 C 语言编写的,采用模块化操作,将繁杂的程序分成若干个相对独立的模块分别进行编写,使得程序在修改、执行的时候显得方便易行。

本设计中,软件设计采用模块化操作,利用各个模块之间的相互联系,在设计中采用主程序调用各个子程序的方法,使程序通俗易懂。在 main 函数编写开始,要进行初始化,包括对系统初始化和对存储器初始化,要对硬件设备进行初始化,并使硬件处于就绪状态。

通过判断计费阶段来分别调用不同的子程序,使程序在设计之前,就有了很强的逻辑关系。这些对应于硬件就是通过按下各个控制开关,来分别进行不同的动作,最后液晶显示屏根据输入的信息,来显示不同的数据信息,这就达到了软件控制硬件,同时输入信息控制输出信息的目的。

本程序分为:里程逻辑子函数,LCD1602 显示子函数,按键控制子函数,主函数部分,中断子函数 5 大模块,整体流程图如图 10-13 所示。

(1)程序

主程序执行流程如图 10-13 所示,主程序先对显示单元和定时器/计数器初始化,然后重复调用 LCD1602 显示模块和按键处理模块,当有键按下,则转入相应的键处理程序。

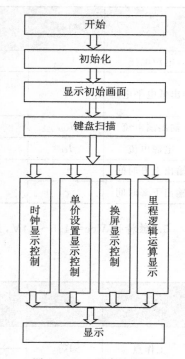

图 10-13　程序流程图

(2)LCD1602 显示模块

本系统使用 LCD1602 显示,显示时,先从显示缓冲区中取出显示的信息,然后通过查表程序在字段码表中查出所显示信息的字段码,向 P0 口输出数据,同时在 P2 口将对应的指令码输出,然后采用软件延时,就可以得到完整的数据信息。

（3）定时器/计数器 T0、T1 中断服务程序

定时器/计数器 T0 用于对时间计时。选择工作方式 1，下降沿触发，定时时间设为 25us，定时时间到则产生中断，在中断服务程序中用一个计数器对 50ms 计数，计满 4000 次则满 1s。

定时器/计数器 T1 通过霍尔模块脉冲计数测得模拟路程，使计数寄存器清零并设一定值，使其清零加一，在调用显示程序使其显示出，并配合逻辑运算输出计价价格。

（4）按键处理模块

按键处理设置为：S1 开始计价，S2 重置计价。

参考源程序如下：

【C 程序】

```c
# include<reg52. h>
# include<1602. h>
# define uchar unsigned char
# define uint unsigned int
sbit KEY_1 = P1^1;//开
sbit KEY_2 = P1^2;//关
long int time_count,count,sum = 0,T;
uint stop = 1,res = 0;
void init()//初始化
{
    count = 0;
    time_count = 0;
    TMOD = 0X51;
    IT1 = 1;
    EA = 1;
    ET1 = 1;
    EX1 = 1;
    TR1 = 1;
    KEY_1 = 1;
    KEY_2 = 1;
}
void licheng()//里程计算
{
    uchar t1,t2;
    t1 = TL1;
    t2 = TH1;
    count = t2 * 256 + t1;
    if(count> = 100)//速率设置
    {
      sum + + ;
      count = 0;
```

```
        TL1 = 0;
        TH1 = 0;
    }
}
void main()
{
    init();
    LCD_init();
    while(1)
    {
        if(KEY_1 = = 0)break;//重置
        if(KEY_2 = = 0){stop + + ;TR1 = 0;}//按一次暂停
        if(stop % 2>0)TR1 = 1;//再按一次继续
        licheng();
        T = sum/1000 * 2;//价格
        if(sum<3000)lcd_display(sum),lcd_display1(T);// 3 公里以下
          else if(sum<50000) lcd_display(sum),lcd_display2(T); //3~100 公里
              else lcd_display(sum),lcd_display3(T);// 100 公里以上
    }
}
```

1602.h 程序

```
#include<intrins.h>
#define uchar unsigned char
#define uint unsigned int
sbit rs = P1^5;
sbit rw = P1^6;
sbit ep = P1^7;
uchar code table0[] = {"LICHENG = "};//里程
uchar code table1[] = {"ZONGJIA = "};//总价
void delay(uint z)//延时
{
    uint x,y;
    for(x = z;x>0;x- - )
        for(y = 110;y>0;y- - );
}
bit lcd_busy()
{
    bit result;
    rs = 0;
    rw = 1;
    ep = 1;
    delay(50);
```

```
    result = (bit)(P2&0x80);
    ep = 0;
    return result;
}
void lcd_com(uchar com)
{
    while(lcd_busy());
    rs = 0;
    ep = 0;
    rw = 0;
    P2 = com;
    delay(50);
    ep = 1;
    delay(50);
    ep = 0;
}
void lcd_date(uchar date)
{
    while(lcd_busy());
    rs = 1;
    rw = 0;
    ep = 0;
    P2 = date;
    delay(5);
    ep = 1;
    delay(5);
    ep = 0;
}
void lcd_pos(uchar pos)//1602 第一行
{
    lcd_com(pos|0x80);
}
void lcd_pos1(uchar pos1)
{
    lcd_com(pos1|0xc0);
}
void LCD_init()//初始化
{
    lcd_com(0x38);
    delay(50);
    lcd_com(0x38);
    delay(50);
```

```
        lcd_com(0x38);
        delay(50);
        lcd_com(0x0c);
        delay(50);
        lcd_com(0x06);
        delay(50);
        lcd_com(0x01);
        delay(2000);
}
void lcd_display(uint sum)//里程显示
{
        uchar i;
        lcd_pos(0x00);
        i = 0;
        while(table0[i]! = '\0')
        {
        lcd_date(table0[i]);
        i + + ;
        }
        lcd_pos(0x08);
        lcd_date(sum/10000 + '0');
        lcd_date(sum % 10000/1000 + '0');
        lcd_date('.');
        lcd_date(sum % 1000/100 + '0');
        lcd_date(sum % 100/10 + '0');
        lcd_date(sum % 10 + '0');
        lcd_date('K');
        lcd_date('M');
}
void lcd_display1( uint t )
{
        uchar i;
        lcd_pos1(0x00);
        i = 0;
        while(table1[i]! = '\0')
        {
        lcd_date(table1[i]);
        i + + ;
        }
        lcd_pos(0x48);
        lcd_date('6');
        lcd_date('.');
```

```
        lcd_date('0');
}
void lcd_display2(uint t)
{
    uchar i;
    lcd_pos1(0x00);
    i = 0;
    while(table1[i]! = '\0')
    {
    lcd_date(table1[i]);
    i + + ;
    }
    lcd_pos(0x48);
    lcd_date((t)/10 + '0');
    lcd_date((t) % 10 + '0');
}
void lcd_display3(uint t)
{
    uchar i;
    lcd_pos1(0x00);
    i = 0;
    while(table1[i]! = '\0')
    {
    lcd_date(table1[i]);
    i + + ;
    }
    lcd_pos(0x48);
    lcd_date((t)/100 + '0');
    lcd_date((t) % 100/10 + '0');
    lcd_date((t) % 10 + '0');
}
```

附录 A MCS-51型单片机指令简表

分类	十六进制代码	助记符	功能	对标志位的影响 P	OV	AC	CY	字节数	周期数
算术运算指令	28~2F	ADD A,Rn	(A)+(Rn)→A	√	√	√	√	1	1
	25	ADD A,direct	(A)+(direct)→A	√	√	√	√	2	1
	26,27	ADD A,@Ri	(A)+((Ri))→A	√	√	√	√	1	1
	24	ADD A,#data	(A)+data→A	√	√	√	√	2	1
	38~3F	ADDC A,Rn	(A)+(Rn)+(cy)→A	√	√	√	√	1	1
	35	ADDC A,direct	(A)+(direct)+(cy)→A	√	√	√	√	2	1
	36,37	ADDC A,@Ri	(A)+((Ri))+(cy)→A	√	√	√	√	1	1
	34	SUBB A,#data	(A)+data+(cy)→A	√	√	√	√	2	1
	98~9F	SUBB A,Rn	(A)+(Rn)+(cy)→A	√	√	√	√	1	1
	95	SUBB A,direct	(A)+(direct)+(cy)→A	√	√	√	√	2	1
	96,97	SUBB A,@Ri	(A)+((Ri))+(cy)→A	√	√	√	√	1	1
	94	SUBB A,#data	(A)+data+(cy)→A(A)+1→A	√	√	√	√	2	1
	04	INC A	(Rn)+1→Rn	√	×	×	×	1	1
	08~0F	INC Rn	(direct)+1→direct	×	×	×	×	1	1
	05	INC direct	((Ri))+1→(Ri)	×	×	×	×	2	1
	06,07	INC @Ri	(DPTR)+1→DPTR(A)−1→A	×	×	×	×	1	1
	A3	INC DPTR	(Rn)−1→Rn	×	×	×	×	1	2
	14	DEC A	(direct)−1→direct	√	×	×	×	1	1
	18~1F	DEC Rn	((Ri))−1→(Ri)	×	×	×	×	1	1
	15	DEC direct	(A)×(B)→BA	×	×	×	×	2	1
	16,17	DEC @Ri	(A)/(B)→A···B	×	×	×	×	1	1
	A4	MUL AB	对 A 进行十进制调整	√	√	×	√	1	4
	84	DIV AB		√	√	×	√	1	4
	D4	DA A		√	×	√	√	1	1
逻辑运算指令	58~5F	ANL A,Rn	(A)∧(Rn)→A	√	×	×	×	1	1
	55	ANL A,direct	(A)∧(direct)→A	√	×	×	×	2	1
	56,57	ANL A,@Ri	(A)∧((Ri))→A	√	×	×	×	1	1
	54	ANL A,#data	(A)∧data→A	√	×	×	×	2	1
	52	ANL direct,A	(direct)∧(A)→direct	×	×	×	×	2	1
	53	ANL direct,#data	(direct)∧data→direct	×	×	×	×	3	2
	48~4F	ORL A,Rn	(A)∨(Rn)→A	√	×	×	×	1	1

（续表）

| 分类 | 十六进制代码 | 助记符 | 功能 | 对标志位的影响 | | | | 字节数 | 周期数 |
				P	OV	AC	CY		
逻辑运算指令	45	ORL A,direct	(A)∨(direct)→A	√	×	×	×	2	1
	46,47	ORL A,@Ri	(A)∨((Ri))→A	√	×	×	×	1	1
	44	ORL A,♯data	(A)∨data→A	√	×	×	×	2	1
	42	ORL direct,A	(direct)∨(A)→direct	×	×	×	×	2	1
	43	ORL direct,♯data	(direct)∨data→direct	×	×	×	×	3	2
	68～6F	XRL A,Rn	(A)⊕(Rn)→A	√	×	×	×	1	1
	65	XRL A,direct	(A)⊕(direct)→A	√	×	×	×	2	1
	66,67	XRL A,@Ri	(A)⊕((Ri))→A	√	×	×	×	1	1
	64	XRL A,♯data	(A)⊕data→A	√	×	×	×	2	1
	62	XRLdirect,A	(direct)⊕(A)→direct	×	×	×	×	2	1
	63	XRL direct,♯data	(direct)⊕data→direct	×	×	×	×	3	2
	E4	CLR A	0→A	√	×	×	×	1	1
	F4	CPL A	(Ā)→A	×	×	×	×	1	1
	23	RL A	A循环左移一位	×	×	×	×	1	1
	33	RLC A	A带进位循环左移一位	√	×	×	√	1	1
	03	RR A	A循环右移一位	×	×	×	×	1	1
	13	RRC A	A带进位循环右移一位	√	×	×	√	1	1
	C4	SWAP A	A半字节交换	×	×	×	×	1	1
数据传送指令	E8～EF	MOV A,Rn	(Rn)→A	√	×	×	×	1	1
	E5	MOV A,direct	(direct)→A	√	×	×	×	2	1
	E6,E7	MOV A,@Ri	((Ri))→A	√	×	×	×	1	1
	74	MOV A,♯data	data→A	√	×	×	×	2	1
	F8～FF	MOV Rn,A	(A)→Rn	×	×	×	×	1	1
	A8～AF	MOV Rn,direct	(direct)→Rn	×	×	×	×	2	2
	78～7F	MOV Rn,♯data	data→Rn	×	×	×	×	2	1
	F5	MOV direct ,A	(A)→direct	×	×	×	×	2	1
	88～8F	MOV direct,Rn	(Rn)→direct	×	×	×	×	2	2
	85	MOV direct1,direct2	(direct2)→direct1	×	×	×	×	3	2
	86,87	MOV direct,@Ri	((Ri))→direct	×	×	×	×	2	2
	75	MOV direct,♯data	data→direct	×	×	×	×	3	2
	F6,F7	MOV @Ri,A	(A)→(Ri)	×	×	×	×	1	1
	A6,A7	MOV @Ri,direct	(direct)→(Ri)	×	×	×	×	2	2
	76,77	MOV @Ri,♯data	data→(Ri)	×	×	×	×	2	1
	90	MOV DPTR,♯data16	data16→DPTR	×	×	×	×	3	2
	93	MOVC A,@A＋DPTR	((A)＋(DPTR))→A	√	×	×	×	1	2
	83	MOVC A,@A＋PC	((A)＋(PC))→A	√	×	×	×	1	2

（续表）

分类	十六进制代码	助记符	功能	对标志位的影响				字节数	周期数
				P	OV	AC	CY		
数据传送指令		MOVX A,@Ri	$((Ri))\rightarrow A$	√	×	×	×		
	E2,E3	MOVX A,@DPTR	$((DPTR))\rightarrow A$	√	×	×	×	1	2
	E0	MOVX @Ri,A	$(A)\rightarrow(Ri)$	×	×	×	×	1	2
	F2,F3	MOVX @DPTR,A	$(A)\rightarrow(DPTR)$	×	×	×	×	1	2
	F0	PUSH direct	$((SP))+1\rightarrow(SP)$	×	×	×	×		2
	C0		$(direct)\rightarrow(SP)$	×	×	×	×	2	2
	D0	POP direct	$((SP))\rightarrow(direct)$	×	×	×	×	2	2
	C8～CF		$(SP)-1\rightarrow SP$	×	×	×	×	1	1
	C5	XCH A,Rn	$(A)\leftarrow\rightarrow(Rn)$	√	×	×	×	2	1
	C6,C7	XCH A,direct	$(A)\leftarrow\rightarrow(direct)$	√	×	×	×	1	1
	D6,D7	XCH A,@Ri	$(A)\leftarrow\rightarrow((Ri))$	√	×	×	×	1	1
		XCHD A,@Ri	$(A)_{0-3}\leftarrow\rightarrow((Ri))_{0-3}$	√	×	×	×		
位操作指令	C3	CLR C	$0\rightarrow CY$	×	×	×	√	1	1
	C2	CLR bit	$0\rightarrow bit$	×	×	×	×	2	1
	D3	SETB C	$1\rightarrow CY$	×	×	×	√	1	1
	D2	SETB bit	$1\rightarrow bit$	×	×	×	×	2	1
	B3	CPL C	$/(CY)\rightarrow CY$	×	×	×	√	1	1
	B2	CPL bit	$/(bit)\rightarrow bit$	×	×	×	×	2	1
	82	ANL C,bit	$(CY)\wedge(bit)\rightarrow CY$	×	×	×	√	2	2
	B0	ANL C,/bit	$(CY)\wedge/(bit)\rightarrow CY$	×	×	×	√	2	2
	72	ORL C,bit	$(CY)\vee(bit)\rightarrow CY$	×	×	×	√	2	2
	A0	ORL C,/bit	$(CY)\vee/(bit)\rightarrow CY$	×	×	×	√	2	2
	A2	MOV C,bit	$(bit)\rightarrow CY$	×	×	×	√	2	1
	92	MOV bit,C	$(CY)\rightarrow bit$	×	×	×	×	2	2
控制转移类指令	1	ACALL addr11	$(PC)+2\text{'}PC\ (SP)+1\text{'}SP$ $(PCL)\text{'}(SP)\ (SP)+1\text{'}SP$ $(PCH)\text{'}(SP)\ addr11\text{'}PC_{10-0}$	×	×	×	×	2	2
	12	LCALL addr16	$(PC)+2\text{'}PC\ (SP)+1\text{'}SP$ $(PCL)\text{'}(SP)\ (SP)+1\text{'}SP$ $(PCH)\text{'}(SP)\ addr16\text{'}PC$	×	×	×	×	3	2
	22	RET	$((SP))+2\text{'}PCL\ (SP)-1\text{'}SP$ $((SP))\text{'}PCH\ (SP)-1\text{'}SP$	×	×	×	×	1	2
	32	RETI	$((SP))+2\text{'}PCL\ (SP)-1\text{'}SP$ $((SP))\text{'}PCH\ (SP)-1\text{'}SP$	×	×	×	×	1	2

（续表）

分类	十六进制代码	助记符	功能	对标志位的影响				字节数	周期数
				P	OV	AC	CY		
控制转移类指令	＊1	AJMP addr11	addr11'PC_{0-10}	×	×	×	×	2	2
	02	LJMP addr16	addr16'PC	×	×	×	×	3	2
	80	SJMP rel	（PC）+2+rel→PC	×	×	×	×	2	2
	73	JMP @A＋DPTR	（A）＋（DPTR）→PC	×	×	×	×	1	2
	60	JZ rel	（PC）+2→PC 若（A）=0,则（PC）＋（rel）→PC	×	×	×	×	2	2
	70	JNZ rel	（PC）+2→PC 若（A）≠0,则（PC）＋（rel）→PC	×	×	×	×	2	2
	40	JC rel	（PC）+2→PC 若（CY）=0,则（PC）＋（rel）→PC	×	×	×	×	2	2
	50	JNC rel	（PC）+2→PC 若（CY）=0,则（PC）＋（rel）→PC	×	×	×	×	2	2
	20	JB bit,rel	（PC）+3→PC 若（bit）=1,则（PC）＋（rel）→PC	×	×	×	×	3	2
	30	JNB bit,rel	（PC）+3→PC 若（bit）=0,则（PC）＋（rel）→PC	×	×	×	×	3	2
	10	JBC bit,rel	（PC）+3→PC 若（bit）=1,则 0→bit（PC）＋（rel）→PC（PC）+3→PC	×	×	×	×	3	2
	B5	CJNE A,direct,rel	若（A）≠（direct）,则（PC）＋（rel）→PC, 若（A）＜（direct）,则 1→CY（PC）+3→PC	×	×	×	√	3	2
	B4	CJNE A,＃data,rel	若（A）≠data,则（PC）＋（rel）→PC, 若（A）＜data,则 1→CY（PC）+3→PC	×	×	×	√	3	2
	B8—BF	CJNE Rn,＃data,rel	若（Rn）≠data 则（PC）＋（rel）→PC, 若（Rn）＜data,则 1→CY（PC）+3→PC	×	×	×	√	3	2
	B6,B7	CJNE @Ri,＃data,rel	若（（Ri））≠data,则（PC）＋（rel）→PC, 若（（Ri））＜data,则 1→CY	×	×	×	√	2	2
	D8—DF	DJNZ Rn,rel	（PC）+2→PC（Rn）-1→Rn 若（Rn）≠0,则（PC）＋rel→PC（PC）+2→PC（direct）-1→Rn	×	×	×	√	3	2
	D5	DJNZ direct,rel	若（direct）≠0,则（PC）＋rel→PC	×	×	×	√		
	00	NOP	空操作	×	×	×	√	1	1

附录 B ASCII 字符表

低位／高位		0	1	2	3	4	5	6	7
		000	001	010	011	100	101	110	111
0	0000	NUL	DEL	SP	0	@	P	、	p
1	0001	SOH	DC1	!	1	A	Q	a	q
2	0010	STX	DC2	"	2	B	R	b	r
3	0011	ETX	DC3	#	3	C	S	c	s
4	0100	EOT	DC4	$	4	D	T	d	t
5	0101	ENQ	NAK	%	5	E	U	e	u
6	0110	ACK	SYN	&	6	F	V	f	v
7	0111	BEL	ETB	'	7	G	W	g	w
8	1000	BS	CAN	(	8	H	X	h	x
9	1001	HT	EM	)	9	I	Y	i	y
A	1010	LF	SUB	*	:	J	Z	j	z
B	1011	VT	ESC	+	;	K	[	k	{
C	1100	FF	FS	,	<	L	\	l		
D	1101	CR	GS	—	=	M	]	m	}
E	1110	SO	RS	.	>	N	↑	n	~
F	1111	SI	US	/	?	O	←	o	DEL

说明：

NUL 空　　　　　　　　DLE 数据转换符
SOH 标题开始　　　　　DC1 设备控制 1
STX 正文结束　　　　　DC2 设备控制 2
ETX 本文结束　　　　　DC3 设备控制 3
EOT 传输结束　　　　　DC4 设备控制 4
ENQ 询问　　　　　　　NAK 否定
ACK 承认　　　　　　　SYN 空转同步
BEL 报警符　　　　　　ETB 信息组传送结束
BS 退一格　　　　　　 CAN 作废
HT 横向列表　　　　　 EM　纸尽

LF 换行	SUB 减
VT 垂直列表	ESC 换码
FF 走纸控制	FS　文字分隔符
CR 回车	GS　组分隔符
SO 移位输出	RS　记录分隔符
SI 移位输入	US　单元分隔符
SP 空格	DEL　作废

参 考 文 献

［1］万隆．单片机原理与实例应用．北京:清华大学出版社,2011.

［2］刘松．单片机技术与应用．北京:机械工业出版社,2011.

［3］王静霞．单片机应用技术(C 语言版)．北京:电子工业出版社,2009.

［4］谢维成．单片机原理与应用及 C51 程序设计．北京:清华大学出版社,2009.

［5］张永枫．单片机应用与实训教程．北京:清华大学出版社,2008.

［6］张桂红．单片机技术．北京:北京邮电大学出版社,2014.

［7］程国钢．51 单片机应用开发案例手册．北京:电子工业出版社,2011.

［8］周立功．增强型 80C51 单片机速成与实战．北京:北京航空航天大学出版社,2004.